Mathematik
SEKUNDO
FÜR DIFFERENZIERENDE SCHULFORMEN

8 PLUS

Herausgegeben von

Martina Lenze
Max Schröder
Peter Welzel
Bernd Wurl
Alexander Wynands

Schroedel
westermann

SEKUNDO 8 PLUS
Mathematik

Herausgegeben und bearbeitet von

Maik Abshagen, Tim Baumert, Kerstin Cohrs-Streloke, Dr. Martina Lenze, Anette Lessmann, Hartmut Lunze, Ludwig Mayer, Erik Röhrich-Zorn, Jürgen Ruschitz, Dr. Max Schröder, Peter Welzel, Prof. Bernd Wurl, Prof. Dr. Alexander Wynands

Zum Schülerband erscheinen:

Lösungen:	Best.-Nr. 84953
Kopiervorlagen und Kommentare:	Best.-Nr. 84957
Arbeitsheft plus:	Best.-Nr. 84967
CD Rund-um-Sekundo:	Best.-Nr. 84961

Fördert individuell – passt zum Schulbuch

Optimal für den Einsatz im Unterricht mit Sekundo:

Stärken erkennen, Defizite beheben. Online-Lernstandsdiagnose und Auswertung auf Basis der aktuellen Bildungsstandards. Individuell zusammengestellte Fördermaterialien.

www.onlinediagnose.de

westermann GRUPPE

© 2012 Bildungshaus Schulbuchverlage
Westermann Schroedel Diesterweg Schöningh Winklers GmbH, Braunschweig
www.schroedel.de

Das Werk und seine Teile sind urheberrechtlich geschützt. Jede Nutzung in anderen als den gesetzlich zugelassenen Fällen bedarf der vorherigen schriftlichen Einwilligung des Verlages.

Für Verweise (Links) auf Internet-Adressen gilt folgender Haftungshinweis: Trotz sorgfältiger inhaltlicher Kontrolle wird die Haftung für die Inhalte der externen Seiten ausgeschlossen. Für den Inhalt dieser externen Seiten sind ausschließlich deren Betreiber verantwortlich. Sollten Sie daher auf kostenpflichtige, illegale oder anstößige Inhalte treffen, so bedauern wir dies ausdrücklich und bitten Sie, uns umgehend per E-Mail davon in Kenntnis zu setzen, damit beim Nachdruck der Verweis gelöscht wird.

Druck A^5 / Jahr 2018
Alle Drucke der Serie A sind inhaltlich unverändert und können im Unterricht parallel verwendet werden.

Redaktion: Dr. Martina Helmstädter-Rösner
Herstellung: Reinhard Hörner
Umschlag: elbe-drei, Hamburg
Layout: creativ design, Hildesheim
Illustration: Hans-Jürgen Feldhaus, Münster
Zeichnungen: Michael Wojczak, Berlin
Satz: Beltz Bad Langensalza GmbH, Bad Langensalza
Druck und Bindung: westermann druck GmbH, Braunschweig

ISBN 978-3-507-**84945**-7

Hinweise zum Umgang mit dem Buch

Merksätze
Merksätze sind durch einen roten Rahmen gekennzeichnet.

Beispiele
Musterbeispiele als Lösungshilfen sind durch einen
grünen Rahmen gekennzeichnet.

Tipp
Nützliche Tipps und Hilfen sind besonders gekennzeichnet.

Testen – Üben – Vergleichen (TÜV)
Jedes Kapitel endet mit einer TÜV-Seite, bestehend aus den wichtigsten
Ergebnissen und typischen Aufgaben dazu. Die Lösungen dazu stehen
zur Selbstkontrolle für die Schülerinnen und Schüler am Ende des Buches.

Diagnosetest, Diagnosearbeit
Zur Vorbereitung auf Klassenarbeiten gibt es nach der TÜV-Seite eine
Seite mit Grund- und Erweiterungsaufgaben zu Inhalten des jeweiligen
Kapitels. Am Ende des Schülerbandes findet sich eine umfangreiche
Diagnosearbeit zu den Inhalten des gesamten Schuljahres. Die Lösungen
dazu sind zur Selbstkontrolle am Ende des Buches angegeben.

Lesen – Verstehen – Lösen (LVL)
Die mit diesem Logo versehenen Seiten oder Aufgaben schulen in besonderem Maß die prozessorientierten Kompetenzen Argumentieren, Problemlösen, Modellieren, Kommunizieren sowie Verwenden von mathematischen Darstellungen und von Werkzeugen.

Bleib fit
Zum Wiederholen gibt es regelmäßig Aufgabenseiten zu Inhalten
aus früheren Kapiteln.

Differenzierung
Bei besonders schwierigen Aufgaben ist die Aufgabennummer
mit einem grünen Quadrat unterlegt.

Wissen – Anwenden – Vernetzen (WAV)
Auf diesen Seiten sind knifflige Aufgaben zu finden, die meist mehrere
mathematische Themen ansprechen. Damit diese Seiten auch selbstständig
bearbeitet werden können, stehen die Lösungen dazu am Ende des Buches.

CD-ROM
Auf der CD, die dem Schülerband beiliegt, sind weitere Übungen zu finden.

Inhaltsverzeichnis

1 Zahlen und Zuordnungen 6

LVL: Eine Reise durch die USA 8
LVL: Merkwürdige Rekorde 10
Bleib fit 11
Proportionale Zuordnungen 12
Dichte 13
Geschwindigkeit 14
Antiproportionale Zuordnungen 15
Vermischte Aufgaben 16
Kniffliges zum Dreisatz 18
TÜV 19
Diagnosetest 20

2 Zeichnen und Konstruieren 21

Spiegeln, Drehen, Verschieben
(Kongruenzabbildungen) 22
LVL: Winkelsumme in Vielecken 24
Winkelberechnungen 25
Parkette 26
LVL: Parkette in der Kunst 27
Konstruieren von Dreiecken 28
LVL: Funkpeilung 30
LVL: Entfernungen und Abstände im Dreieck 31
Umkreis und Inkreis 32
LVL: Höhen und Schwerelinien im Dreieck 33
Bleib fit 34
LVL: Haus der Vierecke ** 35
LVL: Übertragen von Vierecken 36
Konstruieren von Vierecken 37
LVL: Vierecke konstruieren mit dem Computer 40
Vermischte Aufgaben 41
LVL: Sehwinkel 42
LVL: Entdeckungen zum Satz des Thales 43
Satz des Thales und seine Umkehrung 44
Tangenten am Kreis 45
Winkel im Kreis 46
TÜV 47
Diagnosetest 48

3 Terme und Gleichungen (1) 49

LVL: Im Kino 50
LVL: Pension Tannenblick 51
Aufstellen und Berechnen von Termen 52
Lösen von Gleichungen durch Umformen 54
Lösen von Ungleichungen
durch Umformen ** 55
WAV: Wissen – Anwenden – Vernetzen 56
Bleib fit 58

LVL: Figurenrätsel 59
LVL: Formeln als spezielle Gleichungen 60
Terme und Gleichungen mit Klammern 61
Ausmultiplizieren und Ausklammern 62
Vermischte Aufgaben 63
LVL: Zahlenrätsel 64
Bruchterme 65
Bruchgleichungen 66
TÜV 67
Diagnosetest 68

4 Flächenberechnung 69

Flächeninhalt und Umfang des Rechtecks 70
Flächeninhalt und Umfang des Dreiecks 71
Vermischte Aufgaben 72
Flächeninhalt des Parallelogramms 74
Zusammengesetzte Figuren 76
LVL: Flächengröße von Deutschland 77
Flächeninhalt des Trapezes 78
Flächeninhalt von Drachen und Raute 79
Vermischte Aufgaben 80
Bleib fit 81
LVL: Messen und Entdecken am Kreis * 82
Umfang des Kreises * 84
Flächeninhalt des Kreises * 86
Vermischte Aufgaben * 88
TÜV 89
Diagnosetest 90

5 Prozent- und Zinsrechnung 91

Grundbegriffe der Prozentrechnung 92
Prozentsätze über 100% 93
Berechnung des Prozentwertes W 94
Berechnung des Prozentsatzes p% 95
Berechnung des Grundwertes G 96
Vermehrter und verminderter Grundwert 97
Vermischte Aufgaben 99
Brutto – Netto 100
Grafische Darstellung 101
LVL: Grafische Darstellung mit Tabellenkalkulation 103
LVL: An der Lessing-Schule 104
Bleib fit 105
WAV: Wissen – Anwenden – Vernetzen 106
LVL: Sabrinas und Sebastians Träume und Albträume 108
Kapital, Zinssatz und Zinsen 109
Berechnung von Kapital und Zinssatz 110
Monatszinsen und Tageszinsen 111

LVL: Wechselnde Kontostände mit
Tabellenkalkulation 113
Kredite vergleichen 114
TÜV 115
Diagnosetest......................... 116

6 Körper zeichnen und berechnen 117

LVL: Im Schwimmbad 118
Quader und Würfel 120
Prisma............................... 121
Schrägbilder des Prismas.............. 122
Oberfläche des Prismas................ 123
Volumen und Masse des Prismas 124
Vermischte Aufgaben 125
Bleib fit 127
LVL: Zylinder: Netze, Modelle,
Schrägbilder * 128
Oberfläche des Zylinders * 130
Volumen des Zylinders * 131
Berechnungen am Zylinder * 132
Zusammengesetzte und ausgehöhlte
Körper * 134
TÜV 135
Diagnosetest......................... 136

7 Daten und Zufall 137

Stichproben.......................... 138
Mittelwert, Median und Modus 139
Spannweite 140
LVL: Klasseneinteilung 141
Mittelwert bei Klasseneinteilung 142
Diagramme 143
Quartile und Boxplots ** 144
LVL: Boxplots ** 145
LVL: Grafische Darstellungen 146
Vermischte Aufgaben 147
WAV: Wissen – Anwenden – Vernetzen ... 148
Bleib fit 150
Zufall und Wahrscheinlichkeit 151
LVL: Datenauswertung und Wahrschein-
lichkeit............................... 152
Zweistufige Zufallsversuche * 153
TÜV 155
Diagnosetest......................... 156

8 Terme und Gleichungen (2) ** 157

Gleichungen und Formeln 158
LVL: Produkt von Summen 159

Produktterm – Summenterm 160
Anwendungen 162
Bleib fit 163
LVL: Herleitung der Binomischen Formeln.. 164
Binomische Formeln 166
Vermischte Aufgaben 168
LVL: Das Pascal'sche Dreieck........... 170
TÜV 171
Diagnosetest 172

9 Funktionen ** 173

LVL: Zuordnungen zu Wasser 174
LVL: … und zu Land 175
LVL: Funktionen als spezielle Zuordnungen 176
Funktionen 178
LVL: Funktionen zeichnen und untersuchen 179
Lineare Funktionen 180
Bleib fit 182
Steigung einer Geraden............... 183
Steigung einer Geraden mit der Gleichung
$f(x) = mx + b$........................ 184
LVL: Bestimmen von Geradengleichungen 185
Vermischte Aufgaben 186
Lineare Gleichungen mit zwei Variablen ... 187
Lineare Gleichungssysteme und
grafische Lösungen................... 188
Gleichsetzungsverfahren 189
TÜV 190
Diagnosetest 191

Diagnosearbeit 192

Grundaufgaben 192
Erweiterungsaufgaben 193

Lösungen der Seiten WAV 195
Lösungen der TÜV-Seiten.............. 196
Lösungen der Diagnosetests 199
Lösungen der Diagnosearbeit 203
Formeln und Maßeinheiten........... 205
Stichwortverzeichnis 208

* Diese Themen können auch mit dem Folgeband
  Sekundo 9 plus erarbeitet werden.

** in NRW nur für den E-Kurs verbindlich

Zahlen und Zuordnungen

Yvonne und Maik sind auf dem Radwanderweg an der Donau entlang gefahren.
Wo sind sie gestartet, welcher Ort war ihr Ziel und welche Städte haben sie außerdem gesehen?

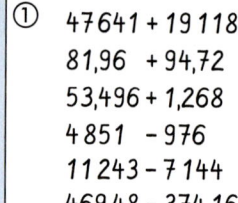

①
47641 + 19118
81,96 + 94,72
53,496 + 1,268
4851 − 976
11243 − 7144
469,48 − 374,16

②
23 − 38
−9 + 22
12 − (−8)
−9 + (−22)
31 + (−60)
−3,1 + (−2,9)
0,5 + (−0,8)
−4,3 − (−2,7)

③
172 · 31
0,33 · 4,48
18469 : 23
17280 : 4,5

④
7 · (−8)
(−12) · (−5)
−0,5 · 0,4
3,5 : (−7)
−4,5 : 3

Zusatzfrage zum Recherchieren:
Wie viel Kilometer sind Yvonne und Maik ungefähr insgesamt geradelt?

⑤
$294{,}18 - 16 \cdot 5{,}31$
$4296 : 8 + 579$
$-8 \cdot 5 + 16 : (-4)$
$4 - (-3) \cdot (-5) + (-3)$

⑥
$\frac{1}{2} + \frac{1}{3} + \frac{1}{4}$
$\frac{5}{8} - \frac{1}{6}$
$3\frac{3}{4} - 1\frac{4}{5}$
$-\frac{3}{4} - (-\frac{1}{2})$
$1\frac{2}{3} + (-\frac{1}{5})$

⑦
$\frac{5}{8} \cdot \frac{7}{10}$
$1\frac{1}{2} \cdot 1\frac{1}{6}$
$\frac{18}{35} : \frac{5}{7}$
$-\frac{2}{3} \cdot (-\frac{5}{4})$
$2\frac{1}{5} : (-3)$

⑧
4% von $750 = $ ▩
14% von $260 = $ ▩
8% von ▩ $= 112$
21 von $84 = $ ▩ $\%$

| −56 G | −44 L | −31 L | −29 Ö | −15 S | −14 K | −6 G | −1,6 N | −1,5 N | −0,5 I | −0,3 E | −0,2 E |

$\frac{11}{15}$ N | $-\frac{1}{4}$ M | $\frac{7}{16}$ T | $\frac{11}{24}$ R | $\frac{18}{25}$ L | $\frac{5}{6}$ L | $1\frac{1}{12}$ K | $1\frac{7}{15}$ S | $1\frac{3}{4}$ U | $1\frac{19}{20}$ E | 1,4784 I

13 C | 20 H | 25 N | 30 W | 36,4 I | 54,764 S | 60 R | 95,32 U | 176,68 A | 209,22 M | 803 N

1 116 E | 1 400 E | 3 840 Z | 3 875 S | 4 099 A | 5 332 L | 66 759 P

1 Zahlen und Zuordnungen

Eine Reise durch die USA

Geld: Dollar ($) und Euro (€)
Der Wert des Dollars schwankt gegenüber dem Euro. Die Banken geben deshalb keine Umrechnungskärtchen aus. So tauschte die Familie im August 2011:

€	$		$	€
1			1	
2			2	
3	4,29		3	
4			4	2,80
5			5	
10			10	
50			50	
100			100	

1.
a) Fertige selbst eine Umrechnungstabelle an.
b) Wie viel $ bekommt man für 750 €?
c) Wie viel kostet das in €?
    T-Shirt: 12,70 $ Hamburger: 1,90 $
    Jeans: 34,90 $ Frühstück: 5,80 $

Entfernungen: Meilen (mls) und Kilometer (km)
Für eine längere Autofahrt ist es bequem, die Entfernungsangaben in Meilen schnell in Kilometer anzugeben.

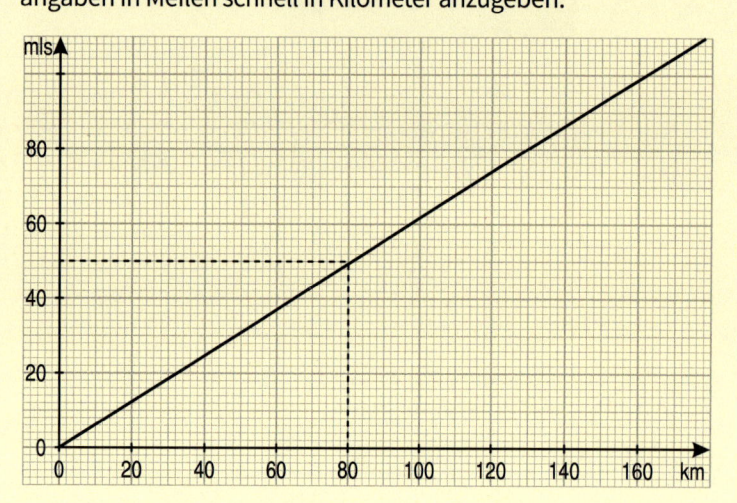

2.
a) Lies im Diagramm ab, wie viel mls es sind:
    25 km   50 km   100 km   125 km   150 km
b) Lies ab, wie viel km es sind: 10 mls   30 mls   50 mls   100 mls
c) Bestimme mit dem markierten Wertepaar: 1 mls = ▇ km
                                                          1 km = ▇ mls

1 Zahlen und Zuordnungen

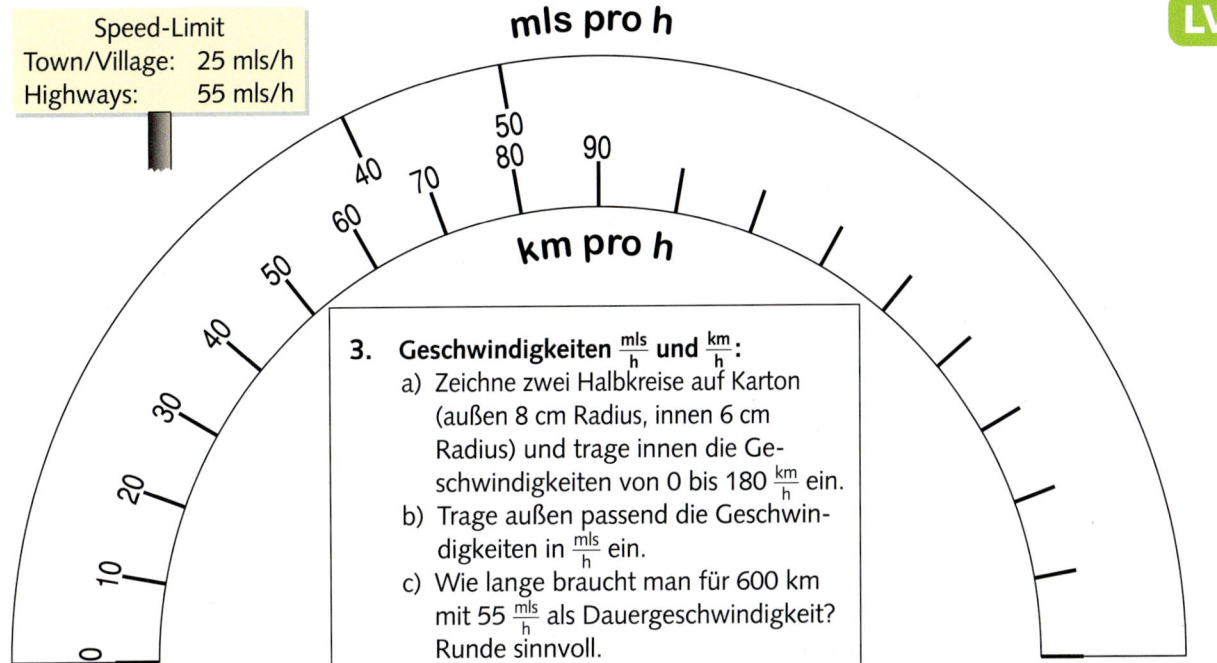

Speed-Limit
Town/Village: 25 mls/h
Highways: 55 mls/h

3. Geschwindigkeiten $\frac{mls}{h}$ und $\frac{km}{h}$:
   a) Zeichne zwei Halbkreise auf Karton (außen 8 cm Radius, innen 6 cm Radius) und trage innen die Geschwindigkeiten von 0 bis 180 $\frac{km}{h}$ ein.
   b) Trage außen passend die Geschwindigkeiten in $\frac{mls}{h}$ ein.
   c) Wie lange braucht man für 600 km mit 55 $\frac{mls}{h}$ als Dauergeschwindigkeit? Runde sinnvoll.

4. **Hohlmaße: Gallonen und Liter**
   a) 5 Gallonen sind etwa 19 l. Wie viel l wurden getankt?
   b) Welcher Preis in $ pro l ist das?
   c) Wie viele Gallonen passen in einen Tank, der 65 l fasst?

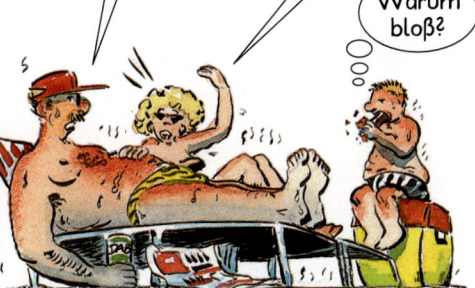

Temperaturen: Fahrenheit (°F) und Celsius (°C)

Fahrenheit	32°	50°	68°	86°	104°
Celsius	0°	10°	20°	30°	40°

5. a) Zeichne mit Hilfe der Wertetabelle den Graphen der Zuordnung *Celsius (°C)* ⟶ *Fahrenheit (°F)*
   b) Lies ab, wie hoch die Temperatur in °C ist.
   Colorado City 72 °F   Grand Canyon Village 60°F
   Death Valley 131 °F   Lake Tahoe 44°F

1 Zahlen und Zuordnungen

Merkwürdige Rekorde

2. Am 3. Oktober 2003 wurde vor dem Allan Park Kino in Stirling (GB) eine exakte Nachbildung der Filmfigur Godzilla enthüllt. Die ausschließlich aus Popcorn bestehende Skulptur hat eine Höhe von 4,89 m und wurde anlässlich des 65. Jahrestages des Kinos erstellt. Stelle zwei Fragen und berechne die Lösungen.

3. Im Cinestar-Filmpalast in Augsburg fand 2001 ein Kinomarathon mit 20 Teilnehmern statt, um den bis dahin bestehenden Rekord aus Bangkok zu brechen. Nach 60 Stunden und 15 Minuten sowie 27 verschiedenen Spielfilmen hintereinander ohne Schlaf gab es sieben neue Rekordhalter. Stelle zwei Fragen und berechne die Lösungen.

1. Die auffälligste Leuchtreklame strahlte von 1925 bis 1936 vom Eiffelturm in Paris. Sie war noch in 38 km Entfernung zu erkennen. Die Lichterkette bestand aus 250 000 Glühbirnen und 90 km langen elektrischen Leitungen. Die einzelnen Buchstaben waren ca. 20 m hoch. Um welchen Betrag würde die jährliche Stromrechnung deiner Eltern steigen, wenn ihr diese Leuchtreklame im Garten hättet? (Brenndauer pro Tag: 8 Stunden; Preis je Glühlampe für eine Stunde: 1,2 Cent)

4.

Die erstmals 1935 herausgegebene brasilianische Wochenzeitung *Vossa Senhoria* misst 3,5 cm x 2,5 cm. Jede Ausgabe besitzt bis zu 16 Seiten. Am 14. Juni 1993 erschien in Gent (Belgien) eine Zeitung, deren Seiten 142 cm lang und 99,5 cm breit waren. Stelle 3 Fragen und beantworte sie.

5. Dieses Puzzle besteht aus 18 240 einzelnen Teilen. Es zeigt vier Weltkarten aus dem 16. Jahrhundert und misst 2,76 m Breite und 1,92 m Höhe. Es ist somit das flächenmäßig größte im Handel erhältliche Puzzle auf der Welt. Auch das Gewicht des Puzzles ist rekordverdächtig: Es müssen 8,6 kg Pappteilchen aus vier Beuteln zu einem Stück zusammen gelegt werden. Überlege dir drei Fragen und berechne die Lösungen.

BLEIB FIT!

Die Ergebnisse der Aufgaben ergeben Sehenswertes in Skandinavien.

1. Runde so, dass du zur Überschlagsrechnung nur das kleine Einmaleins brauchst.
   a) 78 · 52   b) 3,48 · 27 900   c) 54,2 · 870
   d) 39,62 · 6200   e) 5820 : 59   f) 92,05 : 27,8

2. Überschlage: Welcher der Brüche beschreibt den Anteil am besten?
   a) 14 von 30   b) 220 von 800
   c) 29 von 39   d) 180 von 600
   e) 1,1 von 5,1   f) 1,8 von 2,8

   $\frac{1}{3}$ $\frac{3}{4}$ $\frac{1}{2}$ $\frac{1}{4}$ $\frac{1}{5}$ $\frac{2}{3}$

3. Eine Firma verkaufte 6,5 Mio. Hektoliter (hl) „Sprudel" und „Stille Quelle" im Jahr.
   a) Wie viele Liter-Flaschen wären das?
   b) Wie viel Kubikmeter (m³) sind das?

4. Schreibe als Dezimalbruch auf drei Nachkommastellen gerundet.
   a) $\frac{4}{7}$ b) $\frac{5}{9}$ c) $2\frac{4}{9}$ d) $1\frac{5}{12}$

5. Die Tabelle (Strichliste) zeigt das Ergebnis einer Klassenarbeit. Berechne den Notendurchschnitt gerundet auf eine Nachkommastelle.

Note	1	2	3	4	5	6
Anzahl	‖	ЖЖ	ЖЖ ЖЖ ‖	ЖЖ ‖	ЖЖ	‖

6. A(–2 | 2), B(7 | 2) und C(11 | 5) sind drei Eckpunkte des Parallelogramms ABCD. Bestimme den vierten Eckpunkt D(x | y); x = ■, y = ■.

7. Zeichne im Koordinatensystem die Gerade g durch A(2 | 2) und B(6 | 5). Zeichne dann ihre Parallele durch P(4 | 7) und bestimme deren Schnittpunkt S(0 | y) mit der Hochachse: y = ■.

8. Aus Styropor wird ein Reklamebuchstabe „L" mit den angegebenen Kantenlängen (cm) angefertigt. Wie viel g wiegt er? 1 cm³ Styropor wiegt 0,02 g.

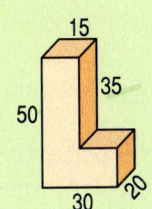

$\frac{1}{5}$	P			$\frac{1}{4}$	H
$\frac{1}{3}$	A	0,375	U	$\frac{1}{2}$	C
0,555	Z	0,556	D	0,571	N
$\frac{2}{3}$	P	$\frac{3}{4}$	L		
1,146	T	1,417	O	2	D
2,444	N	3	L	3,2	T
3,3	R	4	A	5	K
7	Q	30	B	39	F
100	E	195	B	300	I
390	P	400	B	3900	W
4000	O	4500	M	9000	J
19 500	T	24 000	V		
45 000	L	65 000	V	90 000	S
240 000	O	650 000	A	65 000 000	W
650 000 000	L				

1 Zahlen und Zuordnungen

Proportionale Zuordnungen

LVL 1. a) Partnerarbeit: Besprecht die unterschiedlichen Wege, mit denen berechnet wird, wie viel die Gäste zahlen müssen.
b) Fertigt eine Wertetabelle an, in der die Preise von bis zu 20 Portionen Kaffee und Kuchen abgelesen werden können.
c) Zwei Reisegruppen sollen in dem Gartenlokal für Kaffee und Kuchen 106,60 € und 134,40 € bezahlen. Können die Rechnungen stimmen? Wie könnt ihr sie überprüfen?

Bei einer **proportionalen** Zuordnung gehört zum Vielfachen einer Ausgangsgröße dasselbe Vielfache der zugeordneten Größe. Die zugehörigen Punkte liegen auf einem vom Nullpunkt ausgehenden Strahl.
Bei einer proportionalen Zuordnung sind die Größenpaare **quotientengleich**.
Diese Quotienten nennt man den **Proportionalitätsfaktor** der proportionalen Zuordnung.
Aufgabe: 6 kg kosten 15 €. Wie viel kosten 8 kg?

Dreisatz:

Menge (x kg)	Preis (y €)
6	15
1	2,50
8	20

:6 ↘ ·8   :6 ↘ ·8

Proportionalitätsfaktor:
$15 : 6 = 20 : 8 = 2{,}5$
Preis pro kg: 2,50 €

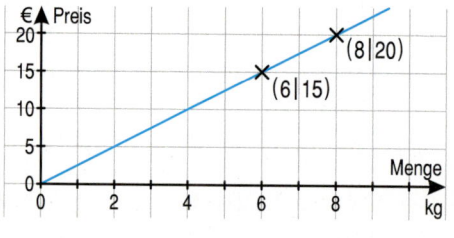

Antwort: 8 kg kosten 20 €.

---

2. Berechne die fehlenden Größen der proportionalen Zuordnung mit dem Proportionalitätsfaktor.

a)
Anzahl	€
3	2,10
5	▪
11	▪
20	▪

b)
kg	€
4	4,80
3	▪
7	▪
18	▪

c)
l	kg
6	39
4	▪
7	▪
15	▪

d)
Personen	€
5	41,50
3	▪
6	▪
19	▪

3.

a) Welchen Vorteil hat Daniels Rechnung, welchen Vorteil hat Amras Rechnung?
b) Löse wie Daniel: Eva kauft 7 Kiwis für 2,73 €. Tim kauft 4 Kiwis im gleichen Markt.
c) Löse wie Amra: 8 gleiche Kugeln wiegen 180 g. Wie viele wiegen 12 dieser Kugeln?

4. a) 4 l Olivenöl kosten 10,80 €. Wie viel kosten 3 l?
b) 6 kg Mehl kosten 4,08 €. Wie viel kosten 8 kg?
c) 7 kg Spargel kosten 43,75 €. Wie viel kosten 5 kg?

1 Zahlen und Zuordnungen

Dichte

LVL 1. Partnerarbeit: Beantwortet die Fragen. Die Dichte von Sand findet ihr im Anhang des Buches. Rechnet geschickt, indem ihr den Zusammenhang zwischen $\frac{g}{cm^3}$, $\frac{kg}{dm^3}$ und $\frac{t}{m^3}$ berücksichtigt.

> Die Dichte ϱ (rho, gelesen roo) gibt die Masse eines Stoffes pro Volumeneinheit an.
> Sie wird in $\frac{g}{cm^3}$, $\frac{kg}{dm^3}$ oder $\frac{t}{m^3}$ angegeben.
> Es gilt: Masse = Dichte mal Volumen, kurz: **m = $\varrho \cdot$ V**
> Die Dichte ϱ ist der Proportionalitätsfaktor in der Zuordnung Volumen (V) → Masse (m).

2. a) Wie viel wiegen 150 cm³, 7,5 dm³, 18,1 m³ von diesem Material? Aluminium, Kupfer, Gold.
   b) Welches Volumen haben 30 g, 2 kg, 5 t von diesem Material? Beton, Glas, Holz, Silber, Zinn.
   c) Von welchen Materialien wiegen 50 cm³ 225 g; 13 dm³ 115,7 kg; 2,5 m³ 18,25 t?

3.

4. Ist 1 dm³ Gold leichter oder schwerer als 1 m³ Styropor? Schätze zunächst, dann rechne.

5. a) Welches Volumen hat ein 1 kg-Barren aus Gold, Silber, Platin? Gib das Ergebnis in dm³ und cm³ an. Runde sinnvoll.
   b) Gib die Höhe eines quaderförmigen 1 kg-Barrens aus den in a) genannten Materialien an, wenn die Grundfläche die Längen 6 cm und 4 cm hat.

LVL 6. a) Partnerarbeit: Der Holzzylinder ist 4 cm hoch. Welche anderen Maße könnt ihr jetzt schätzen?
   b) Ordnet den Dingen die passenden Angaben zu.
      Material: Eisen, Holz, Kalkstein, Marmor, Messing.
      Masse: 56 g, 100 g, 115 g, 320 g, 4 kg.
      Volumen: 12 cm³, 41 cm³, 80 cm³, 121 cm³, 513 cm³.
   c) Wie kann man z. B. das Volumen des löchrigen Kalksteins und dann auch seine Dichte bestimmen?

7. Wie schwer sind 200 dm³ und 800 dm³ Buchenholz? Zeichne zur Zuordnung Volumen → Masse Buchenholz den Graphen. Wie viele Wertepaare musst du dafür berechnen?

1 Zahlen und Zuordnungen

Geschwindigkeit

LVL 1. Partnerarbeit: Wer ist am schnellsten, wer am langsamsten? Ordnet die Beispiele und vergleicht.

> Die **Geschwindigkeit** gibt die zurückgelegte Strecke pro Zeiteinheit an.
> Sie wird in $\frac{km}{h}$ oder in $\frac{m}{s}$ angegeben. (1 $\frac{m}{s}$ = 3,6 $\frac{km}{h}$)
>
> Es gilt: Geschwindigkeit = $\frac{Weg}{Zeit}$, kurz $v = \frac{s}{t}$; es gilt auch $s = v \cdot t$
>
> Die Geschwindigkeit v ist der Proportionalitätsfaktor in der Zuordnung Zeit (t) → Weg (s).

2. Berechne die durchschnittliche Geschwindigkeit in Kilometer pro Stunde ($\frac{km}{h}$).
a) Eine Schulklasse reiste mit dem Bus nach Berlin. Für die 640 km brauchte sie (ohne Pause) 8 h.
b) Zu Fuß braucht Anna 15 Minuten für 2 km. Mit dem Fahrrad schafft sie 2 km in 5 Minuten.

3. Die Überquerung des Atlantiks mit einem Flugzeug gelang als erstem Menschen 1927 dem Amerikaner Charles Lindbergh. Er bewältigte die 6580 km lange Strecke in 32 h 15 min. Berechne die Durchschnittsgeschwindigkeit bei diesem Flug.

LVL 4. Auf einer Radtour fährt Tobias 30 min mit durchschnittlich 25 $\frac{km}{h}$, dann 70 min mit durchschnittlich 20 $\frac{km}{h}$ und dann 20 min mit durchschnittlich 35 $\frac{km}{h}$. Stelle zwei Aufgaben und löse sie.

LVL 5. a) Welche Idee ist jeweils richtig?
b) Rechne in $\frac{m}{s}$ um: 54 $\frac{km}{h}$, 162 $\frac{km}{h}$, 223,2 $\frac{km}{h}$
c) Rechne in $\frac{km}{h}$ um: 18 $\frac{m}{s}$, 27,5 $\frac{m}{s}$, 111 $\frac{m}{s}$
d) Die Lichtgeschwindigkeit beträgt 299 792,458 km pro Sekunde. Rechne in $\frac{km}{h}$ und $\frac{m}{s}$ um.

LVL 6. a) Conny liest ab: „Ein Gepard läuft 100 m in 3 s und hält diese Geschwindigkeit über 800 m."
Formuliere selbst drei solcher Aussagen.
b) Tim behauptet, dass der Gepard 120 km pro Stunde schafft. Was meinst du dazu?
c) Erstelle eine Rangliste der Laufgeschwindigkeiten.
d) Erfinde weitere Aufgaben zur Tabelle und lasse sie durch die Klasse lösen.

Lebewesen	Höchstleistung
Mensch	100 m in 10 s bis zu 200 m
Pferd	35 km in 30 min bis zu 2 km
Gepard	100 m in 3 s bis zu 800 m
Löwe	200 m in 20 s bis zu 500 m
Zebra	40 km in 1 h bis zu 2 km
Strauß	20 m in 1 s bis zu 1 km

7. Zeichne ein Weg-Zeit-Diagramm für eine Geschwindigkeit von 750 $\frac{km}{h}$ (Zeit auf der x-Achse bis 8 h, Weg auf der y-Achse bis 6000 km). Wie viele Wertepaare musst du dafür berechnen?

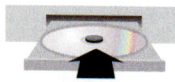
32

1 Zahlen und Zuordnungen

Antiproportionale Zuordnungen

LVL 1. Wie viel muss jeder Mitreisende zahlen? Erstelle eine Tabelle für 10, 15, … Reisende.
Erkläre außerdem, wie der Busfahrer rechnen würde.

Bei einer **antiproportionalen** Zuordnung gehört zum Vielfachen einer Ausgangsgröße der entsprechende Teil der zugeordneten Größe. Die Größenpaare sind **produktgleich.**
Dieses Produkt nennt man die **Gesamtgröße** der antiproportionalen Zuordnung.
Aufgabe: Für 3 Kühe reicht das Futter 20 Tage. Wie lange reicht es für 10 Kühe?

Dreisatz:

Anz. (x Kühe)	Zeit (y Tage)
3	20
1	60
10	6

:3 , ·10 auf der linken Seite; ·3 , :10 auf der rechten Seite

Gesamtgröße:
3 · 20 = 10 · 6 = 60
Der Gesamtvorrat beträgt 60 Tagesrationen.

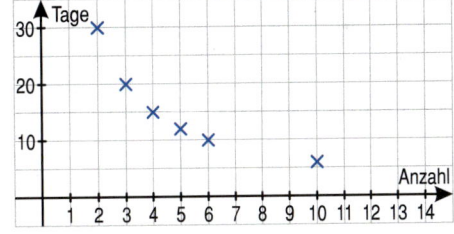

Antwort: Das Futter reicht 6 Tage.

---

2. a) Eine Jugendgruppe mit 36 Teilnehmern mietet einen Bus. Jeder Mitfahrer soll 24 € Buskosten übernehmen. Bei der Abfahrt können aber nur 32 Personen teilnehmen.
LVL b) Fünf Freunde wollen zum Popkonzert nach Nürnberg. Im Mietwagen hätte das jeden 27 € gekostet. Am Abfahrtstag sind zwei krank. Stelle zwei Fragen und berechne die Lösungen.
c) Der Lebensmittelvorrat einer Almhütte reicht für 12 Tage, wenn 24 Personen dort sind. Bestimme mit der Gesamtgröße, wie lange der Vorrat reicht für 4, 6, 8, …, 18 Personen.

3. Zwei gleich große Bottiche waren voller Saft. Der Inhalt des ersten Bottichs reichte aus, um 400 Flaschen mit 0,7-*l*-Fassungsvermögen zu füllen. Der andere soll in 0,2-*l*-Flaschen gefüllt werden.
a) Wie viele Flaschen werden es?
b) Der Winzer überlegt, auf 0,5-*l*-Flaschen umzustellen. Wie viele 0,5-*l*-Flaschen könnte er mit beiden Bottichen füllen?

LVL 4. Ein Mostereibesitzer überlegt: „Dieser Bottich gäbe 420 Flaschen zu 0,7 *l*. Man kann auch in 0,2-*l*-Flaschen oder 0,5-*l*-Flaschen abfüllen."
Stelle zwei Fragen und berechne die Lösungen.

1 Zahlen und Zuordnungen

Vermischte Aufgaben

1. Prüfe, ob die Zuordnung proportional, antiproportional oder keins von beiden ist. Begründe.

a) Arbeitslohn	
3 Stunden	69 €
5 Stunden	115 €

b) Sport	
200 m	30 s
10 km	45 min

c) Busfahrt	
32 Pers.	30 € p. P.
30 Pers.	32 € p. P.

d) Hotelübernachtung	
3 Sterne	75 €
4 Sterne	180 €

e) Miete	
60 m²	360 €
90 m²	540 €

f) Benzin tanken	
22 l	29,04 €
55 l	72,60 €

g) Rundfahrt	
20 $\frac{km}{h}$	6 Stunden
60 $\frac{km}{h}$	2 Stunden

h) Flüssigkeiten	
2,5 l	2,75 kg
750 cm³	825 g

2. Überlegt zuerst in Partnerarbeit: proportional, antiproportional oder keins von beiden? Stellt eine passende Frage, wenn eine proportionale oder eine antiproportionale Zuordnung vorliegt. Zeichnet einen Graphen, wenn die Zuordnung proportional ist.

a) *Baggeranzahl → Zeit:* Ein Graben kann von 3 Baggern in 5 Tagen ausgehoben werden.

b) *Weg → Preis:* Ein Taxi kostet pro Kilometer 1,30 € und zusätzlich 2,50 € Grundgebühr.

c) *Volumen → Masse:* In einem 10-l-Eimer sind 18 kg Sand.

d) *Übernachtungen → Preis:* Für 3 Übernachtungen zahlt Karin 59,25 €.

e) *Fahrgäste → Fahrzeit:* Mit 20 Insassen braucht ein Bus 4 Stunden für die Fahrt.

f) *Automaten → Dauer:* 8 Automaten erledigen einen Auftrag in 60 Stunden.

3. a) Sabine und Nadja kaufen zu Schuljahresbeginn neue Schulhefte. Nadja zahlt für 6 Hefte 5,10 €. Sabine kauft 8 Hefte derselben Sorte. Welchen Betrag muss Sabine zahlen?
b) Christian arbeitet im Garten einer Rentnerin. Im Monat Juni hat er für 12 Stunden 42 € erhalten. Im Juli hilft er 16 Stunden. Welchen Geldbetrag kann er erwarten?
c) Welche inhaltliche Bedeutung hat der Proportionalitätsfaktor in a) und in b)?

4. Bei Waschmitteln lohnt sich oft ein Preisvergleich. Im Supermarkt werden angeboten: 3 kg zu 2,29 € und 10 kg desselben Waschmittels zu 9,49 €. Vergleiche. Welches Angebot ist günstiger?

5. 25 cm³ eines Stoffes wiegen 262,5 g. Berechne mit der Dichte als Proportionalitätsfaktor, wie viel 5 cm³, 11 cm³, 270 cm³, 2,3 dm³ des Stoffes wiegen.

6. Der Bericht über das Berufspraktikum der Klasse 8a ist 10 Seiten lang, wobei jede Seite 54 Zeilen hat. Wie lang wird der Bericht, wenn auf jeder Seite 60 Zeilen gedruckt werden?

7. a) Der Boden wurde bisher von 18 Brettern zu je 12 cm Breite abgedeckt. Die neuen Bretter sind 9 cm breit und genauso lang wie die alten. Wie viele neue Bretter sind erforderlich?
b) Auf dem Boden liegen 50 cm breite Fliesen, jeweils 12 in einer Reihe. Die neuen Platten sind 40 cm breit. Wie viele passen in eine Reihe?

8. Für das Austragen von 150 Prospekten erhält Aynur 7,50 €. Wie hoch ist ihr Verdienst, wenn sie auch die Arbeit von zwei Freunden übernimmt und 525 Prospekte austrägt?

1 Zahlen und Zuordnungen

9. In manchen Ländern wird Goldschmuck nach Gewicht verkauft.
a) Ein Paar Manschettenknöpfe wiegt 15 g. Wie teuer ist es?
b) Herr Sachs kauft eine Halskette für 640 €. Wie schwer ist sie?
c) Jan schätzt: Im Laden ist für 1 Mio. € Goldschmuck. Wie viel würde der wiegen? Runde.
d) Ein 1-kg-Barren Gold kostet 30 290 €. Vergleiche und erkläre.

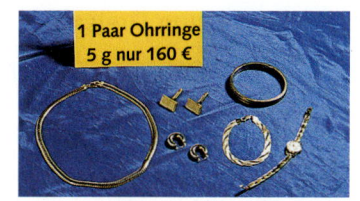

10. Frederik hat 450 € in der Urlaubskasse. Wie viel kann er pro Tag ausgeben, wenn er 20, 18, 16, …, 2 Tage Urlaub macht? Erstelle eine Wertetabelle (runde auf Cent).

Tage	20	18	16	14
€ pro Tag				

11. Herr Schlegel startet mit vollgetanktem Wohnmobil in den Urlaub. Nach 450 km Fahrstrecke tankt er 55,8 l Benzin nach. Wie viel Liter verbraucht das Fahrzeug durchschnittlich auf 100 km?

12. Herr Zeller fährt auf der Autobahn mit 100 $\frac{km}{h}$ Durchschnittsgeschwindigkeit. Eine Strecke, für die er im Auto 6 Stunden braucht, wird von einem Airbus in einer Stunde zurückgelegt. Mit welcher Geschwindigkeit fliegt der Airbus?

13. Imke wandert mit 4 km pro Stunde. So braucht sie 6 Stunden für den Weg vom Belchen- zum Feldberg-Plateau. Mit dem Fahrrad fährt sie 20 km pro Stunde. Wie lange braucht sie dann?

14. Der Aushub einer Baustelle kann von 6 Lkws abtransportiert werden, wenn jeder 8-mal fährt.
a) Wie oft muss jeder Lkw fahren, wenn es 8 Lkws sind?
b) Wie viele Lkws sind erforderlich, wenn jeder 12-mal fährt?

15. 25 Behälter zu je 100 l werden in 20-l-Kanister umgefüllt. Wie viele Kanister braucht man?

16. Die Tabelle zeigt den Kraftstoffverbrauch zweier Pkw-Modelle in verschiedenen Fahrweisen. Außerdem weiß man noch: Die Tanks der Fahrzeuge sind gleich groß. Das Diesel-Modell kann bei Tempo 90 mit einer Tankfüllung 1 500 km fahren.
a) Wie weit kommen beide Modelle bei konstant Tempo 120?
b) Frau Krause fährt in der Großstadt täglich rund 25 km mit dem Benzin-Modell. Wie viele Tage reicht ein voller Tank?
c) Es ist üblich, den Verbrauch im sog. Drittelmix anzugeben. Kläre mit anderen, was damit gemeint ist.
LVL d) Erfinde eigene Aufgaben zu der Tabelle.

Verbrauch in l pro 100 km		
Modell Fahr- weise	66 kW – 5. Gang	
	Diesel	Benzin
Tempo 90	3,8	6,2
Tempo 120	5,2	7,5
Stadtzyklus	6,2	10,5

LVL 17. An einer Teststrecke wird die Geschwindigkeit eines vorbeifahrenden Autos alle 10 Meter ermittelt. Die Grafik zeigt die Zuordnung *Fahrstrecke des Autos → Geschwindigkeit*. Welche der Aussagen kannst du mit Hilfe der Grafik beurteilen? Überlege und diskutiere mit Mitschülerinnen und Mitschülern.
① Die Straße steigt an.
② Beim 10-m-Testpunkt ist die Geschwindigkeit 40 $\frac{km}{h}$.
③ Der Benzinverbrauch nimmt gleichmäßig zu.
④ Zwischen den Messpunkten verstreicht immer weniger Zeit.
⑤ Nach 100 m beträgt die Geschwindigkeit mehr als 55 $\frac{km}{h}$.
⑥ Das Auto fährt immer schneller.

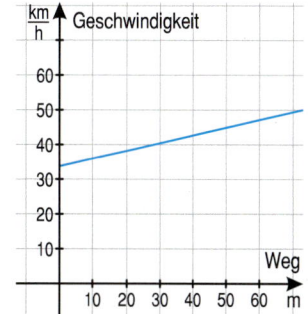

1 Zahlen und Zuordnungen

Kniffliges zum Dreisatz

5 F. tägl.	Lkw	Tage
	6	9
	1	
	10	5,4
10 Lkw	F. tägl.	Tage
	5	5,4
	1	
	7	

Für den ganzen Schutt:
$6 \cdot 9 \cdot 5 = 270$ Fahrten

Täglich:
$10 \cdot 7 = 70$ Fahrten

Anzahl der Tage:

Boris   Claudia

LVL 1. Partnerarbeit: Beantwortet die Frage sowohl nach der Methode von Boris als auch nach der von Claudia. Überlegt und begründet, welche euch besser gefällt.

LVL 2. Der 6-tägige Aufenthalt der Klasse 8a in einer Jugendherberge kostet für 30 Kinder 5040 €. Wie viel muss die Klasse 8b zahlen, die mit 32 Kindern für 7 Tage in die Herberge will? Rechnet in Partnerarbeit nach beiden Methoden und überlegt, welche euch besser erscheint.

Für 1 Schüler an 1 Tag:
$5040 : 30 : 6 = …$
Für 32 S. an 7 Tagen:
…

6 Tage	Schüler	Euro
	30	5040
	1	
	32	
32 Sch.	Tage	Euro
	6	

3. Fünf Pumpen, die jeweils stündlich 3000 t Öl fördern, entleeren einen Tanker in 6 Stunden. Wie lange benötigen 6 Pumpen, die stündlich jeweils 3600 t fördern?

4. In der Jugendherberge werden bei 30 Gästen für 7 Tage 42 Brote benötigt.
a) Wie viele Brote der gleichen Größe werden benötigt, wenn 45 Gäste 8 Tage bleiben wollen?
b) Für wie viele Tage würden bei 40 Gästen 80 Brote reichen?

5. Eine Kanalstrecke von 600 m Länge soll von 4 Baggern ausgebaggert werden. Nach 27 Tagen fällt ein Bagger aus. Die bis dahin ausgebaggerte Strecke beträgt 360 m.
a) Wie viele Tage benötigen 3 Bagger für die restliche Kanalstrecke?
b) Wie lange hätten die vier Bagger für die Gesamtstrecke gebraucht?
c) Um wie viele Tage hat sich also die geplante gesamte Arbeitszeit verlängert?

6. Es ist geplant, den Rohbau eines Hauses mit 3 Maurern in 12 Tagen zu errichten. Nach 4 Tagen steht ein weiterer Maurer zur Verfügung. Wie lange brauchen sie jetzt insgesamt für die Arbeit? Löse die Aufgabe in 5 Schritten:

① Wie lange würde ein Maurer für die Arbeit brauchen?

② Wie viele dieser „Maurertage" leisten 3 Maurer in 4 Tagen?

③ Wie viele „Maurertage" sind nach 4 Tagen noch übrig?

④ Wie lange brauchen 4 Maurer für die restliche Arbeit?

⑤ Nach wie vielen Tagen insgesamt ist die Arbeit fertig?

7. Für den Abtransport eines Kiesberges sind 8 Lkw vorgesehen. 25 Tage sind für die Arbeit geplant. Nach 10 Tagen fallen 2 Lkw aus. Wie viele Tage wird die Arbeit jetzt dauern?

1 Zahlen und Zuordnungen

1. a) Verkauf stückweise: 6 Eier zu 1,08 €.
      Wie viel kosten 9 Eier?
   b) Jonas verdient als Aushilfe in 7 Stunden 49 €.
      Wie viel verdient er in 12 Stunden?
   c) Bestimme jeweils den Proportionalitätsfaktor.

2. Für eine Reise in die Schweiz tauscht Herr Berger 250 € in 380 sfr (Schweizer Franken). Wie viel sfr erhält er für 400 €?

3. Im Supermarkt werden 3 Tennisbälle für 3,80 € angeboten, im Fachgeschäft kosten 5 Bälle derselben Sorte 6,50 €. Vergleiche.

4.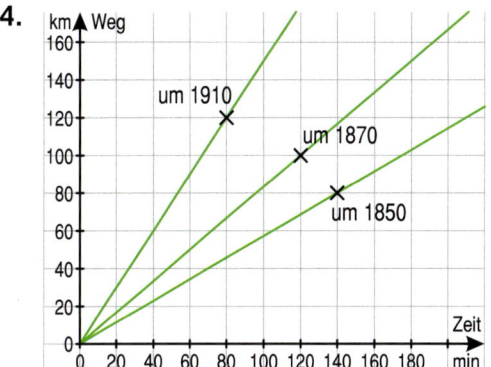
   Bestimme mit der Grafik die durchschnittlichen Reisegeschwindigkeiten in $\frac{km}{min}$ und in $\frac{km}{h}$ von Eisenbahnzügen in verschiedenen Jahrzehnten.

5. a) 10 cm³ Platin wiegen 214 g.
      Wie viel wiegen 14 cm³ Platin?
   b) Granit hat eine Dichte von 2,6 $\frac{g}{cm^3}$.
      Welches Volumen hat 1 kg Granit?

6. Herr Buchen tauscht eine rechteckige Wiese, 25 m lang, 42 m breit, gegen einen gleich großen Acker mit 60 m Länge. Wie breit ist er?

7. a) Bei 54 Teilnehmern zahlt jeder 20 € für die Busfahrt. Es fahren aber nur 45 Personen mit. Wie viel hat jetzt jeder zu zahlen?
   b) Ein Reitstall hat 12 Pferde in den Boxen. Es ist für 15 Tage Futter vorhanden. Wie lange reicht der Vorrat, wenn zusätzlich 6 Pferde versorgt werden müssen?
   c) Bestimme jeweils die Gesamtgröße.

8. In der Großpackung sind 15 Tütchen, in jedem sind 8 Gummibärchen. Wie viele erhält jeder, wenn gerecht unter 4 Personen geteilt wird?

Bei einer **proportionalen** Zuordnung gehört zum Vielfachen einer Ausgangsgröße dasselbe Vielfache der zugeordneten Größe. Die zugehörigen Punkte liegen auf einem vom Nullpunkt ausgehenden Strahl.
Die Größenpaare sind **quotientengleich**, der Quotient heißt **Proportionalitätsfaktor**.
Aufgabe: Tim fährt mit dem Rad 30 km in $2\frac{1}{2}$ Stunden. Wie viel km schafft er bei gleicher Geschwindigkeit in 2 Stunden?

Dreisatz:

h	km
2,5	30
1	12
2	24

Proportionalitätsfaktor:
$$\frac{30\,km}{2{,}5\,h} = \frac{24\,km}{2\,h} = 12\,\frac{km}{h}$$
Der Quotient gibt die Geschwindigkeit an.

Antwort: In 2 Stunden schafft er 24 km.

Dichte $\varrho = \frac{Masse}{Volumen}$ ($\frac{g}{cm^3}$ oder $\frac{kg}{dm^3}$ oder $\frac{t}{m^3}$)
Es gilt: $1\,\frac{g}{cm^3} = 1\,\frac{kg}{dm^3} = 1\,\frac{t}{m^3}$.
Geschwindigkeit $v = \frac{Weg}{Zeit}$ ($\frac{m}{s}$ oder $\frac{km}{h}$)
Es gilt: $1\,\frac{m}{s} = 3{,}6\,\frac{km}{h}$

Bei einer **antiproportionalen** Zuordnung gehört zum Vielfachen einer Ausgangsgröße der entsprechende Teil der zugeordneten Größe.
Die Größenpaare sind **produktgleich**, das Produkt heißt **Gesamtgröße**.
Aufgabe: Wenn Ina und Ute auf ihrer Fahrt täglich 24 € ausgeben, reicht ihr Geld für 10 Tage. Wie viel können sie täglich ausgeben, wenn sie nur 8 Tage fahren?

Dreisatz:

Tage	€
10	24
1	240
8	30

Gesamtgröße:
10 · 24 € =
8 · 30 € = 240 €
Das Produkt gibt an, wie viel € insgesamt ausgegeben werden.

Antwort: Wenn sie nur 8 Tage fahren, können sie täglich 30 € ausgeben.

1 Zahlen und Zuordnungen

Grundaufgaben

1. a) Die Miete beträgt für einen Festsaal für 3 Tage 390 €. Wie teuer ist sie für 4 Tage?
b) Ein Lkw mit 8 m³ Ladevolumen soll einen Bauaushub abtransportieren. Dazu muss er 60-mal fahren. Ein anderer Lkw kann 12 m³ laden. Wie oft müsste dieser fahren?

2. Der Warenpreis pro Quadratmeter ist für die Teppichsorte in der nebenstehenden Tabelle immer gleich (Proportionalitätsfaktor). Berechne die fehlenden Größen.

Ware (m²)	1		17		30
Kosten (€)	8	192		204	

3. Der Akku von Inas MP3-Player reicht für 5 Tage, wenn sie ihn jeden Tag 3 Stunden in Betrieb hat. Wie lange reicht er, wenn sie den MP3-Player nur noch 30 Minuten täglich nutzt? Was bedeutet hier die Gesamtgröße?

4. Henning fotografiert gerne. Für 24 nachbestellte Ausdrucke zahlt er 3,60 €. Zeichne den Graphen der Zuordnung *Anzahl der Ausdrucke* ⟶ *Preis*. Lies den Preis für 8 und 15 Ausdrucke ab.

5. Mit dem Fahrrad braucht Frederik für eine 100 km lange Strecke etwa 5 Stunden. Mit dem Zug ginge es mit der vierfachen Geschwindigkeit. Wie viele Stunden dauert es dann?

Erweiterungsaufgaben

1. Die neue Waschanlage braucht nur noch 6 Minuten für einen Pkw. Die alte Anlage konnte während der Öffnungszeit höchstens 60 Autos waschen, weil sie pro Wäsche 9 Minuten brauchte. Wie viele Autos können jetzt bei gleicher Öffnungszeit gewaschen werden?

2. Emily und Tim planen eine Radtour entlang des Bodensees. Wenn sie jeden Tag durchschnittlich 40 € ausgeben, würde ihre Reisekasse für 15 Tage reichen. Ihre Planung ergibt aber, dass die Radtour 18 Tage dauert. Wie viel Geld dürfen sie jetzt täglich bei gleicher Reisekasse ausgeben?

3. Ein Quader mit einem Volumen von 50 cm³ wiegt 355 g.
a) Bestimme die Dichte des Materials. Wie schwer sind 80 cm³ aus diesem Material?
b) Welche Kantenlänge hat ein 7,1 kg schwerer Würfel aus demselben Material?

4. Ein Radfahrer fährt mit $18 \frac{km}{h}$.
a) Ergänze die fehlenden Angaben in der Tabelle.
b) Gib die Geschwindigkeit des Radfahrers in $\frac{m}{s}$ an.

Weg (km)		18	27		31,5
Zeit (h)	$\frac{1}{2}$			2	

5. Der Inhalt eines Weinfasses wird in 800 Flaschen zu je 0,7 *l* abgefüllt werden. Wie viele Flaschen werden benötigt, wenn sie nur 0,2 *l* fassen?

6. Das Holz von frisch geschlagenen Fichten hat eine Dichte von ca. $0,8 \frac{g}{cm^3}$.
a) Wie viel m³ Volumen hat ein Fichtenstamm ungefähr, der rund 1,5 t wiegt?
b) Welche Masse haben $1\frac{1}{2}$ m³ frisch geschlagenes Fichtenholz?

7. Wenn die Fahrzeuge eines Taxiunternehmens durchschnittlich 12 *l* pro 100 km verbrauchen, benötigen sie für 20 Tage 6000 *l*. Wie lange würden 5000 *l* bei einem Verbrauch von 8 *l* pro 100 km reichen?

Zeichnen und Konstruieren 2

Was fällt dir an diesem Haus auf?

Das ist ein Haus für Vierecke. Was hat sich der Architekt dabei gedacht?

2 Zeichnen und Konstruieren

Spiegeln, Drehen, Verschieben (Kongruenzabbildungen)

LVL 1. Gruppenarbeit: Skizziert jeweils, wie man zum Dreieck ABC das Bilddreieck A'B'C' konstruiert.

Ⓐ Eine **Achsenspiegelung** ist durch eine Gerade als Spiegelachse festgelegt: Die Verbindungsstrecke zwischen Punkt und Bildpunkt ist senkrecht zur Spiegelachse und wird von ihr halbiert.

Ⓥ Eine **Verschiebung** (Parallelverschiebung) ist durch einen Verschiebungspfeil festgelegt: Jeder Punkt wird in Richtung des Pfeils um die Länge des Pfeils verschoben.

Ⓓ Eine **Drehung** ist durch einen Punkt als Drehzentrum und einen Winkel als Drehwinkel festgelegt: Punkt und Bildpunkt liegen auf einem Kreis um das Drehzentrum, ihre Verbindungsstrecken mit dem Drehzentrum bilden (linksherum) den Drehwinkel.

Ⓟ Eine **Punktspiegelung** ist eine Drehung mit 180° als Drehwinkel. Sie ist festgelegt durch einen Punkt als Spiegelzentrum.

LVL 2. a) Wodurch unterscheiden sich die einzelnen Häuser der geplanten Reihenhaussiedlung?
b) Der Architekt will sich die Arbeit erleichtern und den Bauplan nur für das Haus Nr. 1 zeichnen. Durch welche Kongruenzabbildungen (Drehung, Verschiebung, Achsenspiegelung, Punktspiegelung) erhält er die Pläne für die restlichen Häuser?

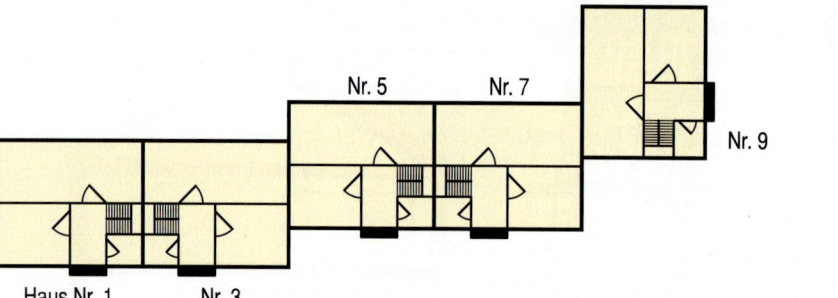

3. Welche Abbildung passt zum Bild: Drehung, Achsenspiegelung, Punktspiegelung oder Verschiebung? Welche Abbildung ist ein Spezialfall einer anderen?

①  ②  ③  ④

4. Übertrage die Figur ins Heft und spiegle sie anschließend.
a) Spiegeln an der Spiegelachse s
b) Spiegeln am Spiegelzentrum Z

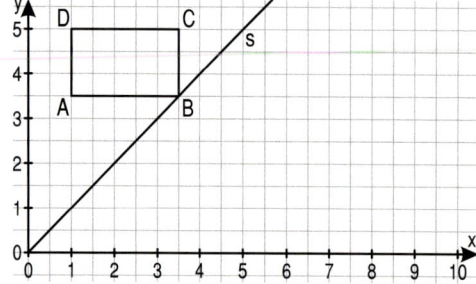 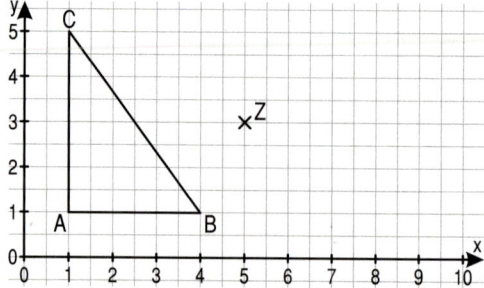

2 Zeichnen und Konstruieren 23

5. Übertrage die Figur ins Heft und verschiebe oder drehe sie anschließend.
  a) Verschieben mit dem Verschiebungspfeil
  b) Drehen um das Drehzentrum Z mit dem Drehwinkel α = 60°

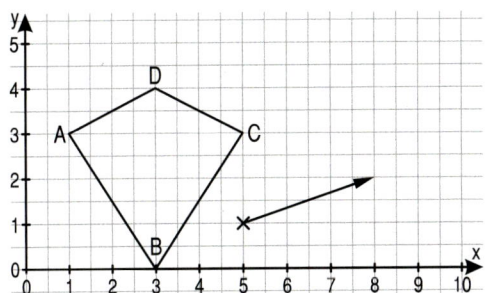
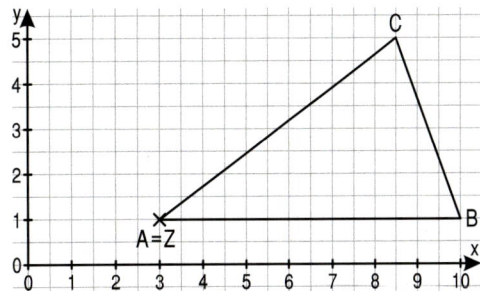

6. Durch welche Abbildung wird die rote auf die blaue Figur abgebildet? Übertrage ins Heft und zeichne Spiegelachse, Verschiebungspfeil, Drehpunkt oder Spiegelzentrum ein.

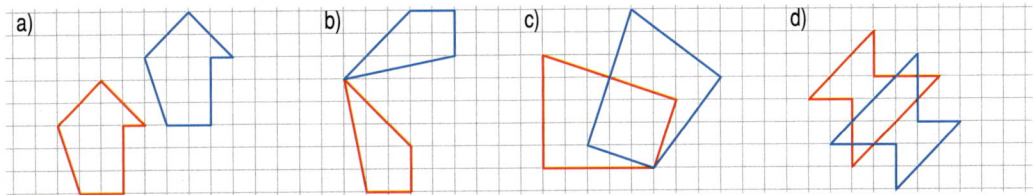

7. Ordne die Eigenschaften der Verschiebung, der Drehung, der Achsen- und der Punktspiegelung zu.

Strecke und Bildstrecke sind gleich lang.	Winkel und Bildwinkel sind gleich groß.	Der Umlaufsinn einer Figur bleibt erhalten.	Verbindungsstrecken von Punkt und Bildpunkt sind zueinander parallel.	Gerade und Bildgerade sind zueinander parallel.

8. Warum kann die blaue Figur bei einer Kongruenzabbildung nicht Bild der roten Figur sein?

  a)    b)    c)

9. Partnerarbeit: a) Spiegelt die Figur an der Spiegelachse s.
  b) Bestimmt Fixpunkte, Fixgeraden und Fixpunktgeraden in der Abbildung.
  c) Überprüft an Beispielen, ob die Verschiebung, die Drehung und die Punktspiegelung ebenfalls Fixpunkte, Fixgeraden und Fixpunktgeraden haben.

> **Fixpunkte**
> Punkte, die auf sich selbst abgebildet werden.
> **Fixgeraden**
> Geraden, die auf sich selbst abgebildet werden.
> **Fixpunktgeraden**
> Fixgeraden, bei der jeder Punkt ein Fixpunkt ist.

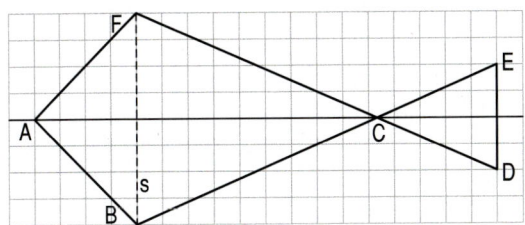

2 Zeichnen und Konstruieren

Winkelsumme in Vielecken

Bearbeitet die folgenden Aufgaben in Gruppen zu jeweils drei Schülerinnen und Schülern.

1. In der Klasse 8b wird daran erinnert, dass die Winkelsumme in allen Dreiecken 180° beträgt. Anschließend wird darüber diskutiert, wie groß die Winkelsumme in Vierecken ist.
  a) Raffael sagt: „Natürlich ist auch in allen Vierecken die Winkelsumme gleich. Und weil sie in einem Quadrat 4 · 90°, also 360° beträgt, ist das auch in allen anderen Vierecken so."
  Was antwortet ihr Raffael darauf?
  b) Peter und Petra stellen ihre Lösungen an der Tafel vor.
    – Eine der beiden Lösungen wird von der Klasse 8b einstimmig abgelehnt. Welche ist es, und warum?
    – Wie könnte man die falsche Idee korrigieren?

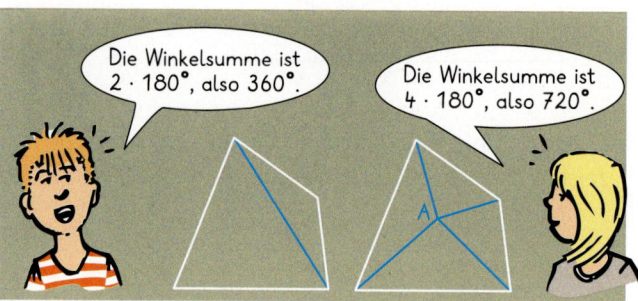

Die Winkelsumme ist 2 · 180°, also 360°.

Die Winkelsumme ist 4 · 180°, also 720°.

2. Martina und Thorsten sind damit beschäftigt, die Winkelsumme in einem 7-Eck mit unterschiedlichen Methoden zu bestimmen.

In meiner Bildfolge ist die Gesetzmäßigkeit sofort zu sehen.

Thorsten

Ich unterteile das 7-Eck von einem Punkt aus in 7 Dreiecke. Von deren Winkelsumme muss ich noch die Winkel bei P subtrahieren.

Martina

  a) Berechnet die Winkelsumme im 7-Eck nach Thorstens und nach Martinas Methode.
  b) Zeichnet ein 10-Eck und wendet beide Methoden an, um seine Winkelsumme zu bestimmen.

3. Martina und Thorsten haben ihre Arbeit an der vorigen Aufgabe damit gekrönt, dass sie Formeln für die Winkelsumme in einem n-Eck für beliebige Eckenzahlen n aufgeschrieben haben.
  a) Auf welche Formel kommt Thorsten, auf welche Martina?
  b) Nach welchen Rechenregeln liefern beide Formeln immer das gleiche Ergebnis?
  c) Berechnet die Winkelsumme eines 132-Ecks.
  d) Wie groß ist ein einzelner Innenwinkel in einem *regelmäßigen* 10-Eck?
    („regelmäßig" bedeutet: alle Seiten sind gleich lang und alle Winkel gleich groß.)
  e) Beantwortet mit Begründung die Frage: „Hat ein Vieleck mit doppelt so viel Ecken wie ein anderes auch die doppelte Winkelsumme?"

2 Zeichnen und Konstruieren

Winkelberechnungen

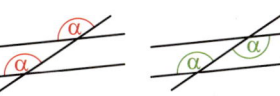

Scheitelwinkel sind gleich.

Nebenwinkel ergänzen sich zu 180°: α + β = 180°.

Stufenwinkel — An Parallelen sind sie gleich groß.

Wechselwinkel

Winkelsumme
- im Viereck: 360°
- im n-Eck:
  $(n-2) \cdot 180°$
  $= n \cdot 180° - 360°$

LVL 1. a) Begründe mit einer Kongruenzabbildung, dass Scheitelwinkel gleich groß sind.
b) Überlege für die Winkel, wenn zwei *Parallelen* von einer dritten Gerade geschnitten werden: Mit welcher Kongruenzabbildung lässt sich die Gleichheit von Stufenwinkeln begründen und mit welcher die Gleichheit von Wechselwinkeln?
c) Martin meint: „Ich brauche nur Stufenwinkel, dann weiß ich auch alles über Wechselwinkel." Stimmst du ihm zu?

2. Wie groß sind die markierten Winkel? Begründe deine Ergebnisse.

a) 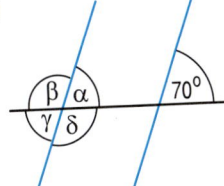 b) 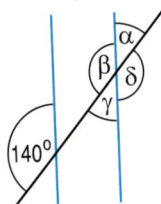 c)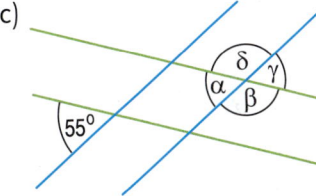

LVL 3. Vom Schiff aus sieht man den Leuchtturm A mit 34° von Nord nach West und B mit 58° von Nord nach Ost. Zeichne die Leuchttürme A(3|12) und B(10|15) in ein Koordinatensystem und konstruiere den Standort des Schiffes. Überlege erst, unter welchen Winkeln das Schiff von den Leuchttürmen gesehen wird. Erkläre deine Lösung.

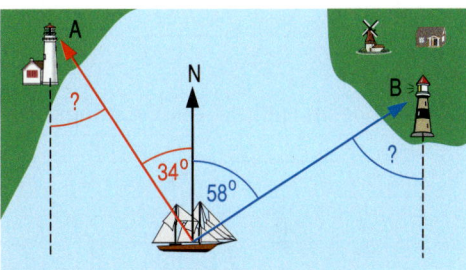

4. Berechne alle noch unbekannten Innenwinkel des Vierecks und begründe deine Ergebnisse. Du kannst dazu Eigenschaften des Vierecks verwenden, Kongruenzsätze sowie Winkelsätze.

a) Parallelogramm b) gleichschenkliges Trapez c) Trapez

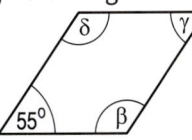 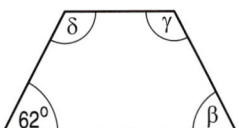 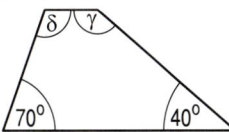

5. In einem Parallelogramm ist ein Innenwinkel doppelt so groß wie ein anderer. Bestimme die Größe aller vier Innenwinkel und begründe dein Ergebnis.

LVL 6. a) Wie groß ist ein einzelner Innenwinkel in einem regelmäßigen 5-Eck?
b) Gilt für regelmäßige n-Ecke: „Wenn man die Eckenzahl verdoppelt, dann verdoppelt sich auch die Größe eines einzelnen Innenwinkels."?
c) Entwickelt in Partnerarbeit aus der Formel für die Winkelsumme eines n-Ecks eine Formel für die Größe eines einzelnen Innenwinkels in einem regelmäßigen n-Eck.
d) In einem regelmäßigen Vieleck sind die Innenwinkel alle 168° groß. Welche Winkelsumme hat dieses Vieleck insgesamt?

2 Zeichnen und Konstruieren

Parkette

1.

   Zeichne selbst zwei solche Parkette, die du gesehen oder erfunden hast.

2. Zeichne im Heft Parkette mit einem Trapez und mit einem Drachen als Grundfigur.

   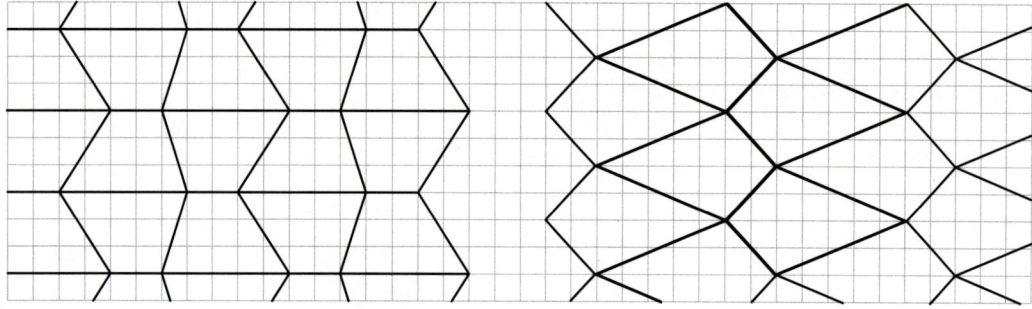

3. Zeichne im Heft mit der Grundfigur ein Parkett.

   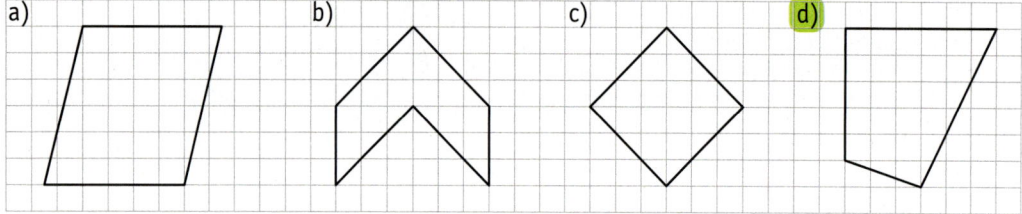

4. Kannst du mit dieser Figur ein Parkett zeichnen? Präsentiere dein Ergebnis.

   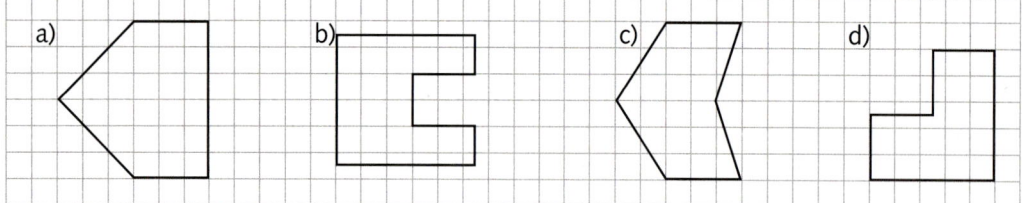

5. a) Zeichne ein Parkett mit einem beliebigen Dreieck als Grundfigur. Beginne so, dass du zunächst mit zwei Dreiecken ein Parallelogramm erhältst.
   b) Gibt es ein Dreieck, mit dem kein Parkett gezeichnet werden kann? Begründe deine Antwort.

6. Erfinde selbst nicht rechteckige Grundfiguren für ein Parkett und zeichne drei verschiedene Parkette.

2 Zeichnen und Konstruieren

Parkette in der Kunst

Bearbeitet die Aufgaben zu zweit.

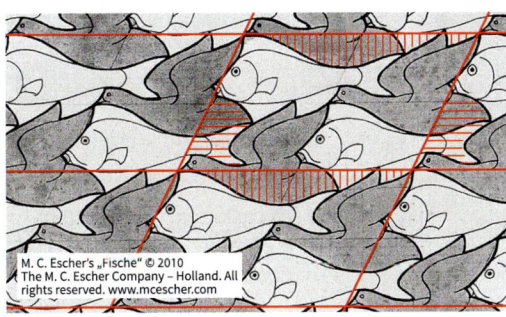

1. Solche Parkette von M. C. Escher können aus Parketten mit Parallelogrammen oder Quadraten entstanden sein: Zwei Seiten der Grundfigur werden verändert.
   Wie werden diese Veränderungen auf die gegenüberliegende Seite übertragen, sodass Ein- und Ausbuchtungen zueinander passen?

2. Sucht im Internet Informationen über den Künstler Escher und „Escher-Parkette".

3. a) Übertragt das Rechteck ins Heft, verändert es in der angegebenen Weise und zeichnet damit ein Parkett.
   b) Verändert nach eurer eigenen Idee ein Rechteck und zeichnet mit der veränderten Figur ein Parkett. Wählt das Rechteck groß genug, so dass euer Parkett von allen in der Klasse gut betrachtet werden kann.

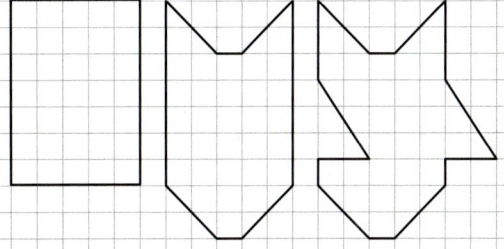

4. Übertragt das Parallelogramm mit der einen veränderten Seite ins Heft. Verändert auch die rot gezeichnete Seite so, dass ihr mit der neuen Figur ein Parkett zeichnen könnt. Zeichnet dann auch das Parkett.

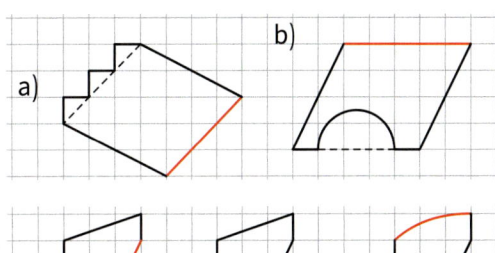

5. Verändert das Parallelogramm zu einem „Kopf". Zeichnet dann damit ein Parkett.

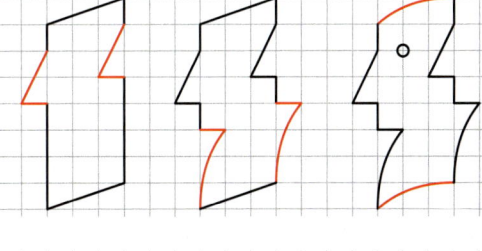

6. Versucht selbst ein Viereck zu einer „gegenständlichen" Grundfigur für ein Parkett zu verändern, zeichnet dann das Parkett und präsentiert es in der Klasse.

7. Hier wurde die Seite eines gleichseitigen Dreiecks verändert. Diese Veränderung wurde dann durch Drehung um den gemeinsamen Eckpunkt auf eine Nachbarseite übertragen. Zeichnet mit der neuen Grundfigur ein Parkett.

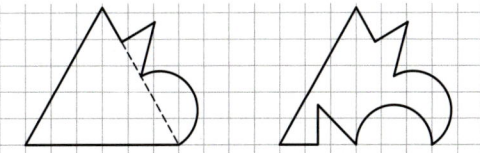

2 Zeichnen und Konstruieren

Konstruieren von Dreiecken

> **Kongruenzsätze**
> Dreiecke sind kongruent, wenn sie übereinstimmen
> in drei Seiten, **(SSS)** | in einer Seite und den zwei anliegenden Winkeln, **(WSW)** | in zwei Seiten und dem eingeschlossenen Winkel, **(SWS)** | in zwei Seiten und dem Winkel gegenüber der längeren Seite. **(SsW)**

LVL 1. a) Einige Schüler haben begonnen, ein Lernplakat zur Dreieckskonstruktion SSS zusammenzustellen. Erstellt in Gruppenarbeit selbst ein solches Plakat. Überlegt die zweckmäßige Anordnung der Textteile und fertigt die Konstruktionszeichnung.
b) Erstellt Lernplakate auch zu den anderen Dreieckskonstruktionen WSW, SWS und SsW.

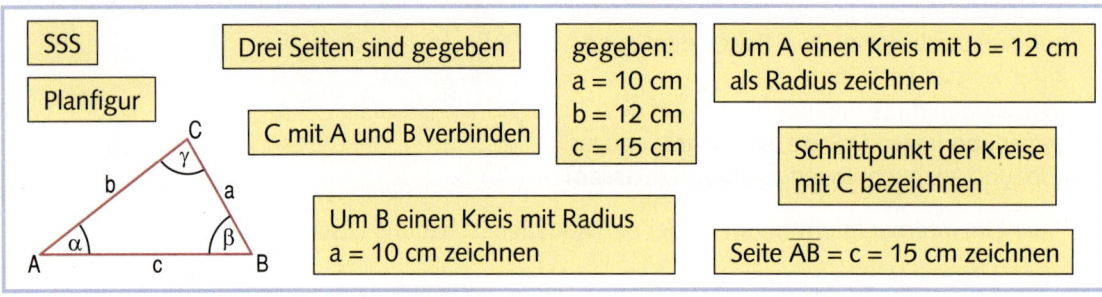

2. Konstruiere das Dreieck mit den angegebenen Maßen. Die Planfigur ist schon vorgegeben.
  a) $a = 7{,}5$ cm
  $\beta = 84°$
  $\gamma = 71°$

  b) $c = 8{,}5$ cm
  $\alpha = 54°$
  $b = 4{,}9$ cm

  c) $a = 7$ cm
  $b = 6$ cm
  $c = 9$ cm

3. Die Orte A und B sind 5,3 km voneinander entfernt. Von beiden Orten sieht man den Heißluftballon unter den angegebenen Winkeln. Wie weit ist er von den Orten entfernt? Zeichne maßstäblich (1 cm für 1 km) und miss.

4. Konstruiere ein Dreieck ABC aus:
  a) $b = 6{,}1$ cm; $\alpha = 68°$, $\gamma = 27°$
  b) $a = 4{,}7$ cm, $\beta = 37°$, $\gamma = 54°$

5. Wie viele Dreiecke gibt es mit einer Seite von 6 cm und zwei Winkeln von 30° und 60°?

6. a) Berechne den fehlenden Winkel im Dreieck.
  b) Konstruiere das Dreieck (1 mm für 1 m) und bestimme durch Messen die Breite des Flusses.

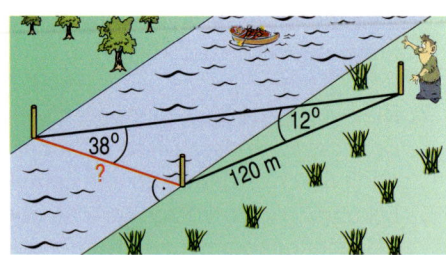

7. Konstruiere das Dreieck ABC.
  a) $a = 6{,}4$ cm; $\alpha = 41°$; $\beta = 92°$
  b) $b = 7{,}2$ cm; $\beta = 75°$; $\gamma = 66°$

8. Konstruiere ein Dreieck ABC aus: c = 4 cm, b = 7 cm und β = 103°.

9. Der Hang eines Berges steigt mit 55° Neigung gegen die Horizontale. Aus 500 m Entfernung von seinem Fuß wird die Entfernung zur Spitze mit einem Lasergerät gemessen, sie beträgt 830 m. Wie hoch ist der Berg? Zeichne maßstäblich und miss.

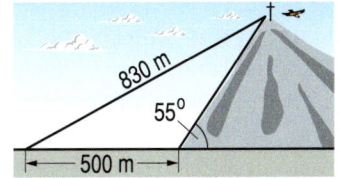

10. Ein Dreieck ABC soll die Seite c = 10 cm und den Winkel α = 55° haben. Lege einen zweiten Winkel so fest, dass du bei der Konstruktion ein gleichschenkliges Dreieck erhältst.

11. Zwischen den beiden Orten am Seeufer soll eine Fährverbindung eingerichtet werden. Wie lang wird diese Strecke? Zeichne maßstäblich (1 cm für 1 km) und miss.

12. Zeichne ein Dreieck ABC aus:
    a) a = 3,5 cm, b = 6,7 cm, γ = 163°
    b) a = 3,9 cm, c = 5,3 cm, β = 71°

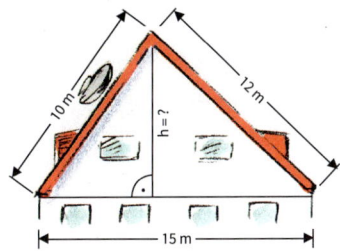

13. Eine dreieckige Giebelwand hat die angegebenen Längen. Wie hoch ist sie? Zeichne maßstäblich (1 cm für 1 m) und miss ihre Höhe.

14. Zeichne ein Dreieck ABC aus:
    a) a = 6,6 cm, b = 5,8 cm, c = 8,6 cm
    b) a = 5,8 cm, b = 4,1 cm, c = 8,1 cm

LVL 15. Dreiecke mit diesen Maßen gibt es nicht. Erkläre, warum.
    a) α = 52°, β = 97°, γ = 51°   b) b = 7 cm, α = 75°, γ = 106°   c) a = 3 cm, b = 4 cm, c = 10 cm

16. Entscheide, welche Konstruktion vorliegt, und zeichne das Dreieck.
    a) a = 4 cm; c = 9 cm; β = 79°   b) a = 7 cm; b = 9 cm; c = 5 cm   c) b = 5 cm; α = 102°; γ = 37°

17. Man kann ein Dreieck auch aus einem Winkel, einer anliegenden Seite und der zugehörigen Höhe zeichnen.
    a) Konstruiere für α = 55°, c = 6 cm, h_c = 8 cm.
    b) Beschreibe die Konstruktion (Skizze und Stichworte).
    c) Welche Seite und Höhe braucht man für eine solche Konstruktion mit dem Winkel γ?

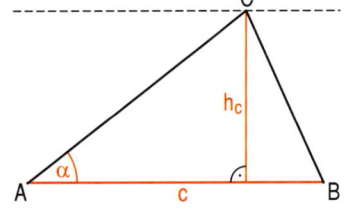

18. Konstruiere ein gleichschenkliges Dreieck ABC mit c = 12 cm, a = b und der Höhe h_c = 5 cm.

LVL 19. Welche der vier Größen für ein Satteldach brauchst du, um das Dach zeichnen zu können? Überlege zusammen mit anderen alle Möglichkeiten und fertige zu jeder eine Zeichnung mit selbst gewählten sinnvollen Größen, miss jeweils die fehlenden Größen.

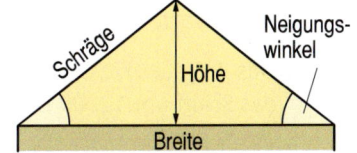

20. Eine dreieckige Giebelwand soll 12 m breit werden und 5 m hoch. Wie lang werden die beiden gleich langen schrägen Seiten? Und wie groß wird der Winkel α zwischen Dach und Boden? Zeichne maßstäblich und miss.

2 Zeichnen und Konstruieren

Funkpeilung

L_1 und L_2 sind zwei Leuchttürme an Land, die in Luftlinie 10,4 km voneinander entfernt sind. S ist ein Schiff auf hoher See, das mit gleichmäßiger Geschwindigkeit und festem Kurs fährt.
Um 12:00 Uhr wird es von beiden Leuchttürmen per Funk angepeilt. Die Position des Schiffs ist S_1, der Peilwinkel gegenüber $\overline{L_1L_2}$ ist der Abbildung zu entnehmen.
Um 12:20 Uhr hat das Schiff die Position S_2 erreicht und wird wieder von beiden Leuchttürmen aus per Funk angepeilt.

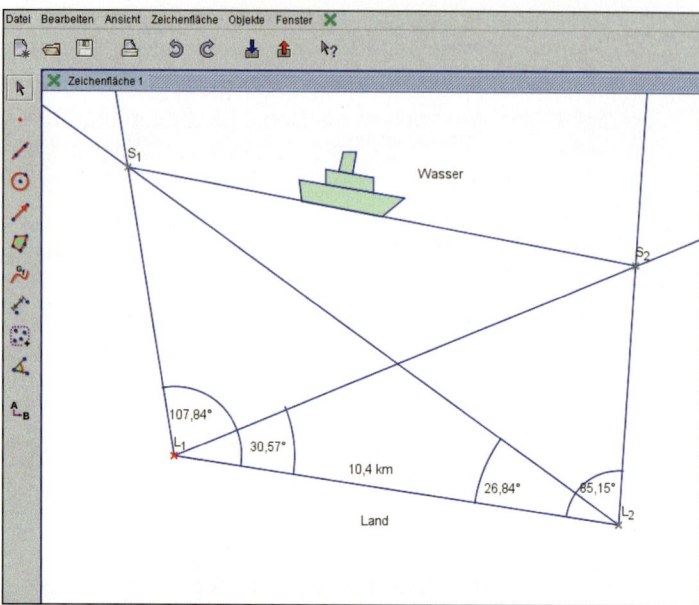

1. Übertrage die Karte mit Hilfe des Programms „Geonext"* auf den Bildschirm des Computers, beginne mit „Datei" und „Neue Zeichenfläche". Dann fahre so fort:

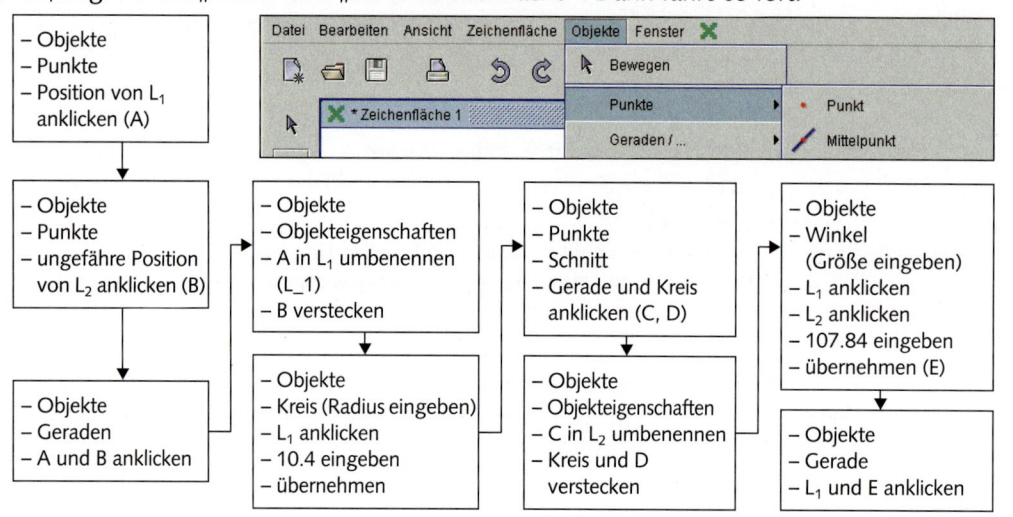

Punkt E kannst du verstecken. Dann trägst du an $\overline{L_1L_2}$ im Punkt L_2 den Winkel 26,84° an. Bei der Eingabe musst du ein Minuszeichen vor die Gradzahl setzen, weil der Winkel im negativen mathematischen Drehsinn angetragen werden soll. Zeichne so alle vier Winkel, lass die Schnittpunkte markieren und benenne sie um in S_1 und S_2.

2. Das Programm „Geonext" hat unter „Objekte" auch eine Abstandsfunktion. Wie weit ist das Schiff um 12:00 Uhr von L_1 und wie weit von L_2 entfernt?

3. Mit wie viel Knoten (kn) fährt das Schiff?   Beachte: $1\,\text{kn} = 1\,\frac{\text{sm}}{\text{h}}$, $1\,\text{sm} = 1\,852\,\text{m}$

* Das hier verwendete Programm „GEONExT" wird am Lehrstuhl für Mathematik und ihre Didaktik der Universität Bayreuth entwickelt. Ein kostenloser Download ist unter http://geonext.de möglich.

2 Zeichnen und Konstruieren

Entfernungen und Abstände im Dreieck

1. Jede der drei Ortschaften feiert ihre „Fiesta". Pünktlich um 18 Uhr wird das Fest mit einem Böllerschuss vor jedem Rathaus eröffnet. Sucht auf der Landkarte: Welche Personen können José, Pablo oder Ramon gewesen sein?

2. Drei Orte sind duch Langlaufloipen verbunden. Hotels außerhalb machen Reklame mit ihrer Lage zu den Loipen. Sucht auf der Landkarte: Welche Häuser können die angegebenen Hotels sein?

Hotel Edelweiß
Eine Loipe vor der Tür, zwei andere gleich weit vom Haus.

Hotel Enzian
Drei Loipen, alle gleich nah vom Haus!

Hotel Alpenrose
Drei Loipen verschieden weit vom Haus.

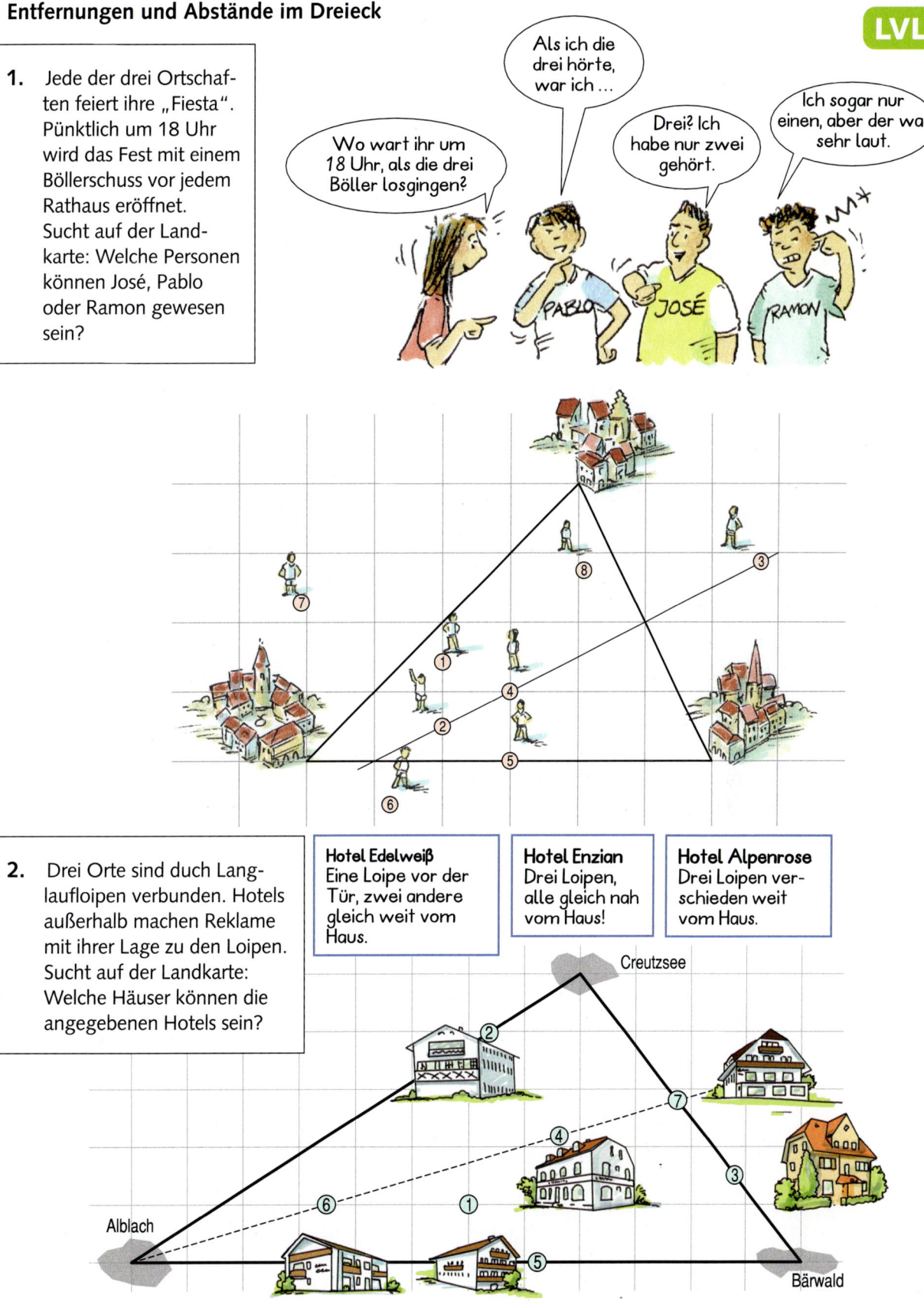

2 Zeichnen und Konstruieren

Umkreis und Inkreis

In jedem Dreieck schneiden sich
- die **Mittelsenkrechten** in einem Punkt S_M, dem Mittelpunkt des **Umkreises**,
- die **Winkelhalbierenden** in einem Punkt S_W, dem Mittelpunkt des **Inkreises**.

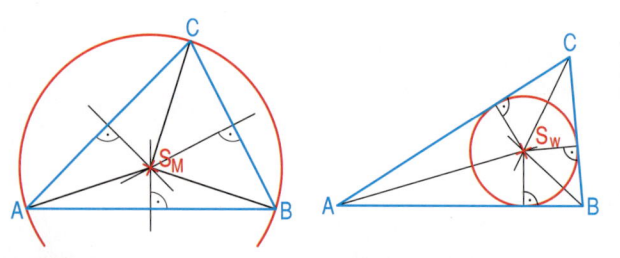

LVL 1. a) Begründet in Partnerarbeit den Satz über die Mittelsenkrechten im Dreieck:
– Zeichnet zuerst ein Dreieck ABC und die Mittelsenkrechten der Seiten a und b.
– Welche Eigenschaften hat der Schnittpunkt S_M der beiden Mittelsenkrechten?
– Warum muss dann auch die dritte Mittelsenkrechte durch S_M verlaufen?
b) Begründet in ähnlicher Weise den Satz über die Winkelhalbierenden. Zeichnet zuerst ein Dreieck ABC und die Winkelhalbierenden der Winkel α und β mit ihrem Schnittpunkt S_W.

2. a) Eine Kläranlage soll gebaut werden, die von den drei Orten gleich weit entfernt ist.

b) Eine Rettungsstation soll eingerichet werden, in gleichem Abstand von den drei Straßen.

 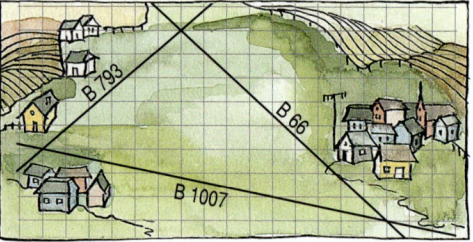

3. Zeichne in einem Koordinatensystem das Dreieck ABC mit den Eckpunkten A(0|0), B(9|3), C(3|9). Konstruiere den Mittelpunkt des Umkreises und zeichne ihn.

4. Zeichne in einem Koordinatensystem das Dreieck ABC mit den Eckpunkten A(0|0), B(12|2), C(4|10). Konstruiere den Mittelpunkt des Inkreises und zeichne ihn.

LVL 5. Partnerarbeit: Zeichnet mit einem runden Gegenstand (Tasse, Dose, Teller, …) einen Kreis, dann konstruiert seinen Mittelpunkt. Beginnt mit drei Punkten auf dem Kreis.

6. Auf einer gleichschenkligen Giebelfläche, unten 10 m breit, 5 m hoch, soll ein kreisförmiges Zifferblatt einer Uhr montiert werden. Welchen Durchmesser kann es maximal haben? Konstruiere maßstäblich und miss.

7. Überlege und probiere: Gibt es Dreiecke ABC, bei denen die Mittelpunkte von Umkreis und Inkreis gleich sind?

8. a) Konstruiere ein Dreieck ABC mit c = 8 cm, β = 80° und r = 6 cm Umkreisradius.
b) Konstruiere ein Dreieck ABC mit c = 10 cm, α = 80° und r = 3 cm Inkreisradius.

LVL 9. Verdoppeln sich In- und Umkreisradien, wenn man die Seiten eines Dreiecks verdoppelt?

2 Zeichnen und Konstruieren   33

Höhen und Schwerelinien im Dreieck

Ich habe ein Dreieck gezeichnet und seine Höhen. Die scheinen sich alle drei in einem Punkt zu schneiden. Aber ich kann nicht begründen, dass das tatsächlich so ist.

Dann zeichne doch die Parallelen durch die Eckpunkte, so dass ein größeres Dreieck entsteht.

Und dann sind die Höhen des kleinen Dreiecks im großen Dreieck die …

Alles klar!!

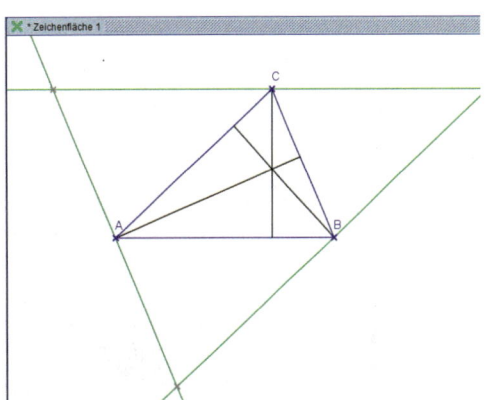

1. Was ist „alles klar"? Partnerarbeit:
   a) Zeichnet ein Dreieck ABC mit seinen Höhen und das größere Dreieck dazu.
   b) Die Eckpunkte A, B, C sind die Seitenmitten im größeren Dreieck, weil alle vier Teildreiecke kongruent sind. Begründet.
   c) Klärt jetzt, ob sich alle drei Höhen in einem Punkt schneiden.
   d) Kann in einem Dreieck der Höhenschnittpunkt ein Eckpunkt sein? Begründet.

2. Wenn man einen flachen Körper längs einer geraden Linie ausbalancieren kann, dann ist das eine seiner *Schwerelinien*. Alle seine Schwerelinien schneiden sich im sogenannten *Schwerpunkt*. In diesem Punkt kann man den Körper ausbalancieren.

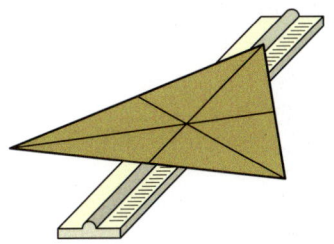 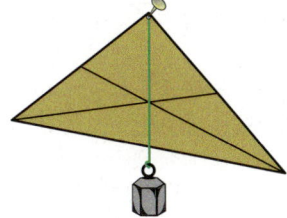 

   a) Partnerarbeit: Zeichnet ein „großes" Dreieck (alle Seiten mindestens 10 lang) auf Karton und schneidet es aus. Bestimmt dann seine Schwerelinien und den Schwerpunkt.
   b) Überlegt, wie man die Schwerelinien eines Dreiecks ohne Ausbalancieren geometrisch konstruieren kann. Kontrolliert eure Konstruktionsmethode an einem neuen Dreieck, das ihr auf Karton zeichnet. Konstruiert die Schwerelinien und kontrolliert durch Ausbalancieren.

3. „Wo liegt der Mittelpunkt Deutschlands?" Im Internet http://www.mittelpunkt-deutschlands.de/b4/index.htm erheben verschiedene Orte diesen Anspruch. Es ist nämlich nicht eindeutig geklärt, was man hier unter „Mittelpunkt" zu verstehen hat. Eine Möglichkeit ist, den Schwerpunkt zu nehmen.
   Partnerarbeit: Kopiert eine Deutschlandkarte, klebt sie auf Karton und schneidet sie aus. Bestimmt durch Ausbalancieren den Schwerpunkt und schaut nach, welcher Ort dort liegt.

15

BLEIB FIT!

Die Ergebnisse der Aufgaben ergeben Sehenswertes in Belgien und den Niederlanden.

1. Gib den Prozentsatz an:
   a) $\frac{1}{2}$ = ☐ %   b) $\frac{1}{4}$ = ☐ %   c) $\frac{3}{8}$ = ☐ %   d) $\frac{3}{5}$ = ☐ %

2. Ein Arbeiter verdient in 160 Stunden 2320 €. Berechne den Lohn für 8 Stunden.

3. Eine Zugfahrt dauert von 14:37 Uhr bis 17:14 Uhr. Die drei Stopps dauerten zusammen 7 Minuten. Berechne die Fahrzeit in Minuten.

4. a) $\frac{120\ m + 1{,}38\ km}{3}$ = ☐ m
   b) $4 \cdot (\frac{1}{8}\ t + 500\ kg)$ = ☐ t

5. Wie viele Gläser dieses Inhalts können mit 2100 ml Saft gefüllt werden: a) $\frac{1}{4}\ l$,   b) $\frac{1}{5}\ l$?

6. Bestimme α bzw. β.
   a)   b)

7. Um eine Baugrube auszuheben, brauchen zwei Bagger 18 Stunden. Wie viel Stunden dauert die Arbeit, wenn drei Bagger eingesetzt werden?

8. Bei einem Würfel ist die Gesamtlänge aller Kanten 108 cm.
   a) Eine Kante hat die Länge ☐ cm.
   b) Der Flächeninhalt einer Seitenfläche beträgt ☐ cm².
   c) Das Volumen des Würfels beträgt ☐ cm³.

9. Gib das Ergebnis als Dezimalbruch an.
   a) $3\frac{1}{2} \cdot 4{,}1$ b) $7\frac{1}{8} : \frac{3}{8}$ c) $5\frac{1}{4} + 8{,}4$

10. a) $5 \cdot (5\ cm^2)$ = ☐ mm²   b) $5 \cdot 5 \cdot 11\ cm^3$ = ☐ l
    c) $\frac{1}{2} \cdot 2750\ m$ = ☐ km   d) $1000\ m^2 : 8$ = ☐ a

11. Eine Zahl wird mit 7,5 multipliziert, das Ergebnis ist 120. Wie groß ist die Zahl?

Wert	Buchstabe
0,125	F
0,275	M
0,4	L
0,85	B
1,25	U
1,375	I
2,5	N
2,75	S
8	A
9	R
10	M
12	E
13,5	P
13,65	T
14,35	M
16	M
19	A
20	S
25	R
30	W
37,5	A
50	G
60	C
81	D
116	H
140	T
150	T
500	E
729	A
1250	I
12500	O

2 Zeichnen und Konstruieren   35

Haus der Vierecke

Alle Aufgaben in Partnerarbeit!

LVL

1. Ordnet jedem Viereck im „Haus der Vierecke" die Eigenschaften zu (Tabelle). Erstellt damit eine Präsentation zum Thema „Vierecke".

Name		
Eigenschaften		

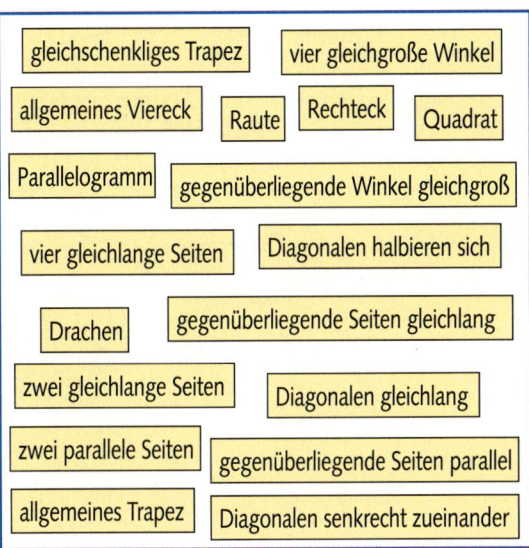

gleichschenkliges Trapez — vier gleichgroße Winkel — allgemeines Viereck — Raute — Rechteck — Quadrat — Parallelogramm — gegenüberliegende Winkel gleichgroß — vier gleichlange Seiten — Diagonalen halbieren sich — Drachen — gegenüberliegende Seiten gleichlang — zwei gleichlange Seiten — Diagonalen gleichlang — zwei parallele Seiten — gegenüberliegende Seiten parallel — allgemeines Trapez — Diagonalen senkrecht zueinander

2. Erklärt die Anordnung der Vierecke im „Haus der Vierecke" mit den Symmetrieeigenschaften dieser Figuren. Zeichnet dazu von jedem Viereckstyp eines auf Karopapier und kennzeichnet in ihm alle vorhandenen Symmetrieachsen oder Symmetriepunkte.

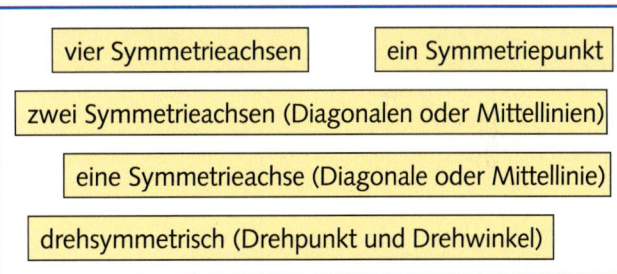

vier Symmetrieachsen — ein Symmetriepunkt — zwei Symmetrieachsen (Diagonalen oder Mittellinien) — eine Symmetrieachse (Diagonale oder Mittellinie) — drehsymmetrisch (Drehpunkt und Drehwinkel)

3. In nebenstehendem Zeitungstext ist von einem „Rhombus" die Rede. Welcher Viereckstyp ist damit gemeint?

4. a) Was sagt ihr zu dem nebenstehenden Bericht der Rheinischen Post vom 3.2.2003?
   – Waren tatsächlich zwei der vorgegebenen Antworten richtig?
   – Ist es fair, mehr als eine richtige Antwort vorzugeben?
   b) Formuliert selbst Quizfragen zum Thema „Vierecke" mit vorgegebenen Antworten zum Auswählen. Stellt sie euren Mitschülerinnen und Mitschülern (oder auch zu Hause euren Familienmitgliedern) und kontrolliert die Antworten.

Eine Panne bei „Wer wird Millionär?" hat Medienberichten zufolge einer Kandidatin möglicherweise einen hohen Gewinn gekostet. Die Kandidatin war am Freitagabend bei der 16 000-Euro-Frage ausgestiegen, weil sie die Antwort nicht wusste – die Frage war jedoch regelwidrig gestellt worden, hieß es. Zur Frage „Jedes Rechteck ist ein ...?" habe RTL die vier Antwortmöglichkeiten „A: Rhombus", „B: Quadrat", „C: Trapez" und „D: Parallelogramm" vorgegeben. Allerdings sei nicht nur Parallelogramm eine richtige Antwort gewesen, wie Günther Jauch in der Sendung sagte, sondern auch Trapez.   RP

LVL

Übertragen von Vierecken

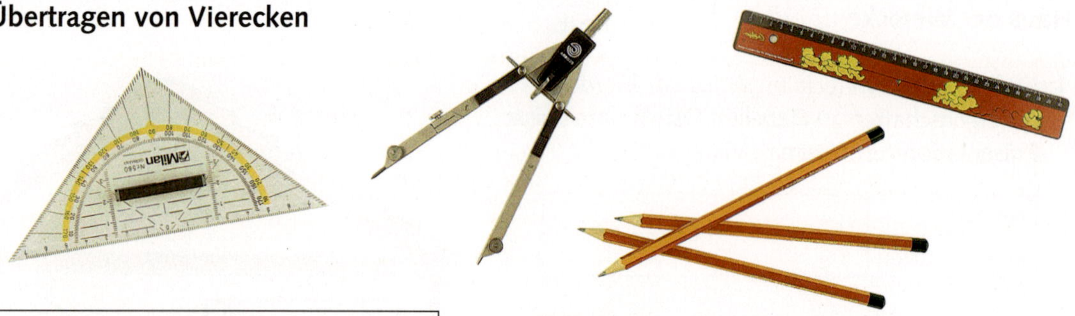

1. Übertragt in Gruppenarbeit das Viereck ABCD kongruent in ein Heft. Notiert, welche Maße (Winkel und Strecken) ihr verwendet.

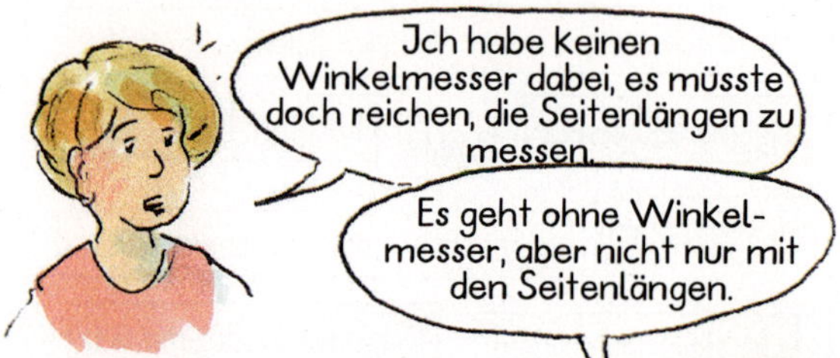
Jch habe keinen Winkelmesser dabei, es müsste doch reichen, die Seitenlängen zu messen.
Es geht ohne Winkelmesser, aber nicht nur mit den Seitenlängen.

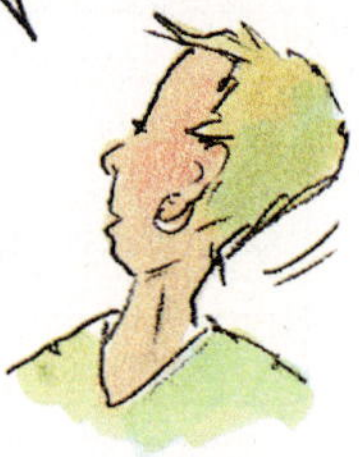

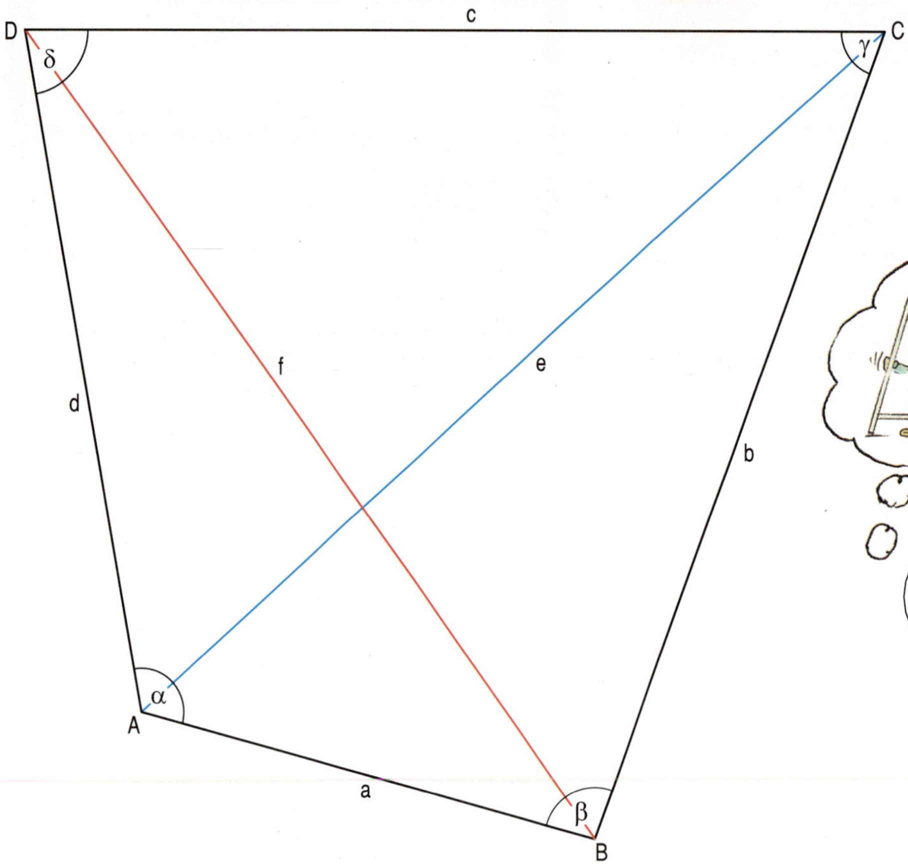
D
C
A
B
c
a
b
d
e
f
δ
γ
α
β

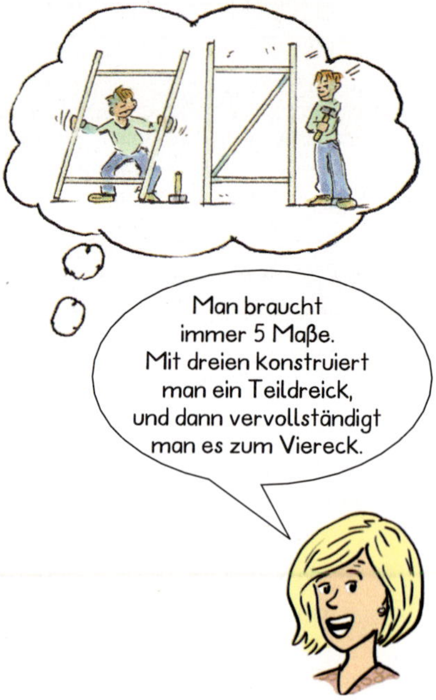
Man braucht immer 5 Maße. Mit dreien konstruiert man ein Teildreieck, und dann vervollständigt man es zum Viereck.

2. Vergleicht euren Lösungweg mit denen anderer Gruppen.
Notiert alle Möglichkeiten, die ihr findet, an der Tafel.

3. Was meint ihr zu Karins Behauptung?
- Wie kommt sie auf 3 Stücke für ein Teildreieck?
- Wie will sie das mit nur 2 weiteren Maßen zum Viereck vervollständigen können?

2 Zeichnen und Konstruieren

Konstruieren von Vierecken

> Um ein allgemeines Viereck ABCD eindeutig konstruieren zu können, muss man von ihm 5 voneinander unabhängige Längen oder Winkelgrößen kennen. Bei speziellen Vierecken genügen weniger Stücke in Verbindung mit den speziellen Eigenschaften des Vierecks.

1. Bestimme durch Zeichnung die Länge der Strecke $\overline{AB}$, die wegen des unzugänglichen Geländes nicht gemessen werden konnte. Zeichne 1 cm für 1 km.

a)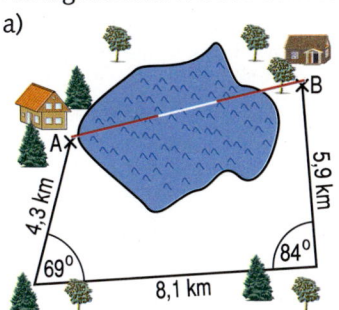
b)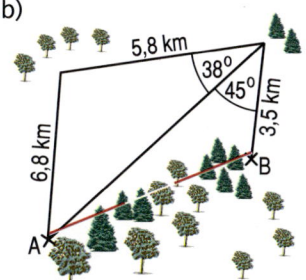
c)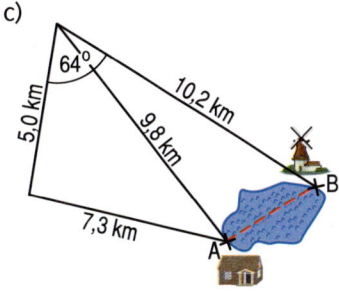

LVL 2. Gruppenarbeit: Nehmt Stellung zu dem Gespräch.

— Eine Seite und vier Winkel sind zusammen fünf Maße, ..
— ...also genug für ein allgemeines Viereck?
— Vier Winkel sind nicht unabhängig.

3. a) Konstruiere ein Quadrat mit der Seitenlänge a = 4 cm. Begründe, warum dieses Maß genügt.
b) Lässt sich ein Quadrat auch mit nur einem Winkelmaß eindeutig konstruieren? Begründe.
c) Kannst du ein Quadrat allein mit einer Diagonalen e = 4 cm eindeutig konstruieren?

LVL 4. Überlegt und begründet in Gruppenarbeit: Wie viele Maße benötigt man jeweils für die speziellen Bewohner im Haus der Vierecke? Fertigt eine Übersicht mit eigenen Beispielen.

5. Konstruiere das Rechteck. Orientiere dich an der Planfigur.

a)
c = 5 cm; d = 3 cm

b)
b = 5 cm; f = 5,3 cm

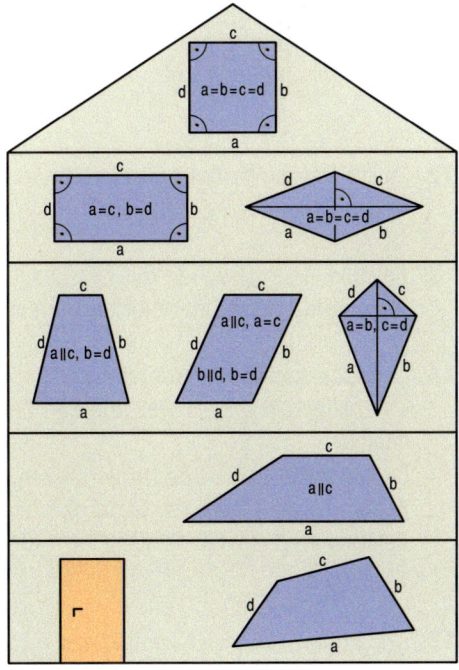

6. Konstruiere die Raute nach der Planfigur.

a)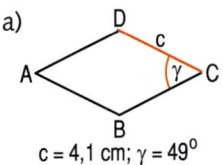
c = 4,1 cm; γ = 49°

b)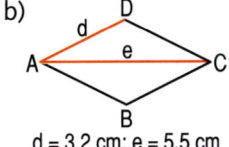
d = 3,2 cm; e = 5,5 cm

7. Konstruiere eine Raute mit den Diagonalen e = 4 cm, f = 7 cm.

8. a) Die Pilatus Zahnradbahn bei Luzern (Schweiz) ist die steilste der Welt. Die Seitenwand eines Wagens hat ungefähr die Form eines Parallelogramms mit den angegebenen Maßen. Zeichne mit einem geeigneten Maßstab.
b) Erkläre, warum man den Winkel α in der angegebenen Größe gewählt hat.
c) Zeichne auch die Fußböden für die Passagiere ein.

9. Konstruiere das Parallelogramm nach der vorgegebenen Planfigur, denke an seine Eigenschaften.

a) 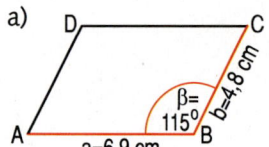   b) 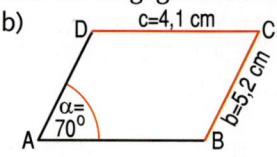   c)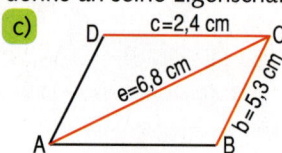

10. Anne und Marc bauen zwei Drachen. Für den Bau haben sie sich die angegebenen Längen notiert. Konstruiere beide Drachen im Maßstab 1:10. Miss dann in der Zeichnung die Diagonallänge von Marcs Drachen sowie die längere Seite von Annes Drachen.

11. Konstruiere den Drachen nach der Planfigur. Denke dabei an die Eigenschaften von Drachen.

a) 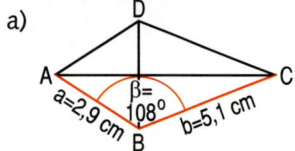   b) 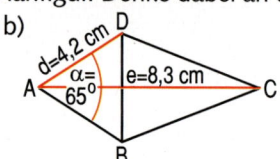   c)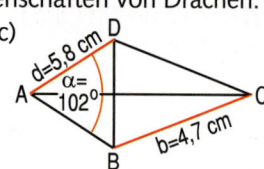

12. Zeichne eine Planfigur und konstruiere den Drachen mit der Symmetrieachse $\overline{AC}$.
 a) $a = 4{,}5$ cm; $\alpha = 50°$; $\beta = 120°$
 b) $a = 3{,}1$ cm; $e = 7{,}6$ cm; $f = 4{,}8$ cm

13. Zeichne einen Drachen mit den Diagonalen $e = 6{,}4$ cm und $f = 5{,}8$ cm. Die Diagonalen sollen sich gegenseitig halbieren. Welche Viereicksform entsteht?

14. Der Querschnitt des Bahndamms hat die Form eines gleichschenkligen Trapezes. Zeichne den Querschnitt mit folgenden Maßen:
Dammsohle 13 m, Böschung 4,90 m, Böschungswinkel $\alpha = 44°$.
Bestimme die Länge der Dammkrone und die Dammhöhe. Zeichne im Maßstab 1:100 (1 cm für 1 m in Wirklichkeit).

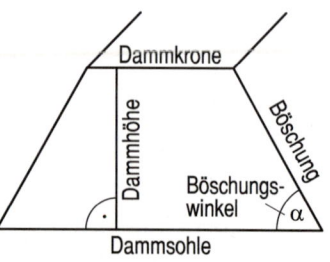

15. Konstruiere ein gleichschenkliges Trapez ABCD aus:
 a) $a = 9$ cm, $d = 4$ cm, $\alpha = 54°$
 b) $a = 6$ cm, $d = 4{,}5$ cm, $\beta = 112°$

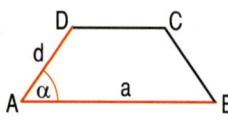 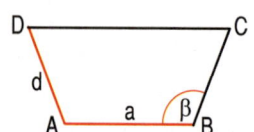

2 Zeichnen und Konstruieren

16. Das Firmenlogo eines Unternehmens besteht aus drei symmetrisch angeordneten Rauten.
   a) Notiere die Symmetrieeigenschaften dieser Figur.
   b) Zeichne dieses Firmenlogo. Die Diagonalen der Rauten sollen 6 cm und 3,5 cm lang sein.
   c) Bestimme Drehzentrum und Drehwinkel der Figur.

17. Beim Kanalbau für das Wasserstraßenkreuz Magdeburg konnte man sehen, dass der Querschnitt des Kanals die Form eines gleichschenkligen Trapezes hat. Die Wasserspiegelbreite ist oben 53 m, die Sohlenbreite 29 m, die Wassertiefe 4,50 m. Zeichne im Maßstab 1:500 (2 mm für 1 m) und bestimme die Länge der Böschung unter Wasser.

18. Konstruiere die Fahne
a) Kuwaits, b) Brasiliens.
Im Handel werden sie angeboten mit den Maßen
150 cm × 90 cm. Wähle
einen geeigneten Maßstab.

19. Konstruiere das Trapez nach der Planfigur. Bringe dazu die einzelnen Konstruktionsschritte in die richtige Reihenfolge.

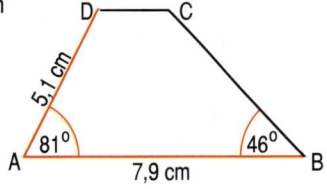

| Winkel α = 81° und β = 46° antragen | Um A einen Kreis mit r = 5,1 cm zeichnen |
| Durch D die Parallele zu AB zeichnen | Strecke $\overline{AB}$ = 7,9 cm zeichnen |

20. Konstruiere das nicht gleichschenklige Trapez ABCD nach der Planfigur.

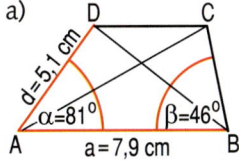 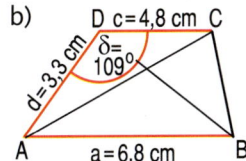 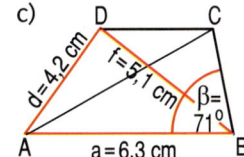 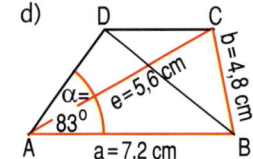

LVL 21. Partnerarbeit: Luise und Fritzi konstruieren ein Trapez ABCD (a ∥ c) aus vier Seiten: a = 14 cm, b = 7 cm, c = 4 cm, d = 5 cm. Überlegt, wie sie das machen.

Luise   *Fritzi*

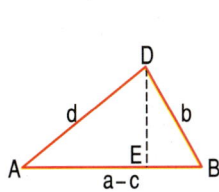 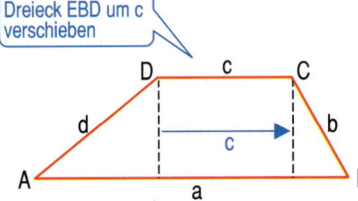 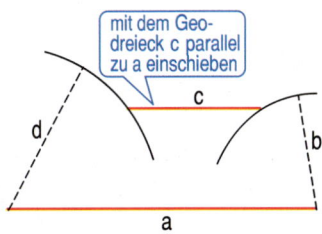

LVL 22. Überlegt euch in Partnerarbeit Kongruenzsätze für Vierecke, ähnlich wie die für Dreiecke, zum Beispiel: „Zwei Rechtecke sind kongruent, wenn sie übereinstimmen in …"
Präsentiert sie mit einer Begründung der Klasse.

2 Zeichnen und Konstruieren

Vierecke konstruieren mit dem Computer

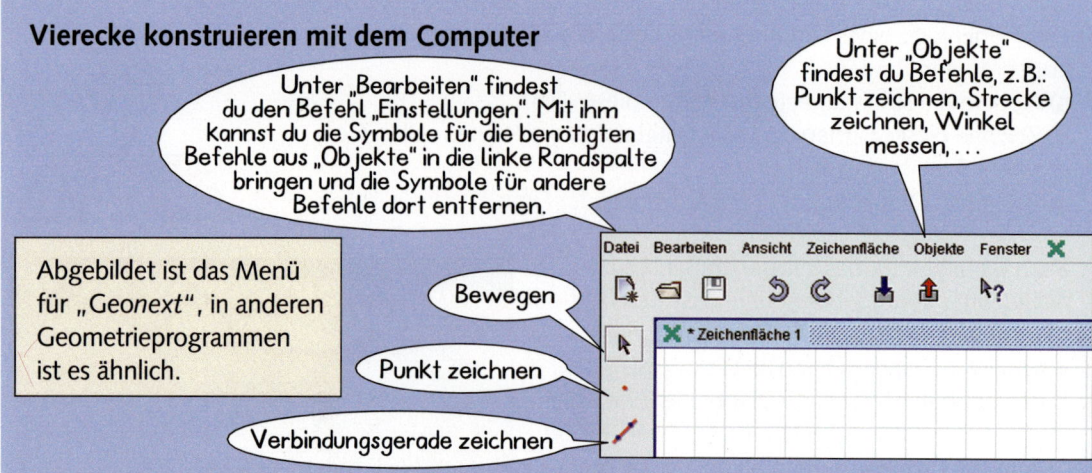

Unter „Bearbeiten" findest du den Befehl „Einstellungen". Mit ihm kannst du die Symbole für die benötigten Befehle aus „Objekte" in die linke Randspalte bringen und die Symbole für andere Befehle dort entfernen.

Unter „Objekte" findest du Befehle, z. B.: Punkt zeichnen, Strecke zeichnen, Winkel messen, ...

Abgebildet ist das Menü für „Geo*next*", in anderen Geometrieprogrammen ist es ähnlich.

Bewegen
Punkt zeichnen
Verbindungsgerade zeichnen

1. Konstruiere nach der unten angegebenen Anleitung mit dem Computer eine Raute ABCD mit der Seitenlänge a = 3 cm und dem Winkel α = 42°.

- Halbgerade zeichnen, Anfangspunkt ist A, ein zweiter Punkt ist B, dieses B verstecken
- Kreis um A mit r = 3
- Schnitt von Kreis mit Halbgerade, neue Punkte C und D, C in B umbenennen, D verstecken
- Winkel von 42° antragen, neuer Punkt E, diesen in D umbenennen
- Verbindungsstrecke $\overline{AD}$ zeichnen
- Winkel α markieren
- Gerade durch B und D zeichnen
- A an BD spiegeln, neuer Punkt C
- Verbindungsstrecken $\overline{BD}$, $\overline{CD}$ zeichnen
- Die Maßbezeichnungen werden eingetragen durch die Befehle „Messen" der Streckenlänge $\overline{AB}$ und der Winkelgröße α.
- Zuletzt kannst du noch den Kreis und die Gerade BD verstecken, dann ist nur noch die Raute ABCD zu sehen.

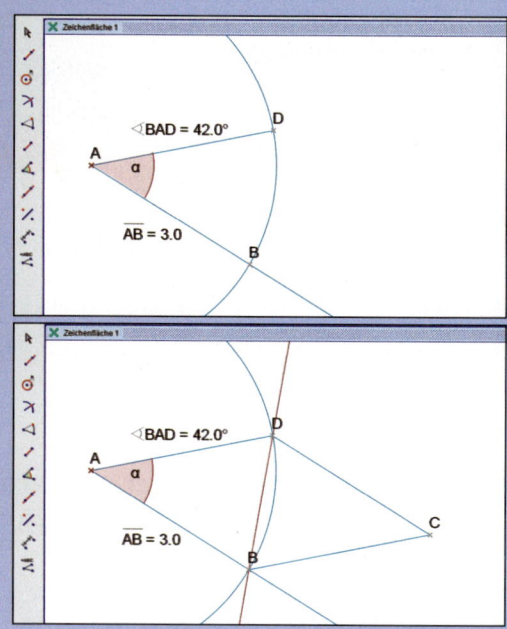

2. Vergleiche das Konstruktionsverfahren aus der 1. Aufgabe mit dem unten dargestellten. Prüfe seine Vorteile und seine Nachteile. Überlege, welches Verfahren dir besser gefällt. Vielleicht entdeckst du noch eine andere Möglichkeit, die dir besser gefällt, dann erkläre sie deinen Mitschülerinnen und Mitschülern.

- Eine beliebige Strecke $\overline{AB}$ zeichnen und ihre Länge messen
- B bewegen, bis die Länge 3 cm angezeigt wird
- Einen weiteren Punkt C markieren und in D umbenennen

- Strecke $\overline{AD}$ zeichnen und ihre Länge messen
- Den Winkel zwischen den beiden Strecken messen
- Den Punkt D so bewegen, bis $\overline{AD}$ 3 cm lang und der Winkel 42° groß ist
- ...

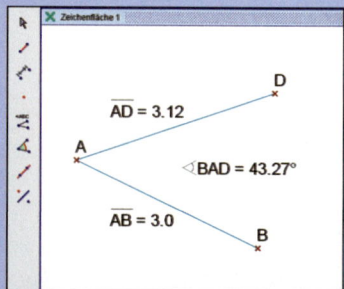

2 Zeichnen und Konstruieren

Vermischte Aufgaben

1. Wie weit ist das Schiff von Spiekeroog entfernt, wie weit von Wangerooge? Wähle einen geeigneten Maßstab zum Zeichnen.

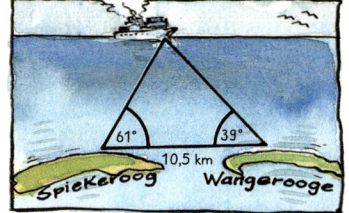

2. Wie lang ist die im Gelände unzugängliche Strecke $\overline{AB}$?

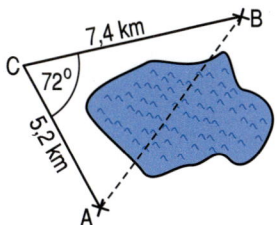

3. Markiere im Koordinatensystem (Einheit 1 cm) die Punkte A(2|4), B(10|2) und C(12|10). Durch sie soll ein Kreis verlaufen, konstruiere seinen Mittelpunkt.

4. Zeichne im Koordinatensystem (Einheit 1 cm) das Dreieck A(1|1), B(15|6) und C(2|13). Aus ihm soll ein möglichst großer Kreis ausgeschnitten werden. Zeichne ihn und schneide ihn aus.

5. Konstruiere ein Dreieck ABC aus den gegebenen Stücken. Skizziere erst eine Planfigur.
    a) c = 7 cm, b = 6 cm, der Radius des Umkreises beträgt 4,5 cm.
    b) c = 11 cm, α = 55°, der Radius des Inkreises beträgt 3 cm.

LVL 6. Welche der Schnittpunkte von Mittelsenkrechten, Winkelhalbierenden, Höhen und Seitenhalbierenden liegen immer im Inneren des Dreiecks, welche können auch außerhalb oder auf einer Seite liegen? Überlegt, zeichnet und probiert. Präsentiert eine Ergebnisübersicht.

LVL 7. Partnerarbeit: Nehmt Stellung zu dem Dialog und begründet eure Meinung.

8. Konstruiere ein Rechteck, dessen Diagonalen 5 cm lang sind und sich mit einem Schnittwinkel von 35° schneiden.

9. Ein rautenförmiges Blumenbeet ist 3 m breit und 5 m lang. Wie lang sind seine Seiten? Zeichne und miss.

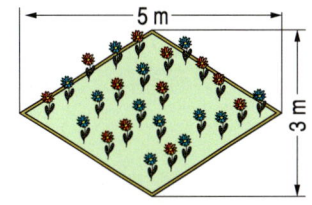

10. Ein Drachen hat die beiden Seitenlängen 35 mm und 66 mm; die Diagonale, die von der anderen halbiert wird, ist 42 mm lang. Zeichne und miss die andere Diagonale.

11. Ein Bahndamm hat einen Querschnitt in Form eines gleichschenkligen Trapezes. Folgende Maße sind bekannt: Dammsohle 15 m, Böschung 5,20 m, Böschungswinkel α = 42°. Zeichne den Damm im Maßstab 1 : 100 (1 cm für 1 m) und bestimme die Längen von Höhe und Dammkrone.

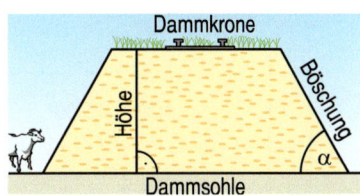

12. Konstruiere ein Trapez aus a = 10 cm, b = 6 cm, d = 8 cm und α = 30°. Welches Problem stellt sich dabei, und an welche Dreieckskonstruktion erinnert dich das?

LVL 13. a) Mirco meint: „Jedes Rechteck ist ein Trapez." Begründe, warum er recht hat.
    b) Formuliere andere Sätze über Vierecke: „Jedes ... ist ein ..." und begründe sie.

2 Zeichnen und Konstruieren

Sehwinkel

Das Mädchen sieht das Schloss unter einem *Sehwinkel* von etwa 45°. Ungefähr diesen „Sehwinkel" hat ein Fotoapparat mit *Normalobjektiv* (50 mm bei Kleinbild, 8 mm Digital). Weitwinkelobjektive haben einen größeren „Sehwinkel", Teleobjektive einen kleineren. Der Sehwinkel ist nicht zu verwechseln mit dem *Gesichtsfeld*, das beim Menschen etwa 180° groß ist.

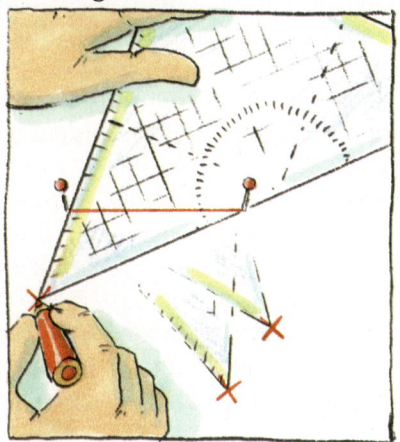

1. Erkläre den Unterschied zwischen „Sehwinkel" und „Gesichtsfeld".

2. Zeichne eine 7 cm lange Strecke und markiere mit dem Geodreieck Punkte, von denen aus die Strecke unter 45° Sehwinkel zu sehen ist.

3. Verwende statt des Geodreiecks ein Geometrieprogramm. Damit kannst du dann auch leicht feststellen, auf welcher Linie die Punkte alle liegen.

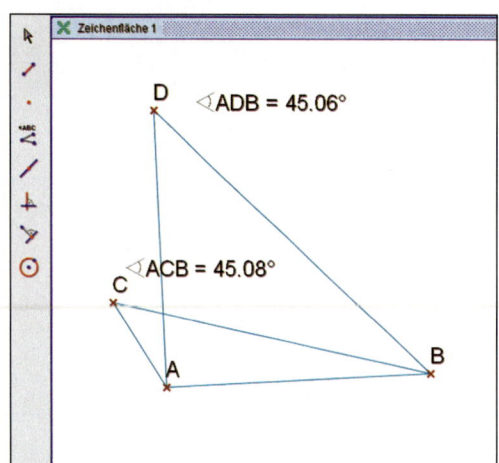

– Eine Strecke $\overline{AB}$ zeichnen
– Irgendwo einen Punkt C zeichnen und die Verbindungsstrecken zu A und B zeichnen
– Den Winkel bei C messen und C so bewegen, bis der Winkel (möglichst genau) 45° beträgt
– Einen weiteren Punkt D zeichnen und mit ihm so wie mit C verfahren
– …
Auf welcher Linie diese Punkte liegen, kannst du selbst entdecken, zum Beispiel so:
– Markiere den Mittelpunkt von $\overline{AB}$
– Zeichne in ihm die Senkrechte zu $\overline{AB}$
– Lege auf ihr einen Punkt M fest
– Zeichne den Kreis um M durch A
– Bewege M

4. Wähle einen *anderen* Sehwinkel γ ≠ 45° und bestimme Punkte, von denen aus man eine gegebene Strecke $\overline{AB}$ unter diesem Winkel γ sieht.

2 Zeichnen und Konstruieren   43

Entdeckungen zum Satz des Thales

Thales von Milet war ein griechischer Philosoph und Mathematiker, der ungefähr 625–545 v. Chr. in Milet (an der heute türkischen Mittelmeerküste) lebte. Er war einer der „sieben Weisen" seiner Zeit. Berühmt unter seinen Zeitgenossen wurde er durch die Vorhersage der Sonnenfinsternis am 28. Mai 585 v. Chr.
Mehr über Thales erfährst du im Internet zum Beispiel unter der Adresse www.philosophenlexikon.de oder mit „Thales" als Suchbegriff mit einer Internet-Suchmaschine.

Thales von Milet

(Arbeitet in Gruppen.)

1. Der nach Thales benannte mathematische Satz sagt, was für Dreiecke entstehen, wenn der Punkt C auf dem Kreis mit der Seite $\overline{AB}$ als Durchmesser liegt. Ihr könnt dies selbst entdecken, mit dem Geodreieck oder mit einem Geometrieprogramm:
   - Strecke $\overline{AB}$ zeichnen und ihren Mittelpunkt M,
   - Kreis um M durch A, B zeichnen
   - auf ihm C wählen,
   - C mit A, B verbinden, Winkel γ messen.

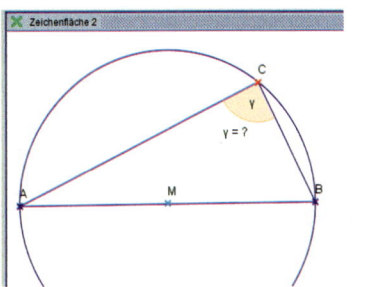

2. Umgekehrt: Wo liegen alle Punkte, die mit einer gegebenen Strecke $\overline{AB}$ ein rechtwinkliges Dreieck (mit γ = 90°) bilden, nur auf dem Kreis mit $\overline{AB}$ als Durchmesser, oder gibt es auch andere? Ihr verwendet am besten ein Geometrieprogramm und probiert verschiedene Wege aus.

   1. Weg
   Strecke $\overline{AB}$ zeichnen und dann
   - eine Gerade durch A zeichnen,
   - dazu die Senkrechte durch B, Schnittpunkt erzeugen und benennen, dies mehrfach und prüfen, wo die Punkte C liegen.

   2. Weg
   Strecke $\overline{AB}$ zeichnen und den Kreis mit ihr als Durchmesser und dann
   - einen Punkt C wählen und mit A, B verbinden,
   - Maß von γ anzeigen lassen,
   - C bewegen und Winkelmaß ablesen, wo es 90° beträgt oder mehr oder weniger:

   3. Weg
   Strecke $\overline{AB}$ zeichnen und dann
   - eine Gerade durch A zeichnen,
   - dazu die Senkrechte durch B und deren Schnittpunkt C erzeugen,
   - für C die Einstellung „Spur" aktivieren und die Gerade durch A bewegen.

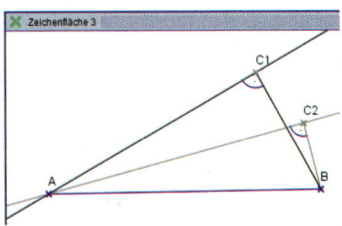 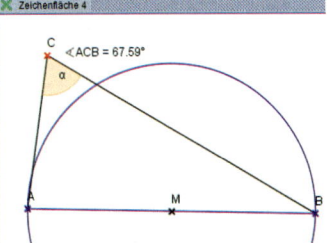 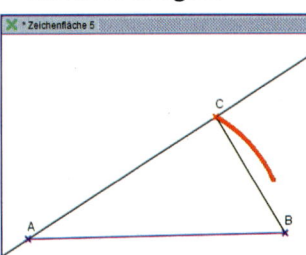

3. Formuliert jetzt mit euren Worten, was ihr über den Satz des Thales und die Möglichkeit seiner Umkehrung entdeckt habt. Illustriert euer Ergebnis mit Zeichnungen.

Satz des Thales und seine Umkehrung

> *Satz des Thales:* Wenn C auf einem Kreis mit $\overline{AB}$ als Durchmesser liegt, dann ist der Winkel γ bei C ein rechter Winkel.
> *Auch die Umkehrung des Satz des Thales gilt:* Wenn das Dreieck ABC rechtwinklig ist mit $\gamma = 90°$, dann liegt C auf dem Kreis mit $\overline{AB}$ als Durchmesser.

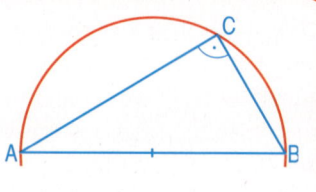

1. Konstruiere ein rechtwinkliges Dreieck ABC mit $\gamma = 90°$ und den Seiten c = 10 cm, a = 4 cm. Beim Konstruieren erhältst du zwei mögliche Dreiecke, sind beide kongruent? Begründe.

2. Konstruiere ein rechtwinkliges Dreieck ABC mit
   a) $\alpha = 90°$ und a = 12 cm, c = 8 cm,
   b) $\beta = 90°$ und b = 13 cm, a = 5 cm.

3. Konstruiere ein rechtwinkliges Dreieck ABC mit
   a) $\gamma = 90°$, der Seite c = 8 cm, der Höhe h_c = 3,5 cm,
   b) $\beta = 90°$ und b = 9 cm, h_b = 4,5 cm.

4. Konstruiere zwei Punkte C_1, C_2, die mit der Strecke $\overline{AB}$ = 7 cm ein Dreieck mit $\gamma = 90°$ bilden.

5. Jonah möchte das 90 m breite Schloss mit einem 90°-Blickwinkel fotografieren. Zeichne maßstäblich die Bodenlinie des Schlosses und konstruiere zwei mögliche Standorte für Jan:
   (1) mitten davor;   (2) 30° rechts der Mitte.

LVL 6. a) Warum ist Winkelmessen keine genaue Begründung für den Satz des Thales?
   b) Versucht in Partnerarbeit eine genaue Begründung:
   – Warum entstehen durch die Strecke $\overline{MC}$ zwei gleichschenklige Dreiecke?
   – Welche Winkel sind dann gleich groß?
   – Warum gilt dann $\gamma_1 + \gamma_2 = 90°$?

LVL 7. Fanni und Jonah haben versucht, auch die Umkehrung zum Satz des Thales genau zu begründen. Prüft in Gruppenarbeit, ob ihnen dies gelungen ist oder ob ihr es besser könnt.

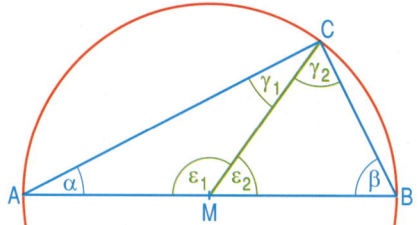

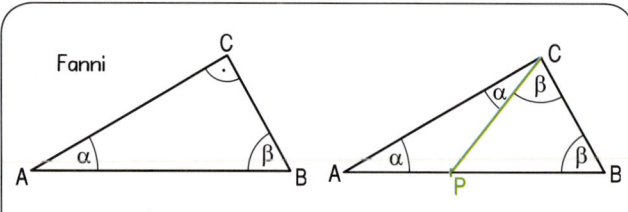

Fanni
– Im Dreieck ABC sei $\gamma = 90°$. Dann ist $\alpha + \beta = 90°$.
– Wenn ich dann α in C an $\overline{AC}$ antrage, schneidet der Schenkel die Seite c in einem Punk P.
– Beide Teildreiecke CAP und BCP sind gleichschenklig.
– Also ist P Mittelpunkt eines Kreises durch A, B, C.

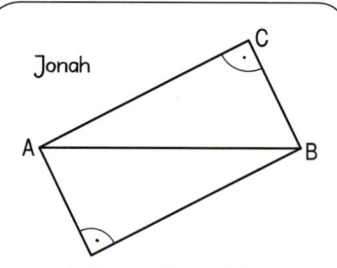

Jonah
– Jedes rechtwinklige Dreieck ist ein halbes Rechteck.
– Jedes Rechteck hat einen Umkreis, und dessen Mittelpunkt ist der …

Tangenten am Kreis

1. Die Gerade hat mit dem Kreis einen einzigen Punkt B gemeinsam; überlegt in Partnerarbeit:
- Warum hat B von allen Punkten der Geraden die kürzeste Entfernung zum Kreismittelpunkt?
- Wie groß ist der Winkel zwischen der Geraden und der Strecke $\overline{MB}$?

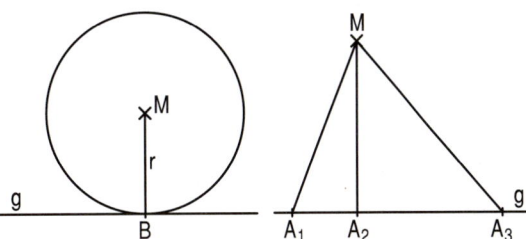

Eine **Tangente t** an einen Kreis ist eine Gerade, die mit dem Kreis einen einzigen Punkt B gemeinsam hat, man sagt: sie berührt den Kreis in B. In B ist die Gerade t senkrecht zum Radius (Berührradius).

---

2. Markiere einen Punkt M und um ihn einen Kreis mit dem Radius r = 3 cm. Wähle einen Punkt B auf dem Kreis und konstruiere die Tangente, die den Kreis in B berührt.

3. a) Markiere einen Punkt M und zeichne um ihn einen Kreis mit dem Radius r = 2,5 cm. Markiere auf ihm drei Punkte B_1, B_2, B_3, so dass sie mit M drei gleich große Winkel bilden. Konstruiere in jedem die Tangente.
b) Die Tangenten schneiden sich in drei Punkten A, B, C und bilden ein Dreieck ABC. Wie lang sind seine Seiten, wie groß seine Winkel?

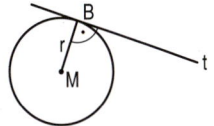

4. a) Partnerarbeit: Zeichnet einen Kreis mit Mittelpunkt M und einen Punkt P außerhalb des Kreises. Konstruiert eine Tangente durch P, die den Kreis berührt. Die Zeichnung hilft euch: Als erstes müsst ihr einen Kreis zeichnen.
b) Begründet den ersten Konstruktionsschritt.
c) „Eigentlich bekommt man so zwei Tangenten durch P", sagt Clara. Was meint ihr dazu?

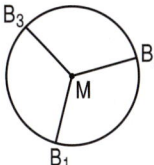

5. a) Zeichne im Koordinatensystem (Einheit 1 cm) um den Punkt M(8|8) einen Kreis mit 2,5 cm Radius. Konstruiere eine Kreistangente durch den Punkt P (12|6).
b) Es gibt eine zweite Tangente durch P, wie erhält man sie leicht aus der schon konstruierten?

6. Partnerarbeit: Zeichnet einen Kreis, markiert auf ihm vier Punkte und konstruiert in ihnen die Tangenten an den Kreis. Es entsteht ein *Tangentenviereck*; der Kreis ist sein Inkreis. Welche Vierecke aus dem „Haus der Vierecke" haben einen Inkreis, sind also Tangentenvierecke?

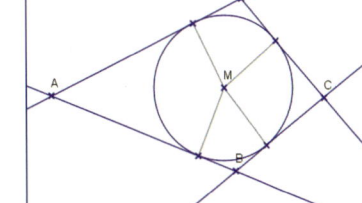

7. Konstruiere ein Dreieck ABC mit den Seiten a = 5 cm, b = 8 cm und c = 10 cm und dazu einen Kreis, der alle Seiten des Dreiecks berührt. Wie heißt dieser Kreis?

2 Zeichnen und Konstruieren

Winkel im Kreis

Paul: „Die Punkte A, B auf dem Kreis sind fest. Wenn ich C auf dem Kreis bewege, hat der Winkel γ immer die gleiche Größe."

Clara: „Vergleiche ihn mit dem Mittelpunktswinkel ε. Ich habe da eine Vermutung."

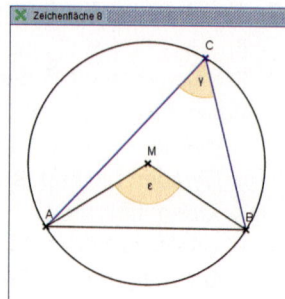

LVL 1. Findet in Partnerarbeit heraus, was Paul und Clara entdecken, und präsentiert euer Ergebnis.

> Im Kreis ist der Umfangswinkel γ immer halb so groß wie der zugehörige Mittelpunktswinkel ε.

2. Aishe sagt: „Wenn $\overline{AB}$ der Durchmesser des Kreises ist, dann sagt dieser Satz über die Umfangswinkel dasselbe wie der Satz des Thales." Begründe, ob das stimmt.

3. Ein 120 m lange gerade Häuserreihe soll mit einem Sehwinkel γ = 55° erfasst werden. Konstruiere drei mögliche Standorte C_1, C_2, C_3 für solch einen Blick.
Konstruiere zuerst ein gleichschenkliges Dreieck ABM mit $\overline{AB}$ = 120 m und einem doppelt so großen Winkel ε = 110°.

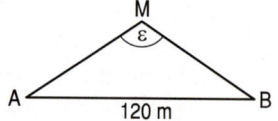

4. Aus welcher Entferung sieht Clara ein 5 m hohes Denkmal mit 45° Sehwinkel? Wenn Clara aufrecht steht, sind ihre Augen 1,50 m über dem Boden.

5. Martin (Augenhöhe 1,80 m) steigt auf eine 2 m hohe Leiter, um ein 10 m hohes Denkmal mit 60° Sehwinkel zu sehen. In welcher Entfernung vom Denkmal steht er?

6. Konstruiere einen Weg um ein quadratförmiges Blumenbeet mit 5 m Seitenlänge, so dass es von jedem Punkt des Weges mit 40° Sehwinkel zu sehen ist. Hinweis: Beachte Seiten *und* Diagonalen.

LVL 7. Anna, Boris und Clara haben angefangen, für einige Fälle den Satz über Umfangswinkel zu begründen. Versucht in Partnerarbeit, die Überlegungen zu begründen und fortzusetzen.

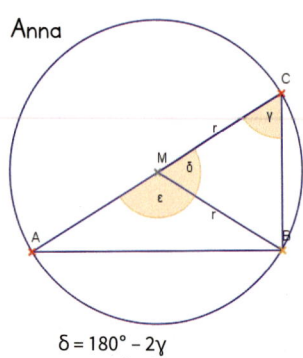

Anna
δ = 180° − 2γ
ε = 180° − δ

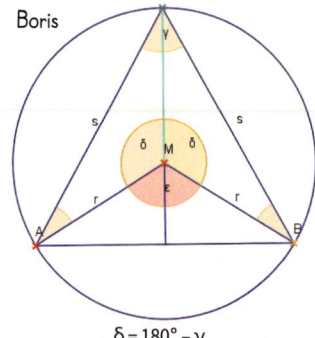

Boris
δ = 180° − γ
ε = 360° − 2δ

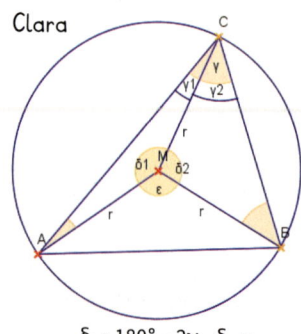

Clara
$δ_1$ = 180° − $2γ_1$, $δ_2$ = …
ε = 180° − $δ_1$ − $δ_2$ = …

2 Zeichnen und Konstruieren

1. Berechne den fehlenden Winkel.
   a) 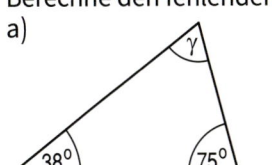   b)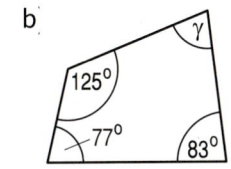

2. Wie groß ist ein Winkel in einem regelmäßigen
   a) Dreieck,   b) 10-Eck?

3. Konstruiere ein Dreieck ABC mit
   a) a = 9 cm, b = 7 cm, c = 5 cm,
   b) b = 7 cm, c = 4 cm, α = 75°.

4. Zeichne im Koordinatensystem (Einheit 1 cm) die Punkte A(2|1), B(9|3), C(6|8) und konstruiere einen Kreis durch sie.

5. Aus dem Dreieck A(0|0), B(12|2) C(2|8) soll ein möglichst großer Kreis ausgeschnitten werden, zeichne ihn (Einheit 1 cm).

6. In einem Parallelogramm ist ein Winkel 35°, wie groß sind die anderen Winkel?

7. Konstruiere das Viereck.

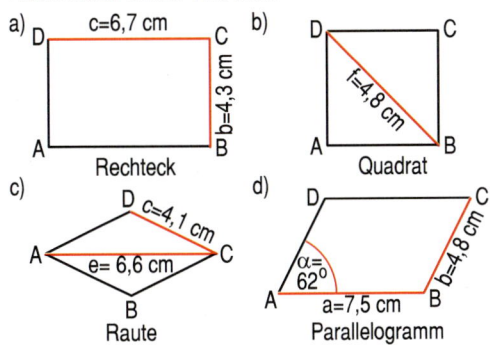

8. Konstruiere ein Trapez ABCD (a ∥ c) mit a = 10 cm, α = 55°, β = 35° und b = 7,5 cm.

9. Konstruiere drei Punkte, von denen ein 90 m breites Gebäude mit 90° Winkel zu sehen ist.

10. Konstruiere ein Dreieck ABC mit c = 11 cm, h_c = 4 cm und γ als rechtem Winkel.

11. Zeichne um M(0|0) einen Kreis mit r = 2.
    a) Wähle auf ihm einen Punkt B und konstruiere die Tangente in B.
    b) Konstruiere eine Tangente an den Kreis durch den Punkt P(10|2).

Die Winkelsumme beträgt im Dreieck 180°, im Viereck 360°, allgemein im n-Eck (n – 2) · 180°.

Kongruenzsätze
Dreiecke sind kongruent, wenn sie übereinstimmen in:
– zwei Seiten und dem eingeschlossenen Winkel (SWS),
– einer Seite und den beiden anliegenden Winkeln (WSW),
– drei Seiten (SSS),
– zwei Seiten und dem Winkel, der der größeren gegenüberliegt (SsW).

Umkreis und Inkreis
In jedem Dreieck schneiden sich
– die Mittelsenkrechten in einem Punkt S_M, er ist Mittelpunkt des Umkreises.
– die Winkelhalbierenden in einem Punkt S_W, er ist Mittelpunkt des Inkreises.

Um ein allgemeines Viereck eindeutig konstruieren zu können, muss man von ihm 5 voneinander unabhängige Maße kennen. Bei speziellen Vierecken genügen wegen spezieller Eigenschaften weniger Maße.

Viereck	Anzahl
Quadrat	1
Rechteck, Raute	2
gleichschenkliges Trapez, Parallelogramm, Drachen	3
Trapez	4
allgemeines Viereck	5

Satz des Thales:
Wenn C auf einem Kreis mit $\overline{AB}$ als Durchmesser liegt, ist der Winkel bei C ein rechter Winkel.

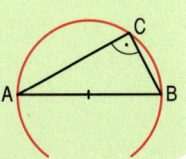

Eine **Tangente t** steht im Berührungspunkt B senkrecht zum Kreisradius.

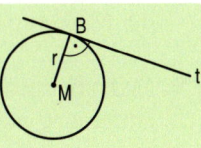

Grundaufgaben

1. a) γ = ? 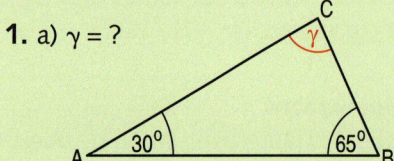   b) γ = ?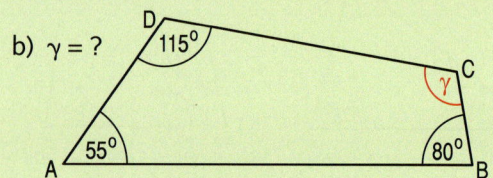

2. Die Luftlinienentfernungen zwischen drei Ortschaften A, B, C betragen 12 km, 8 km und 10 km. Bestimme den Punkt, der von den drei Orten gleich weit entfernt ist, und miss diese Entfernung.

3. Zeichne im Koordinatensystem (Einheit 1 cm) die Punkte A(2|0), B(14|3), C(5|9) und verbinde sie durch Geraden. Konstruiere einen Kreis, der alle drei Geraden als Tangenten hat.

4. Zeichne ein gleichschenkliges Trapez mit der Grundseite $\overline{AB}$ = 8 cm, dem Winkel α = 55° und den Seiten $\overline{AD} = \overline{BC}$ = 5 cm.

5. Für welche Vierecke stimmt die Aussage?
   a) Die Diagonalen sind senkrecht zueinander.   b) Gegenüberliegende Winkel sind gleich groß.

Erweiterungsaufgaben

1. Zwei geradlinige 4 m breite Radwege kreuzen sich im Winkel von 50°. Skizziere die Radwegkreuzung und kennzeichne in der Skizze alle 50° großen Winkel. Bestimme zusätzlich die Größen der anderen Winkel.

2. In einem Achteck sind alle Winkel verschieden; der Größe nach geordnet ist jeder 20° größer als der Vorgänger. Wie groß ist der kleinste?

3. Paula hat ein Viereck konstruiert und sagt von ihm: „In jedem Viereck dieser Art sind zwei der Winkel zusammen 180°." Welche können es sein? Begründe.

4. Wie hoch reicht eine 6 m lange Leiter, die man mit 70° Neigung gegen eine Hauswand stellt? Miss auch, in welcher Entfernung von der Wand die Leiter auf dem Boden steht.

5. Konstruiere eine Raute mit 4 cm Seitenlänge und einem Winkel α = 35°.

6. Konstruiere einen Drachen, dessen Diagonalen 5 cm und 10 cm lang sind. Die kürzere Diagonale teilt die längere in zwei Teilstrecken der Längen 3 cm und 7 cm. Miss die Seiten des Drachens.

7. Für ein 15 m breites Haus wird ein 3,50 m hohes Satteldach geplant.
   a) Zeichne und miss den Neigungswinkel des Daches und die Länge der schrägen Dachbalken.
   b) Wie breit ist der Bereich im Dachgeschoss mit mindestens 2,50 m Höhe?

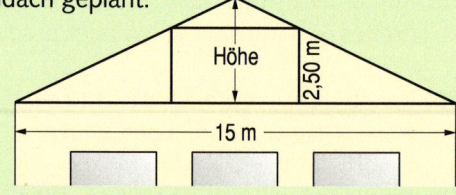

8. Überlege und begründe: In welchen Dreiecken ist der Mittelpunkt des Umkreises zugleich Mittelpunkt einer Dreiecksseite?

9. Metin betrachtet mit 1,70 m Augenhöhe einen 12 m hohen Baum mit 60° Sehwinkel. In welcher Entfernung vom Baum steht er? Konstruiere seinen Standort und miss.

Terme und Gleichungen (1)

3 Terme und Gleichungen (1)

Im Kino

1. In der Filmbühne gibt es 16 Sitzreihen mit gleich vielen Sitzen. Insgesamt haben 288 Personen Platz.

Plätze pro Reihe: x
Plätze insgesamt: 16 · x
Gleichung:
16 · x = ☐

2. Nora arbeitet als Aushilfe im Kino. Im September hat sie doppelt so viel verdient wie im August. Insgesamt hat sie in den 2 Monaten 270 € verdient.
Berechne, wie viel Geld sie in den beiden Monaten jeweils bekommen hat.

Verdienst August: x
Verdienst September: ☐ 2 + x ☐ oder ☐ 2 · x ☐ oder ☐ 2 – x ☐
Gleichung: Verdienst im August + Verdienst im September = 270

3.

Vier Flaschen Cola, bitte, und einmal Popcorn mittelgroß.

Das sind zusammen 10,50 €.

Popcorn
klein 1,80 €
mittel 2,50 €
groß 3,20 €

Getränke
Saft:
Wasser:
Cola:

Wie teuer ist eine Flasche Cola?
Preis für eine Cola: x
Preis für 4 Cola: ⬭
Gleichung:
Preis für 4 Cola + 2,50 € für Popcorn = Gesamtpreis

4. Heute wurde die Nachmittagsvorstellung von 125 Leuten gesehen. Für die Abendvorstellung wurden 80 Karten mehr verkauft. Die Gesamteinnahme betrug 1 980 €. Wie teuer ist eine Eintrittskarte?

Preis für eine Karte: x
Einnahmen Nachmittag: ⬭
Einnahmen Abend: ☐
Gleichung: ?

5. In den letzten 3 Monaten wurden 543 Kinogutscheine verkauft. Im November wurden 45 weniger verkauft als im Oktober und im Dezember 156 mehr als im Oktober.

Karten im Oktober: x
Karten im November: ⬭
Karten im Dezember: ☐
Gleichung: ?

3 Terme und Gleichungen (1)

Pension Tannenblick

1. In der Pension Tannenblick sind Gäste aus Deutschland und aus Österreich, insgesamt 36 Personen. Die Anzahl der deutschen Gäste ist dreimal so groß wie die Anzahl der österreichischen Gäste.
Anzahl der österr. Gäste: x
Anzahl der deutschen Gäste: ☐

   Gleichung
   Anzahl österr. Gäste + Anzahl deutscher Gäste = Gesamtzahl der Gäste

2. In der Nacht vom Montag zum Dienstag übernachteten 15 Personen in der Pension Tannenblick. Außerdem verkauften Ramsbachers Getränke für 21 €.
Von Dienstag zu Mittwoch übernachteten nur 12 Personen und die Einnahmen durch Getränkeverkauf betrugen nur 17 €.
Insgesamt nahmen Ramsbachers am zweiten Tag 79 € weniger ein als am Tag zuvor.
Was kostet eine Übernachtung?
Preis für eine Übernachtung in €: x

	Mo/Di	Di/Mi
Einnahme Übernachtungen:	15x	
Einnahme Getränke:		
Gesamt:		

3. Fremdenzimmer befinden sich im Erdgeschoss (EG), im Obergeschoss (OG) und im Dachgeschoss (DG). Im Obergeschoss sind es doppelt so viele Zimmer wie im Erdgeschoss, im Dachgeschoss zwei Zimmer weniger als im Obergeschoss. Insgesamt haben Ramsbachers 23 Fremdenzimmer. Wie viele davon sind in den einzelnen Etagen?
Anzahl der Zimmer EG: x
Anzahl der Zimmer OG: ☐
Anzahl der Zimmer DG: ☐

4. Der Besitzer Herr Ramsbacher ist 7 Jahre älter als seine Frau. Zusammen sind sie 83 Jahre alt.

3 Terme und Gleichungen (1)

Aufstellen und Berechnen von Termen

LVL 1. Partnerarbeit: Wo sollte Silvia den Strauß kaufen? Findet einen Rechenweg, mit dem ihr die drei Angebote vergleichen könnt.

> **Terme** beschreiben Rechenwege und enthalten oft Variablen (Buchstaben).
> Setzt man für die Variablen Zahlen ein, so erhält man als Rechenergebnis eine Zahl.
> Terme, die für jede Einsetzung denselben Wert haben, heißen **äquivalent**.

2. Schreibe den Term auf.
   a) Sabine ist 13 Jahre alt, ihre Mutter x Jahre. Wie alt sind beide zusammen?
   b) Sven hat sich eine Zahl gedacht. Vom 5-Fachen dieser Zahl zieht er 12 ab.
   c) Frau Schneider hat y € in ihrem Portmonee. Im Blumengeschäft kauft sie 8 Rosen zum Stückpreis von x €. Wie viel Geld bleibt ihr nach dem Bezahlen?

LVL 3. Schreibe einen Aufgabentext zu dem Bild und gib den passenden Term an.

4. Berechne den Term für die angegebenen Einsetzungen.
   a) $3x + 4y$
   b) $5(x - y)$

$x = 2, y = 5$	$x = -3, y = 8$	$x = -7, y = 3$	$x = \frac{2}{3}, y = -\frac{1}{8}$
$x = 8, y = 6$	$x = -2, y = 4$	$x = -5, y = 1$	$x = 9{,}7, y = -3{,}4$

LVL 5. Erfinde eine Rechengeschichte zu dem Term.
   a) $50 - 3x - y$ b) $3 + (x + y)$ c) $2x - 18$ d) $y - 3x$ e) $3(x + 5)$

6. Schreibe mindestens zwei äquivalente Terme für die Länge des Streckenzugs von A nach B auf. Berechne den Wert der beiden Terme für $x = 3$ cm und $y = 5$ cm.

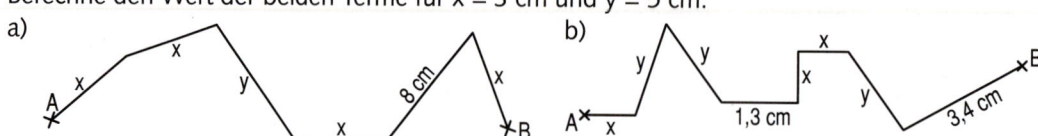

7. Jeweils zwei Terme sind äquivalent. Begründe die Äquivalenz mit Rechengesetzen.
   ① $2x + 14y$ ② $3x + 9y - x$ ③ $(5y + x) \cdot 2$ ④ $9y + 2x$ ⑤ $x + 10y + x$ ⑥ $0{,}5 \cdot (4x + 28y)$

3 Terme und Gleichungen (1)

8. Für die Variable x in den unten abgebildeten drei Figuren gilt: x ≥ 5 (cm).
   a) Schreibe einen Term für den Umfang der Figur auf und fasse so weit wie möglich zusammen.
   b) Setze für die Variable x in den untenstehenden Figuren jeweils 5 verschiedene Werte ein und berechne den Umfang.
   c) Warum darf x nicht 4 oder noch kleiner sein? Trage deine Argumente in der Klasse vor.

① 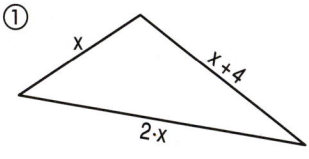 ② 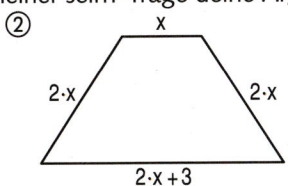 ③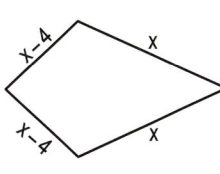

9. Schreibe einen Aufgabentext zu dem Bild und gib einen passenden Term an.

a)
Anzahl der Fahrzeugräder

b)
Gesamtstrecke nach 4 Tagen

c)
Gesamter Sparbetrag

10. Zeichne selbst eine Rechengeschichte wie in der vorigen Aufgabe und lass deine Mitschülerinnen und Mitschüler einen passenden Term aufstellen.

11. Berechne den Term für die angegebenen Werte.
    a) $-4(3x + 4) - (2x + 6)$; $x = 4$
    b) $(2x + 5)\,3 + 7x - 4$; $x = -3$
    c) $5(x - 5) - (4y - 3)$; $x = 4$, $y = 7$
    d) $(x + 3)\,6 - 2(18 - 2y)$; $x = 2$, $y = -3$

12. Herr Meisner verkauft auf dem Jahrmarkt Gemüsereiben. Am Morgen hat er 75 € Wechselgeld in der Kasse. Bis Mittag verkauft er 38 Geräte. In der Mittagspause gibt er 11,50 € für Pizza und Getränke aus und kauft für 9 € einen Schal seiner Lieblingsfußballmannschaft. Nach der Pause verkauft Herr Meisner noch 145 Gemüsereiben. Am Abend muss er noch 6 € Parkgebühren bezahlen.
    a) Eine Gemüsereibe kostet x Euro. Schreibe einen Term auf, mit dem du den Kassenstand am Ende des Tages berechnen kannst.
    b) Berechne den Kassenstand, wenn eine Gemüsereibe 12,50 € kostet.
    c) Schreibe selbst eine Rechengeschichte und lass deinen Nachbarn oder deine Nachbarin den passenden Term finden. Beginne so: Frau Wallner betreibt auf dem Jahrmarkt ein Karussell …

13. Vereinfache den Term, dann berechne ihn für die angegebenen Einsetzungen.

a)
$7z + 16 - 4z + 2z - 20$			
$z = 6$	$z = 10$	$z = -2$	$z = -5$

b)
$14 + 8x - 9 - 6x + 4$			
$x = 3$	$x = -8$	$x = 11$	$x = 1,5$

c)
$-3y + 8 + 5y + 8y - 20$			
$y = 5$	$y = 1,2$	$y = \frac{2}{3}$	$y = -3$

14. Schreibe so kurz wie möglich.
    a) $3a + 4b - 17 - 7b + a + 12 - 7b + 4$
    b) $-25 + 4x - 8y + 17 + 12x - x - 9 - 6y$
    c) $5y - 12 + 5z + 17 - 7y - 8z - 9y + 11$
    d) $8 + 3a - 26 - 4b + 7a + 9b - 18 + 13$
    e) $y - x + 15 - 3y + 18x - 21 + 3y - 17x$
    f) $-8z + 3y - 9 + 6z - 4y - 18 + 39 + 25z$

TIPP
Immer nur gleiche Variable zusammenfassen.

3 Terme und Gleichungen (1)

Lösen von Gleichungen durch Umformen

> **Gleichungen**
> **Gleichungen** werden **vereinfacht**, indem man
> – auf beiden Seiten ordnet und zusammenfasst,
> – auf beiden Seiten dasselbe addiert oder subtrahiert,
> – beide Seiten mit derselben Zahl (außer 0) multipliziert oder durch sie dividiert.
>
> Bei diesen Umformungen ändert sich die Lösungsmenge nicht, sie heißen daher **Äquivalenzumformungen**.
>
> Beispiel:
> $3x - 7 + 5x + 2 = 9 + 2x + 4 + 4x$ ordnen, zusammenfassen
> $3x + 5x - 7 + 2 = 2x + 4x + 9 + 4$
> $8x - 5 = 6x + 13$ $\quad |-6x$
> $2x - 5 = 13$ $\quad |+5$
> $2x = 18$ $\quad |:2$
> $x = 9; \mathbb{L} = \{9\}$

1. Lies dir Stefanies Lernplakat, das sie aus der 7. Klasse aufgehoben hat, durch. Löse anschließend die Gleichung wie im Beispiel. Führe jeweils die Probe durch.
  a) $8x - 4 = 7x + 8$
  b) $17 + 3z = 7z + 41$
  c) $3a + 24 = 9$
  d) $26x + 113 = 13x + 100$
  e) $3y - 8 = y - 32$
  f) $7a + 36 = 4a - 12$
  g) $10x - 20 = 30$
  h) $3z + 9 = 60$

2. Neben der Gleichung steht die angebliche Lösungsmenge. Führe die Probe durch und berichtige die falschen Ergebnisse.
  a) $7x - 6 + 5x - 4 = 2 - 3x - 4 - x$ $\quad \mathbb{L} = \{-3\}$
  b) $-3x - 15 + 9x - x = 5 - x + 16$ $\quad \mathbb{L} = \{9\}$
  c) $2y + 18 - 5y + 4y = 28 - 3y + 14$ $\quad \mathbb{L} = \{0,5\}$

3. Stelle eine Gleichung auf und löse sie.
  a) Subtrahiert man vom Dreifachen einer Zahl 9, so erhält man dasselbe, wie wenn man zum Doppelten der Zahl 4 addiert.
  b) Man kommt zum selben Ergebnis, wenn man das Doppelte einer Zahl um 19 verringert oder die Zahl selbst um 2 vermindert.
  c) Addiert man zum 5-Fachen einer Zahl 18, so erhält man das 8-Fache dieser Zahl.
  d) Subtrahiert man 8 vom 3-Fachen einer Zahl, so erhält man 15 weniger als das 4-Fache der Zahl.
  e) Subtrahiert man eine Zahl von 17, so erhält man 10 weniger als das Doppelte der Zahl.

LVL 4. Schreibe zu der Gleichung selbst ein Zahlenrätsel und stelle es mit seiner Lösung der Klasse vor.
  a) $4y + 13 = 108 - y$
  b) $4x - 7 = 3x - 4$
  c) $3x - 10 = 8x$

LVL 5. Die Lösungsmenge der Gleichung $5y + 17 - 11y = 25 - 6y$ ist leer ($\mathbb{L} = \{\ \}$). Erkläre.

6. Stelle eine Gleichung auf und löse sie.
  a) Sonderangebot: Vier neue Reifen für den B6 kosten einschließlich 35 € Montage 407 €. Wie teuer ist ein Reifen?
  b) Andrea kauft 5 gleiche Taschenrechner für sich und vier Freundinnen. Außerdem bezahlt sie für Obst 9 €. Insgesamt gibt sie so 94 € aus. Wie teuer ist ein Taschenrechner?
  c) Herr Joost kauft 3 Hemden. An der Kasse legt er einen Gutschein im Wert von 25 Euro vor und zahlt noch 41 Euro.

LVL 7. Partnerarbeit: Jeder schreibt eine Rechengeschichte oder ein Zahlenrätsel zu der Gleichung. Tauscht eure Hefte aus und kontrolliert, ob der Text zu der Gleichung passt. Bestimmt die Lösungsmenge der Gleichung.
  a) $x - 28 = 13$
  b) $3y + 5 = 59$
  c) $2x - 3 = 17$
  d) $5y - 12 = 53$
  e) $42 + 14y = 0$

8. In der Klasse 8a (27 Jugendliche) gibt es ausländische und deutsche Schülerinnen und Schüler. Die kleinste Gruppe sind die ausländischen Schülerinnen, es gibt doppelt so viele deutsche Schülerinnen. Die Zahl der ausländischen Schüler ist um 2 größer als die der ausländischen Schülerinnen. Die größte Gruppe sind die deutschen Schüler: eine Person mehr als die deutschen Schülerinnen. Nenne die Anzahl der ausländischen Schülerinnen x, stelle eine Gleichung auf, löse sie und gib die Anzahlen der verschiedenen Gruppen an.

35
37

3 Terme und Gleichungen (1)

Lösen von Ungleichungen durch Umformen

1. Lies Lauras Lernplakat und löse die Ungleichung.
  a) $7 - 3c < -14$
  b) $12x + 4 > 64$
  c) $5x - 6 > 24$
  d) $7 - 8y > 23$

2. a) $8 - 3a < 4a - 20$
  b) $6 - 3x > 5 - 4x$
  c) $6c + 8 < 9c - 4$
  d) $7y - 3 > 5y - 9$

LVL 3. Erkläre am Beispiel von $-\frac{1}{3}x < 12$ und $-2x < 16$, warum man Ungleichungen nicht mit negativen Zahlen multiplizieren oder dividieren darf.

4. Addiert man zum Dreifachen einer Zahl 7, ist das Ergebnis kleiner als 2.

> **Ungleichungen**
> Alle Zahlen, die zum Einsetzen in eine Ungleichung zugelassen sind, bilden die **Grundmenge** $\mathbb{G}$.
> Ungleichungen kann man umformen wie Gleichungen.
> **Ausnahme:** Nicht mit negativen Zahlen multiplizieren und nicht durch negative Zahlen dividieren.
>
> Beispiel: $\mathbb{G} = \mathbb{Q}$
> $4x - 9 < 13 \quad |+9$
> $4x < 22 \quad |:4$
> $x < 5{,}5$
>
> $\mathbb{L} = \{x \mid x < 5{,}5\}$
>
> Lies: Lösungsmenge ist die Menge aller Zahlen kleiner als 5,5.

5. a) Ich denke mir eine Zahl. Das Doppelte der Zahl minus 14 ist größer als 26 minus das Dreifache der Zahl.
  b) Ich denke mir eine Zahl. Das Vierfache der Zahl plus 14 ist kleiner als das Dreifache der Zahl minus 7.
  c) Ich denke mir eine Zahl. 7 minus das Fünffache der Zahl ist kleiner als das Sechsfache der Zahl.
  d) Ich denke mir eine Zahl. Das Zehnfache der Zahl plus 8 ist kleiner als das Siebenfache minus 12.

6. Bestimme die Lösungsmenge.
  a) $4y + 7 \geq 19$
  b) $9 - 5x \geq 14$
  c) $3x - 4 \leq 11$
  d) $18 - 2x \geq 24$
  e) $13x + 9 \geq -30$
  f) $17x - 4 \leq 47$
  g) $3b - 4 \geq 17$
  h) $12 - 14x \leq -16$

> **TIPP**
> ≥ 4: größer gleich 4, also 4 oder größer.
> ≤ 5: kleiner gleich 5, also 5 oder kleiner.

7. Bestimme die Lösungsmenge.
  a) $3x + 7 \leq 9x - 17$
  b) $9 - 5x \leq 8x - 17$
  c) $8x - 6 \leq 3x + 9$
  d) $18x + 3 \leq 9x + 30$
  e) $25x - 8 \leq 17x - 32$
  f) $4x + 19 \leq 43 - 8x$
  g) $12x + 16 \leq 7x - 9$
  h) $7 - 4y \leq 17 + 6y$

8. Auf einem Bauernhof gibt es s Schweine und k Kühe. Ordne die richtige Ungleichung zu. Gib eine sinnvolle Grundmenge an.

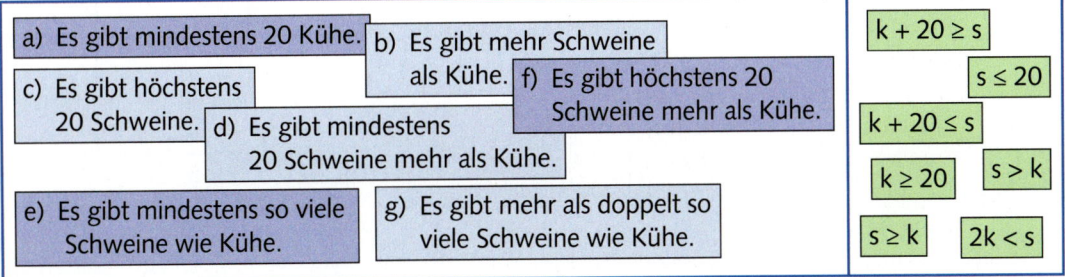

9. a) Addiert man 8 zum Dreifachen einer Zahl, so erhält man höchstens das Fünffache der Zahl.
  b) Subtrahiert man vom Vierfachen einer Zahl 6, so erhält man mindestens das Doppelte der Zahl.

10. Bestimme die Lösungsmenge. Beachte dabei die angegebene Grundmenge.
  a) $16 - 3x - 20 < 17 - 2x - 15$; $\mathbb{G} = \mathbb{Z}$
  b) $10 - 15 + 12x \geq 15x + 40$; $\mathbb{G} = \mathbb{N}$
  c) $12 - 4 + 3x \leq 21 - 13 - 7x$; $\mathbb{G} = \mathbb{Q}$
  d) $12 + 8x + 1 < 1 - 7x + 3$; $\mathbb{G} = \mathbb{Z}$
  e) $4x + 54 - 22x > 2x - 96 - 8x$; $\mathbb{G} = \mathbb{Q}$
  f) $30x - 60 - 20 + 5x \leq 194 + 40x - 280$; $\mathbb{G} = \mathbb{N}$

1. Umzug nach Hamburg

David, Frances und Nina haben ihre Ausbildung beendet und nun einen Job in Hamburg gefunden. David fängt als Koch in einem Hotel an, Frances als Krankenschwester in einem Krankenhaus und Nina als Angestellte in einer Kanzlei.

a) Gemeinsam wollen sie in einer WG wohnen und zunächst mit dem Fahrrad zur Arbeit fahren. Deshalb suchen sie eine möglichst zentral gelegene Wohnung, so dass der Weg zur Arbeit für alle drei gleich lang ist.
  • Übertrage die wesentlichen Informationen in dein Heft. Konstruiere den Punkt, der von allen drei Arbeitsstellen gleich weit entfernt ist. In welchem Planquadrat sollten sie mit der Wohnungssuche beginnen? (Rastergröße: 1 cm)
  • Bestimme die Entfernung (Luftlinie) zwischen Wohnung und Arbeitsstelle, falls die Wohnung von allen drei Arbeitsstellen gleich weit entfernt ist. (1 cm ≙ 800 m)

b) Nach langer Suche haben sie eine Wohnung gefunden.
  • Berechne die Größe der Wohnfläche. Beachte: Der Balkon wird zur Hälfte als Wohnfläche angerechnet.
  • Die Kaltmiete beträgt 690 € pro Monat. Der Vermieter sagt: „Das sind nur 7 € pro Quadratmeter." Hat der Vermieter den Quadratmeterpreis richtig angegeben? Begründe.

c) Für den Umzug aus ihrer Heimatstadt in das 120 km entfernte Hamburg wollen sie sich einen Transporter mieten. Diesen können sie in Hamburg wieder abgeben.
  Zur Auswahl stehen zwei Angebote.
  Angebot A: 90 € plus 0,70 € pro km
  Angebot B: 110 € plus 0,40 € pro km
  Welches Angebot ist günstiger? Begründe deine Antwort.

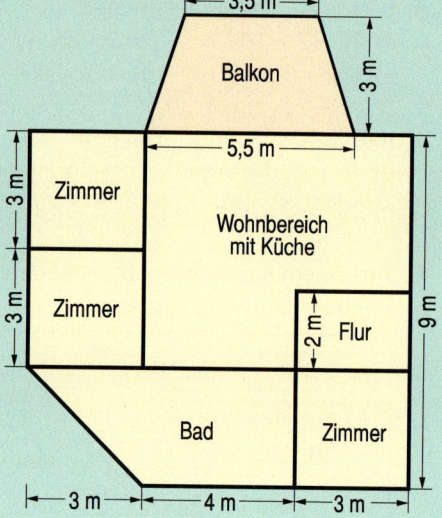

d) Frances bekommt als Krankenschwester ein Bruttogehalt von 1 600 €. Davon werden Steuern und Sozialabgaben abgezogen, so dass am Ende noch 1 056 € übrig bleiben.
  • Vergleiche Brutto- und Nettolohn. Berechne die Abzüge in Prozent.
  • Die Kosten für die Rentenversicherung (RV) betragen 19,9 % vom Bruttolohn. Die Hälfte davon übernimmt der Arbeitgeber. Wie viel € zahlt Frances für die RV?
  • Die Miete zuzüglich der Nebenkosten (Strom, Wasser, Heizung) zahlen sie zu gleichen Teilen. Dabei rechnen sie mit Nebenkosten von 2,80 € pro m². Frances meint: „Mehr als ein Viertel meines Nettolohnes zahle ich nur für die Wohnung." Stimmt das? Begründe.

2. Riesen in Berlin

Zur Feier der deutschen Einheit im Oktober 2009 wurde in Berlin ein Stück mit zwei Riesenmarionetten aufgeführt, das von der Suche der kleinen Riesin nach ihrem Onkel handelte. Ihr Wiedersehen sollte die deutsche Wiedervereinigung versinnbildlichen. Das Foto zeigt die kleine Riesin schlafend vor dem Berliner Dom.

a) Die Körper der Riesenmarionetten sind aus Stahl, Linden- und Pappelholz gefertigt. Der große Riese wiegt etwa 2,5 t, die kleine Riesin dagegen „nur" 32 % davon. Wie schwer ist die kleine Riesin?

b) Eine Berliner Zeitung meldete, dass die Schuhe der kleinen Riesin die Größe 200 hätten. Bei Menschen kann man die Fußlänge aus der Schuhgröße berechnen, und zwar so: Schuhgröße = (Fußlänge in cm + 1,5) · 1,5.
Wie lang wäre nach dieser Formel der Fuß der kleinen Riesin?

c) Der Stadtplanausschnitt zeigt die Startpunkte der beiden Marionetten für ihre letzte Etappe bis zum Wiedersehen. Die kleine Riesin startete um 15:00 Uhr am Punkt A. Der große Riese startete zur selben Zeit am Punkt B. Um 16:30 Uhr trafen sich die beiden am Brandenburger Tor. Mit welcher Durchschnittsgeschwindigkeit legte der große Riese den Weg von Punkt B zum Brandenburger Tor zurück?

3. Alle Jahre wieder

Herr Ruschitz bastelt mit seiner Klasse Faltsterne als Weihnachtsschmuck.

a) Stefanie faltet nach der Anleitung ein Papierquadrat von 10 cm Seitenlänge.
- Wie groß ist der Flächeninhalt des kleinsten Dreiecks, das bei den Faltungen entsteht?
- Wie lang ist die Höhe auf der längsten Seite in diesem Dreieck? Rechne oder konstruiere.

b) Unten sind einige der gebastelten Sterne abgebildet. Einer davon wurde exakt nach dem Muster in der Anleitung erstellt. Welcher ist es?

Bastelanleitung für einen Faltstern
- Falte ein Quadrat zu einem Dreieck.
- Falte dann so, dass die beiden Basiswinkel aufeinander liegen.
- Wiederhole diese Faltung noch einmal.
- Lege das Dreieck so vor dich, dass der rechte Winkel oben links ist und eine Spitze zu dir zeigt.
- Zeichne mit Bleistift ein Muster.
- Schneide das Muster dann aus.

(1)    (2)    (3)    (4)    (5)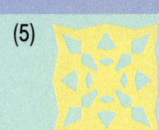

c) Skizziere für einen der anderen Sterne das passende Muster.

d) Welche Symmetrien besitzt Stern (1)? Welche Symmetrien besitzen alle nach der Anleitung hergestellten Sterne? Begründe deine Antwort.

e) Malte hat seinen Stern nach dem nebenstehenden Muster gebastelt. Als er die Papierreste vor sich betrachtet, sagt er: „Reine Verschwendung! Alle Schnipsel zusammengelegt sind bestimmt genauso groß wie mein Stern!"
Wie groß müsste der Flächeninhalt von Maltes Stern sein, wenn seine Behauptung stimmt? Überprüfe.

BLEIB FIT!

Die Ergebnisse der Aufgaben ergeben drei osteuropäische Hauptstädte.

1. a) Berechne das Produkt von $2\frac{2}{5}$ und $\frac{2}{9}$.
   b) Berechne die Differenz von $\frac{3}{4}$ und $\frac{2}{3}$.

2. 5 kg Kartoffeln kosten 6 €. 7 kg kosten ■ €.

3. Eine Firme hat 4 Lkws, die jeweils 15 m³ Erde transportieren können.
   2 Lkw benötigen zur Abfuhr eines Erdhaufens 6 Tage. Wie viel Tage benötigen 3 Lkws?

4. Berechne den fehlenden Winkel.
   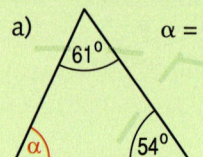 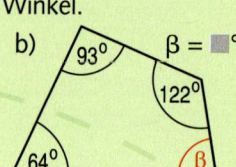

5. Berechne das Volumen (Maße in cm).
   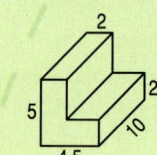 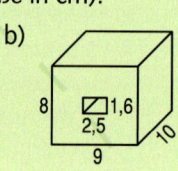
   V = ■ cm³   V = ■ cm³

6. a) Bisher kostete ein Kleid 98,– €.
      Jetzt ist es um 20 % billiger. Neuer Preis?
   b) Alter Preis 80 €; neuer Preis 68 €.
      Preisnachlass: ■ %.

7. Löse die Gleichung.
   a) $2 \cdot x - 3 = 3 \cdot x - 10$ | x = ■
   b) $3 \cdot (2 \cdot x - 5) = 39$ | x = ■

8. Berechne.
   a) $-2 + 3 \cdot (8 - 15) =$ ■
   b) $\frac{1111 : 101}{17 - 2 \cdot 9} =$ ■

9. Wandle in die angegebene Einheit um.
   a) 20 cm² = ■ mm²
   b) 2 km² = ■ ha
   c) 2 000 cm³ = ■ l
   d) 0,02 l = ■ cm³

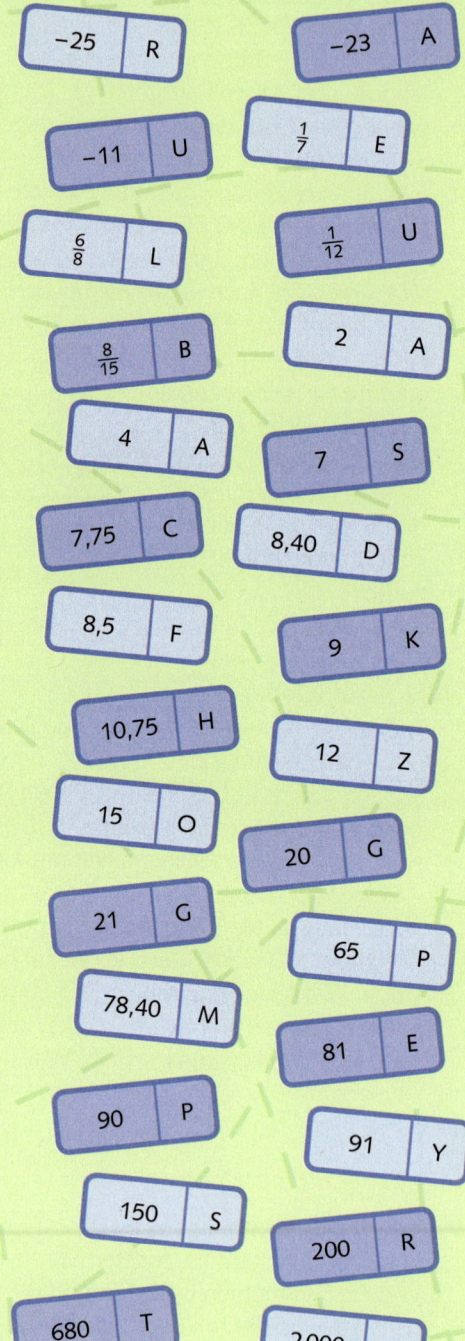

3 Terme und Gleichungen (1)

Figurenrätsel

Stelle mindestens eine Frage und löse sie mit einer Gleichung.

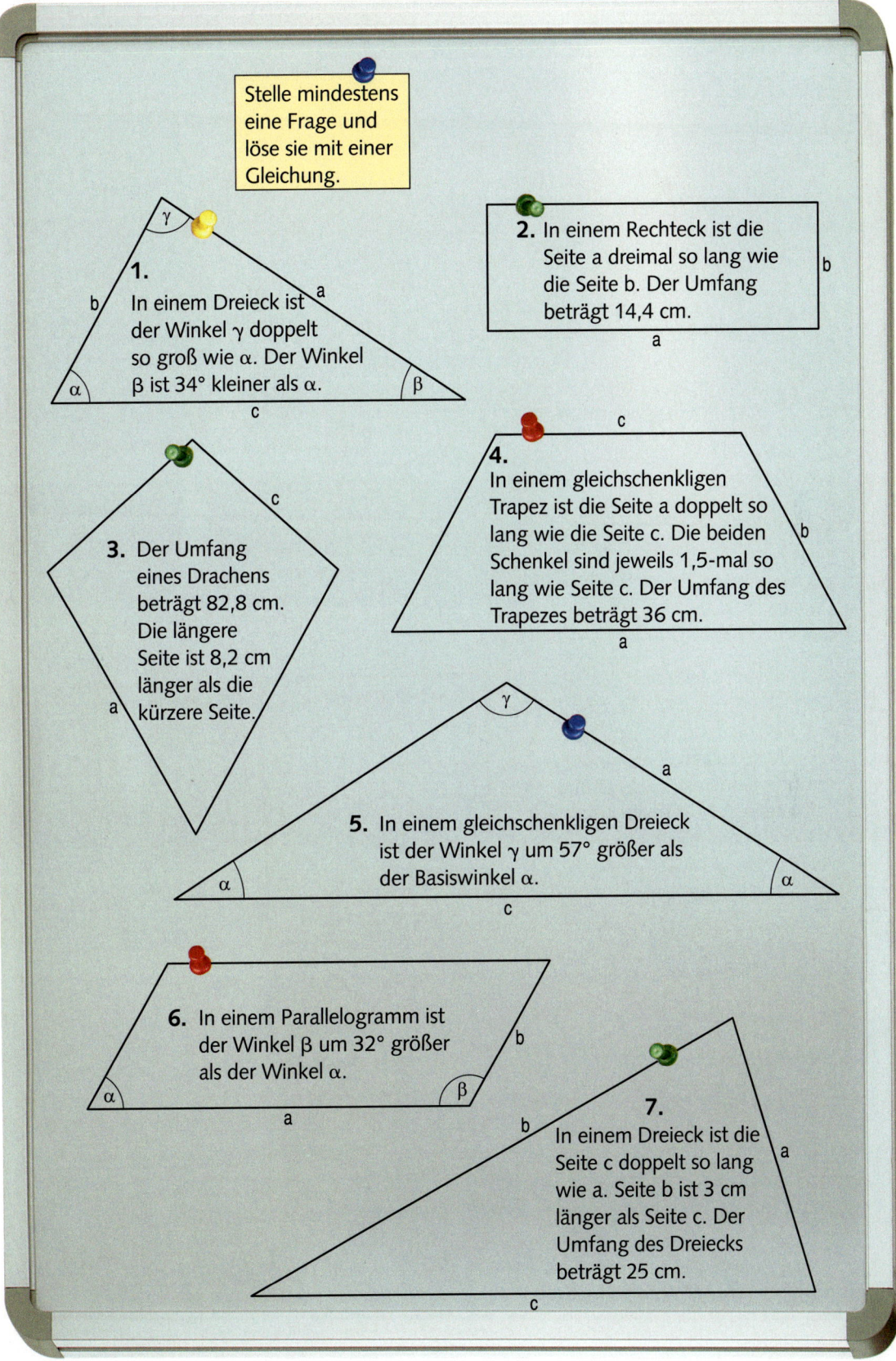

1. In einem Dreieck ist der Winkel γ doppelt so groß wie α. Der Winkel β ist 34° kleiner als α.

2. In einem Rechteck ist die Seite a dreimal so lang wie die Seite b. Der Umfang beträgt 14,4 cm.

3. Der Umfang eines Drachens beträgt 82,8 cm. Die längere Seite ist 8,2 cm länger als die kürzere Seite.

4. In einem gleichschenkligen Trapez ist die Seite a doppelt so lang wie die Seite c. Die beiden Schenkel sind jeweils 1,5-mal so lang wie Seite c. Der Umfang des Trapezes beträgt 36 cm.

5. In einem gleichschenkligen Dreieck ist der Winkel γ um 57° größer als der Basiswinkel α.

6. In einem Parallelogramm ist der Winkel β um 32° größer als der Winkel α.

7. In einem Dreieck ist die Seite c doppelt so lang wie a. Seite b ist 3 cm länger als Seite c. Der Umfang des Dreiecks beträgt 25 cm.

3 Terme und Gleichungen (1)

Formeln als spezielle Gleichungen

Alle Aufgaben in Partnerarbeit!

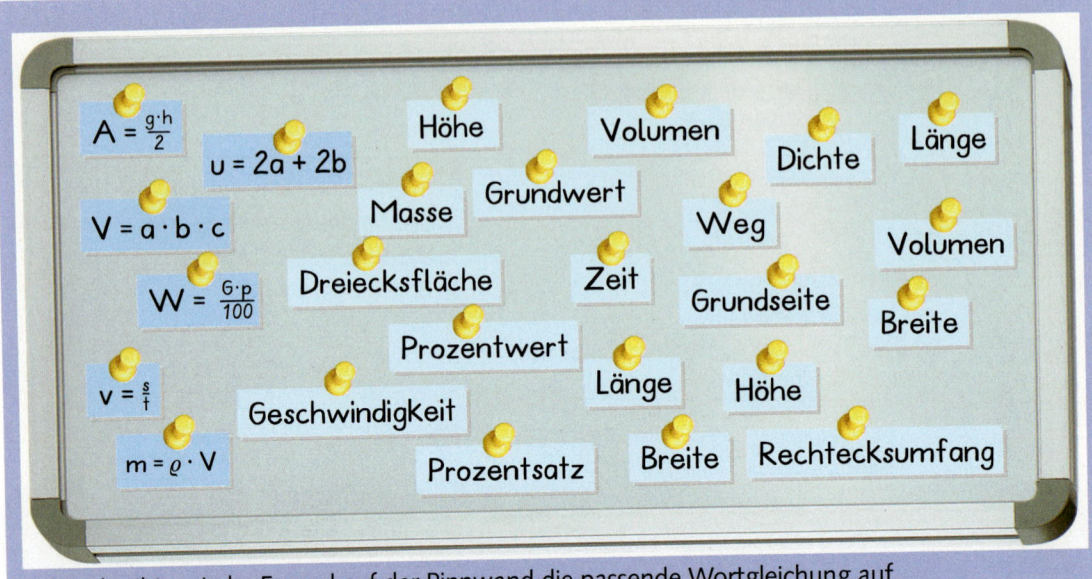

1. Schreibt zu jeder Formel auf der Pinnwand die passende Wortgleichung auf, z. B. Volumen = Länge · Breite · Höhe. Kein Pinnzettel bleibt übrig.

2. a) Ein Dreieck hat einen Flächeninhalt von 15 cm². Die Grundseite g ist 7 cm lang. Florian und Mareike sollen die zugehörige Höhe des Dreiecks berechnen. Vergleicht die Vorgehensweisen von Florian und Mareike.
b) Emal soll als Hausaufgabe die Höhe von 20 Dreiecken berechnen. Welches Verfahren würdet ihr wählen? Begründet eure Antwort.

Zuerst einsetzen:

$$A = \frac{g \cdot h}{2}$$
$$15 = \frac{7 \cdot h}{2} \quad | \cdot 2$$
$$30 = 7 \cdot h \quad | : 7$$
$$\frac{30}{7} = h$$
$$4{,}285\ldots = h \quad \text{(Florian)}$$
$$h \approx 4{,}3 \text{ cm}$$

Zuerst umformen:

$$A = \frac{g \cdot h}{2} \quad | \cdot 2$$
$$2A = g \cdot h \quad | : g$$
$$\frac{2A}{g} = h$$
$$h = \frac{2 \cdot 15}{7} \quad \text{(Mareike)}$$
$$h = 4{,}285\ldots$$
$$h \approx 4{,}3 \text{ cm}$$

3. Berechnet mit der passenden Formel.
a) Eine Nuss-Nougat-Creme enthält 13 % Nüsse. Wie viel Gramm Nüsse sind in einem 400 g-Glas enthalten?
b) Eine Strecke von 288 km wird in 4,5 Stunden zurückgelegt. Wie groß ist die Durchschnittsgeschwindigkeit?
c) Ein Quader hat ein Volumen von 560 cm³. Er ist 14 cm lang und 8 cm breit. Wie hoch ist der Quader?

4. Berechnet die fehlenden Größen des Rechtecks.

	A	B	C	D
1	u (cm)	a (cm)	b (cm)	A (cm²)
2	15,0	6,0		
3	35,0	8,0		
4	15,6	3,2		
5	45,8	6,4		
6	357,0	83,0		
7	516,0	113,0		

36
37

3 Terme und Gleichungen (1)

Terme und Gleichungen mit Klammern

1. Partnerarbeit: Welche Terme passen zu den Bildern? Begründet eure Antwort.

> **TIPP**
> Differenz   Summe
> $x - y = x + (-y)$

Eine Summe kann addiert bzw. subtrahiert werden,
indem man die Summanden einzeln addiert bzw. subtrahiert.

$24 + (2x + 3)$	$17x - (3x + 2y)$	$23{,}5 + (5x - 3)$	$28 - (2x - 1{,}5y)$
$= 24 + 2x + 3$	$= 17x - 3x - 2y$	$= 23{,}5 + 5x - 3$	$= 28 - 2x + 1{,}5y$
$= 2x + 27$	$= 14x - 2y$	$= 5x + 20{,}5$	$= -2x + 1{,}5y + 28$

2. Löse die Klammern auf, ordne und fasse zusammen. Setze dann für x die Zahl 2 ein und berechne das Ergebnis.
a) $5 + (3x + 4)$ b) $7 - (2x + 3)$ c) $5{,}5 + (7 - 3x)$ d) $38{,}9 - (7x - 13)$
e) $17{,}3 - (4x + 6{,}5)$ f) $15x + (3x - 7{,}2)$ g) $23x - (17x - 7)$ h) $7\frac{1}{4}x - (3\frac{3}{4}x - 6)$

3. Vereinfache zuerst den Term, setze anschließend x = 19 und y = –42 ein und berechne das Ergebnis.
a) $(48x - 18y) - (39y - 14x) + (-58x + 47y)$ b) $(59y - 32x) + (-17x + 18y) - (72y - 46x)$
c) $(-2{,}9x + 3{,}4y) - (-1{,}8x - 4{,}9y) - (-0{,}8x + 8{,}1y)$ d) $7{,}2x - (1{,}3y + 1{,}5x) + 1{,}9y - (6{,}2x + 0{,}5y)$

4. Löse wie im Beispiel. Vergiss die Probe nicht.
a) $18x - (3x + 5) = 10$ b) $35 + (8a - 27) = 24$
c) $19x + (-4x + 3) = 2$ d) $16 - (9b + 3) = 4$
e) $15 + (-4x - 18) = 9$ f) $7 - (2y + 17) = -2$
g) $\frac{1}{2}x + (-x + 3) = 19$ h) $1\frac{2}{3}x - (-2\frac{1}{3}x + 4) = 10$

> $8 - (2x - 5) = 1$
> $8 - 2x + 5 = 1$
> $13 - 2x = 1 \quad | -13$
> $-2x = -12 \ | :(-2)$
> Lösung: $\underline{x = 6} \quad \mathbb{L} = \{6\}$

5. Prüfe, ob die angegebene Lösungsmenge stimmt.
a) $3x - (7 - 2x) = 9; \mathbb{L} = \{2\}$ b) $7 - (\frac{1}{2}x + 5{,}5) = 8{,}5; \mathbb{L} = \{-4\}$
c) $\frac{3}{5}x - (25 - 1\frac{1}{2}x) = -1{,}5; \mathbb{L} = \{5\}$ d) $\frac{3}{8} - (2 + \frac{1}{8}x) = -2\frac{1}{4}; \mathbb{L} = \{5\}$

6. a) $(3a - 12) + (6a + 4) = -5$ b) $(\frac{1}{2}x - 18) - (24 + \frac{1}{3}x) = -15$
c) $(5y - 7) + (6y - 9) = 6$ d) $(3x + 17) - (2x - 19) = 21$
e) $(1{,}4x + 7) - (0{,}2x - 4) = 17$ f) $(1{,}7z - 5) - (1{,}2z - 18) = -7$

> $(6x - 5) - (2x + 1) = 2$
> $6x - 5 - 2x - 1 = 2$
> ⋮

7. a) $(2a - 9) - (3a + 13) = (5a + 14) - (8a + 6)$ b) $(21z + 15) - (7z - 13) = (9z + 35) - (z + 9)$
c) $(3x + 1) + (11x + 3) = (6x + 2) + (x + 16)$ d) $(3y - 4) + (12y - 8) = (17y - 5) - (13y - 4)$

3 Terme und Gleichungen (1)

Ausmultiplizieren und Ausklammern

LVL 1. Erkläre, welches Rechengesetz angewandt wurde.

LVL 2. Ilka behauptet: „Bei einigen Termen kann man auch in entgegengesetzter Richtung umformen".
Erkläre die Aussage am Beispiel des Terms 24a + 18b.

Ausmultiplizieren:
Jeder Summand in der Klammer wird mit dem Faktor vor oder hinter der Klammer multipliziert.

Ausmultiplizieren
$2x \cdot (3y + z) = 6xy + 2xz$
Ausklammern

Ausklammern:
Ein Faktor, der allen Summanden in der Klammer gemeinsam ist, kann ausgeklammert werden.

$4(2x + 9) = 8x + 36$ $(4a - 3b) \, 5 = 20a - 15b$ $-3x(2x - 5) = -6x^2 + 15x$

$-3x \cdot 2x$
$= -3 \cdot 2 \cdot x \cdot x$
$= -6x^2$

3. Löse die Klammern durch Ausmultiplizieren auf.
   a) 7(6x − 9)   b) −3(2x − 5a)   c) 8(6 − 9x)   d) (3a − 5b) (−2)   e) $\frac{1}{2}$(4a + 10b)
   f) 2,5(4x + 6y)   g) 8(9x − 2y)   h) −4(a − 3c)   i) (−2p + 4pq) 1,5   j) (6x − 15y) $(-\frac{1}{3})$

4. a) 3a(5 − 2a)   b) (2x − 3y) 4x   c) (7 + 2a) 3b   d) 2y(−3y + x)   e) 4p(3q − p)
   f) 4a(7 − 5a)   g) (5 + 8x)5x   h) −3y(8 + y)   i) (2a − 3b)b   j) $\frac{1}{2}$u(3w − 4u)

5. Ergänze im Heft die fehlenden Terme.
   a) 5(■ + ■) = 45 + 15y   b) 2x(■ − ■) = 14x − 8xy   c) 5(■ − 7x) = 10y − ■
   d) 7x + 14 = ■ (x + 2)   e) 5ab + 3a² = ■(5b + 3a)   f) 45x² − 27xy = ■(5x − 3y)

6. Klammere möglichst umfangreich aus.
   a) 54a − 12b   b) 49x + 28y   c) 12xy + 20   d) 64a − 24ab
   e) 3a − 9ab   f) 25xy + 5y   g) 25x² − 15x   h) 12x − 18y
   i) $\frac{1}{2}a + \frac{3}{2}b$ j) $-\frac{1}{3}x + \frac{1}{9}x^2$ k) 0,25z + 0,75xz   l) 1,3y − 2,6y²

7. Setze die angegebenen Zahlen ein und berechne den Term. Überlege und begründe, ob es sinnvoll ist, zuerst auszuklammern.
   a) 3a + 5ab für a = 129; b = 17   b) 4x + 8xy + 6x² für x = 1; y = 3   c) 4x + 3xy + 12 x² für x = 9; y = 15

8. Löse die Gleichung. Beginne mit dem Auflösen der Klammer.
   a) 2(x + 3) = 8x − 6   b) 4(z − 5) = 3z − 16   c) 3(7 − x) = 5x + 37   d) 2(3x + 4) = 8(2x − 4)
   e) 5(2a + 3) = 4a + 21   f) (3 + 2x) 4 = 6x + 22   g) (3 − 3c) 4 = 2c − 30   h) −2(b + 4) = 4(2b − 17)

9. a) 4(2a + 1) − 5(a + 3) = −17   b) 2(x − 3) + 3(2x − 4) = 14
   c) 5(2x + 3) − 2(3x + 5) = 13   d) 6(3y + 4) − 5(6y + 8) = 20

   −2(x + 3) − 3(−3x − 4) = 34
   −2x − 6 + 9x + 12 = 34
   ⋮

10. a) −4,5(2x + 1) + 2(3x + 5) = 2,5   b) −2(3 − 2c) − 3(2 + 3c) = −37
    c) 3(3x − $\frac{1}{2}$) + 2(7x + 3) = 16   d) $\frac{1}{2}$(2 − 4y) − 3(3 − 2y) = −11

36
37

3 Terme und Gleichungen (1)

Vermischte Aufgaben

1. Löse die Klammern auf und fasse zusammen.
 a) $15 + (2x - 3) + (7 - x)$
 b) $(3y + 3) - 18 - (8y - 7)$
 c) $48 - (3a + 9)(9 - a)$

2. Klammere möglichst umfassend aus.
 a) $35x - 14y$
 b) $24a + 60b$
 c) $56a^2 - 16a$
 d) $49xy + 35y$

3. Bestimme die Lösungsmenge.
 a) $3x + (2x + 3) = 18$
 b) $(7x + 13) - 4x = 34$
 c) $6x - (8 - x) = 41$
 d) $2(x + 13) = 8x - 4$
 e) $4(5 + 2x) = (7 + 3x) \cdot 3$
 f) $-3(x - 4) = 12 - 9x$

4. a) Myriam hat zur Klassenfahrt 30 € mitgenommen. Am ersten Tag gab sie 3 € weniger aus als am zweiten Tag und am dritten Tag 5 € mehr als am zweiten. Danach waren nur noch 4 € übrig. Wie viel Geld hat Myriam jeden Tag ausgegeben?
 b) Uwe hat zur Klassenfahrt 40 € mitgenommen. Er gab am zweiten Tag 2 € mehr als am ersten aus und am dritten Tag 4 € mehr als am ersten. 22 € blieben übrig. Wie viel € hat er an den einzelnen Tagen ausgegeben?

> Ausgabe 2. Tag: x
> Ausgabe 1. Tag: x − 3
> Ausgabe 3. Tag: x + 5
> Gleichung:
> $(x - 3) + x + (x + 5) + 4 = 30$
> Oder
> $30 - x - (x - 3) - (x + 5) = 4$

5. Katja arbeitet in der Autowaschstraße ihres Vaters und führt auch die Kasse. Am Morgen hat sie 18 Autowäschen und 16 € Trinkgeld, am Nachmittag 12 Wäschen und 10 € Trinkgeld. Zwischendurch nimmt ihr Vater für Mittagessen Geld aus der Kasse: 3 € weniger als der Preis für 3 Autowäschen. Am Abend sind 353 € in der Kasse.
 a) Stelle Terme für „Vormittagseinnahme", „Nachmittagseinnahme" und „Geldentnahme" auf.
 b) Wie teuer ist eine Autowäsche? Stelle eine Gleichung auf und löse sie.

LVL 6. a) Erkläre die Rechenwege der Schülerinnen und Schüler und zeige durch Umformen, dass alle Gleichungen äquivalent sind.
 b) Berechne den Umfang des Rechtecks für $x = 4$ m und $x = 2,5$ m.

$u = x + x + x + 4 + x + 4$
$u = 2(x + x + 4)$
$u = 2x + 2(x + 4)$

7. Gib zwei äquivalente Terme für den Flächeninhalt des Rechtecks an und berechne sie für $x = 5$ cm und $y = 3$ cm.

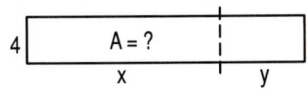

8. Gib einen Term für die gesuchte Größe an und berechne sie für die angegebenen Einsetzungen.

 a)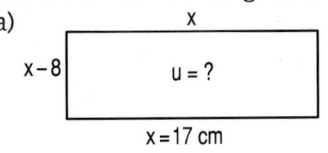
 b)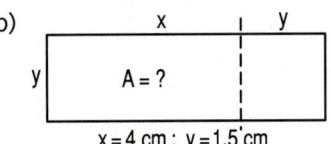
 c)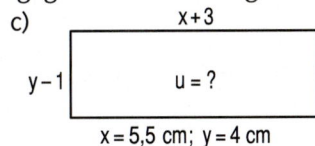

3 Terme und Gleichungen (1)

Zahlenrätsel

Löst die Zahlenrätsel in Partnerarbeit und stellt eure Ergebnisse vor.

1. Vermindert man eine Zahl um 3 und multipliziert das Ergebnis mit 5, so erhält man das Vierfache der Zahl.

2. Subtrahiere eine Zahl von 15 und verdopple die Differenz. Du erhältst das Dreifache der Zahl.

3. Addiere zu einer Zahl 9 und multipliziere die Summe mit 6. Du erhältst 102.

4. Addiere 15 zum Dreifachen einer Zahl. Verdoppelst du das Ergebnis, so erhältst du 18.

5. Vermindert man eine Zahl um 3 und multipliziert die Differenz mit 12, so erhält man das Sechsfache der Zahl.

6. Subtrahiere eine Zahl von 8 und verdopple die Differenz. Du erhältst dasselbe Ergebnis, als wenn du das Dreifache der Zahl von 21 subtrahierst.

7. Subtrahiere 7 vom Doppelten einer Zahl und multipliziere die Differenz mit 3. Das Ergebnis ist um 3 kleiner als das Vierfache der Zahl.

8. Addiert man 5 zum Neunfachen einer Zahl und halbiert die Summe, so ist das Ergebnis genauso groß wie die Summe aus dem Vierfachen der Zahl und 6.

9. Subtrahiere das Fünffache einer Zahl von 19 und verdopple die Differenz. Das Ergebnis ist genauso groß, als wenn du das Fünffache der Zahl um 22 verminderst.

---

1. Text:
Addiere zu einer Zahl 6 und multipliziere die Summe mit 4.
Du erhältst 76.

2. Gleichung aufstellen:

gesucht Zahl	x
addiere 6	x + 6
multipl. die Summe mit 4	(x + 6) 4
du erhältst 76	= 76

(x + 6) 4 = 76

3. Gleichung lösen:
(x + 6) 4 = 76
4x + 24 = 76 | −24
4x = 52 | : 4
x = 13 $\mathbb{L}$ = {13}

4. Probe am Text:
Addiere zu einer Zahl 6:
13 + 6 = 19
Multipliziere die Summe mit 4:
19 · 4 = 76
Antwort: Die gesuchte Zahl heißt 13.

3 Terme und Gleichungen (1)

Bruchterme

LVL 1. Erkläre, warum Martins Taschenrechner „ERROR" anzeigt.

> Terme mit Variablen im Nenner heißen **Bruchterme**. Zahlen, für die der Nenner 0 wird, darf man nicht einsetzen.
> Die Menge der Zahlen, die für die Variablen eingesetzt werden dürfen, bilden die **Definitionsmenge** $\mathbb{D}$ des Terms.
>
> $\frac{7}{x}$; $\mathbb{D} = \mathbb{Q} \setminus \{0\}$ $\frac{2}{x-5}$; $\mathbb{D} = \mathbb{Q} \setminus \{5\}$ $\frac{7}{x^2-9}$; $\mathbb{D} = \mathbb{Q} \setminus \{-3; 3\}$
> (alle Zahlen außer Null)   (alle Zahlen außer 5)   (alle Zahlen außer −3 und 3)

2. Bestimme die Definitionsmenge.

a) $\frac{5}{x}$ b) $\frac{9-a}{a}$ c) $\frac{7-b}{2b}$ d) $\frac{9}{7c}$ e) $\frac{3}{x^2-1}$ f) $\frac{5b}{b+2}$

g) $\frac{13b}{4b}$ h) $\frac{11y}{7y}$ i) $\frac{3+a}{a-4}$ j) $\frac{4}{4+z^2}$ k) $\frac{9+p}{8p}$ l) $\frac{5-4a}{a-5}$

m) $\frac{19}{3x+4}$ n) $\frac{27b}{3a^2+6}$ o) $\frac{15y}{12y-48}$ p) $\frac{17x}{19x+38}$ q) $\frac{4}{6b-30}$ r) $\frac{13b}{7b+91}$

3. Erweitern heißt: Zähler und Nenner mit demselben Term multiplizieren. Erweitere auf gleiche Nenner.

a) $\frac{2}{5x}$; $\frac{3}{10x}$ b) $\frac{7}{5a}$; $\frac{3}{20}$ c) $\frac{2}{3y}$; $\frac{4}{5y}$ d) $\frac{5}{8x}$; $\frac{7}{6x}$ e) $\frac{1}{4x}$; $\frac{2}{5}$ f) $\frac{3}{5y}$; $\frac{2}{7}$

4. Kürzen heißt: Zähler und Nenner durch denselben Term dividieren. Kürze so weit wie möglich.

a) $\frac{17a^2}{51ab}$ b) $\frac{27x^3y}{36x^2y}$ c) $\frac{14x^2}{49x^4}$ d) $\frac{18x^2y^2}{81xy}$ e) $\frac{6a^2b^3}{28ab^4}$ f) $\frac{72x^4y^4}{48xy}$

5. Erweitere erst auf den kleinsten gemeinsamen Nenner.

a) $\frac{3}{5x} + \frac{1}{2x}$ b) $\frac{3}{4b} - \frac{1}{6b}$ c) $\frac{2}{9} + \frac{7}{6x}$ d) $\frac{2}{5a} - \frac{3}{7}$

e) $\frac{2}{3a} + \frac{3}{4a}$ f) $\frac{2}{5x} - \frac{2}{7x}$ g) $\frac{9}{8} + \frac{6}{3y}$ h) $\frac{8}{9x} - \frac{2}{6}$

> $\frac{3}{4x} + \frac{1}{3x}$
> $= \frac{9}{12x} + \frac{4}{12x} = \frac{13}{12x}$
>
> 12x ist der Hauptnenner.

6. Multipliziere und kürze dann so weit wie möglich.

a) $\frac{2}{3x} \cdot 6$ b) $\frac{x}{4} \cdot 2x$ c) $\frac{a-2}{a+5} \cdot (a+5)$ d) $\frac{3}{8x} \cdot 24x$

e) $\frac{7}{8} \cdot 32x$ f) $\frac{a-4}{6y} \cdot 8y$ g) $\frac{7}{18x} \cdot 3x$ h) $\frac{x-3}{8x^2} \cdot 2x$

> $\frac{4}{9x} \cdot 36x$
> $= \frac{4 \cdot 36x^4}{9x^1} = 16$

LVL 7. Erkläre die Aussagen der Kinder.

a)  b)

3 Terme und Gleichungen (1)

Bruchgleichungen

Aufgabe:	Mit Hauptnenner multiplizieren:	Neue Gleichung lösen:	Probe:
$\frac{1}{3x} - \frac{2}{3} = \frac{1}{x}$	$\frac{1}{3x} - \frac{2}{3} = \frac{1}{x} \quad \mid \cdot 3x$	$1 - 2x = 3 \quad \mid -1$	linke Seite:
$\mathbb{D} = \mathbb{Q} \setminus \{0\}$	$\frac{3x}{3x} - \frac{2 \cdot 3x}{3} = \frac{3x}{x} \quad \mid$ Kürzen	$-2x = 2 \quad \mid : (-2)$	$\frac{1}{3 \cdot (-1)} - \frac{2}{3} = -\frac{1}{3} - \frac{2}{3}$
	$1 - 2x = 3$	$x = -1$	$= -\frac{3}{3} = -1$
		$\mathbb{L} = \{-1\}$	rechte Seite: $\frac{1}{-1} = -1$

1. Gib die Definitionsmenge an und löse die Gleichung.

a) $\frac{3}{2x} + \frac{3}{3x} = \frac{5}{4}$ b) $\frac{1}{3a} + \frac{1}{a} = \frac{8}{9}$ c) $\frac{7}{2y} - \frac{5}{12} = \frac{1}{y}$ d) $\frac{1}{2p} - \frac{1}{6p} = \frac{1}{12}$ e) $\frac{3}{4y} + \frac{5}{8y} = \frac{1}{8}$

f) $\frac{7}{4a} + \frac{5}{3a} = \frac{41}{48}$ g) $\frac{3}{4y} - \frac{31}{40} = -\frac{4}{5y}$ h) $\frac{1}{x} + \frac{1}{15} = \frac{1}{6}$ i) $\frac{1}{4z} + \frac{1}{6z} = \frac{5}{24}$ j) $\frac{3}{2x} - \frac{5}{x} = -\frac{7}{8}$

2.

3. Ein Swimmingpool kann über 2 Zuleitungen gefüllt werden. Das zweite Rohr braucht doppelt so lange wie das erste Rohr. Zusammen brauchen sie 4 Stunden. Wie lange dauert das Füllen, wenn jeweils nur
a) Rohr 1   b) Rohr 2   geöffnet ist?

	Füllzeit in Std.	gefüllter Bruchteil je Std.
Rohr 1	x	$\frac{1}{x}$
Rohr 2	2x	$\frac{1}{2x}$
zusammen	?	$\frac{1}{4}$

4. a) $\frac{x-3}{2x} = \frac{3}{5}$ b) $\frac{z}{z+1} = \frac{2}{3}$ c) $\frac{x+1}{x-1} = \frac{x-2}{x}$

d) $\frac{x+5}{3x} = \frac{2}{3}$ e) $\frac{3}{y+1} = \frac{2}{y-2}$ f) $\frac{a+2}{a+1} = \frac{a}{a-2}$

g) $\frac{2p-5}{3p} = \frac{5}{7}$ h) $\frac{4}{b+7} = \frac{6}{b-4}$ i) $\frac{2y+3}{2y} = \frac{y-4}{3y}$

$\frac{x+4}{x-1} = \frac{3}{2} \quad \mid \cdot (x-1) \quad (x \neq 1)$

$x + 4 = \frac{3}{2} \cdot (x-1) \quad \mid \cdot 2$

$2 \cdot (x+4) = 3 \cdot (x-1)$

Kurz: Über Kreuz multiplizieren

5. a) Addiert man zu Zähler und Nenner des Bruches $\frac{5}{12}$ dieselbe Zahl, so erhält man $\frac{4}{5}$.
b) Der Zähler eines Bruches ist um 4 kleiner als der Nenner. Vermehrt man Zähler und Nenner um 2, so erhält man $\frac{8}{9}$.
c) Vermehrt man den Zähler des Bruches $\frac{5}{17}$ um eine Zahl und vermindert seinen Nenner um dieselbe Zahl, so erhält man $\frac{5}{6}$.

LVL 6. Begründe, warum die Gleichung keine Lösung hat.

a) $\frac{1}{x} = 0$ b) $\frac{5}{y} = \frac{7}{y}$ c) $\frac{1}{2x} = \frac{1}{x}$ d) $\frac{x-3}{x-2} = \frac{x-1}{x-2}$ e) $\frac{1}{2p} - \frac{3}{6p} = \frac{1}{18}$ f) $\frac{2}{3x} = \frac{2}{4x}$

3 Terme und Gleichungen (1)

1. Löse die Klammern auf und fasse zusammen.
   a) 13 + (2x − 5) − (4x − 2)
   b) 16a − (4a − 3) + (5 + 2a)
   c) 3y + 19 − 4 − (9y − 16)

2. Löse die Klammer auf.
   a) 3x(2x + 5)   b) 7a(9b − 4)   c) −2x(4y − 5x)

3. Klammere möglichst umfassend aus.
   a) 25a + 40   b) 21xy − 28x   c) −24a^2 + 36ab

4. Welche der Zahlen ist Lösung der Gleichung?
   a) 4x + 7 = 3x + 13 | 1 | 6 | 7 |
   b) 6x − 4 = 4x + 18 | −2 | 9 | 11 |

5. Bestimme die Lösungsmenge.
   a) 4y + 6 = 3y + 14   b) 6x − 8 = 2x + 32
   c) 7z − 5 = 4z + 10   d) 2y − 3 = 3y + 7

6. Löse die Gleichung.
   a) 4(2x − 9) + 31 = 7x − 13 − x + 3(x + 5)
   b) 4y − (9 − 2y) + 3(y − 5) = 4(y − 1)

7. a) Subtrahiert man eine Zahl von 3 und multipliziert die Differenz mit 5, so erhält man −5.
   b) Addiert man 6 zum Doppelten einer Zahl und multipliziert die Summe mit 3, so erhält man 12 mehr als das Dreifache der Zahl.

8. Bestimme die Lösungsmenge.
   a) 3a + 7 < −8   b) 10 − 9y ≥ −53
   c) 8x + 4 ≤ 3x + 11,5   d) 7 − 5b > 3b + 23

9. Bestimme die Lösungsmenge bezüglich $\mathbb{G}$.
   a) 3x + 2(4x + 9) − 2(10 − 2x) > −47; $\mathbb{G} = \mathbb{N}$
   b) 4(3x − 7) − (9 − 4x) −7(6 − 2x) ≤ 11; $\mathbb{G} = \mathbb{Z}$

10. a) Addiert man 8 zum Doppelten einer Zahl, so ist das Ergebnis kleiner als die Summe aus dem Dreifachen der Zahl und 1.
    b) Subtrahiert man 7 vom Vierfachen einer Zahl, so erhält man mindestens ihr Doppeltes.

11. Bestimme die Definitionsmenge des Terms.
    a) $\frac{13}{x}$ b) $\frac{4}{x+3}$ c) $\frac{5}{x^2-4}$

12. Kürze so weit wie möglich.
    a) $\frac{48xy^3}{72xy}$ b) $\frac{13a^4b^4}{52a^2b^3}$ c) $\frac{108a^2}{45ab^4}$

13. Berechne.   a) $\frac{3}{4x} + \frac{7}{3x}$ b) $\frac{4}{5x} - \frac{1}{6}$

Äquivalenzumformungen

- Eine Summe kann addiert oder subtrahiert werden, indem man die Summanden einzeln addiert bzw. subtrahiert.

  13 + (2x − 4)
  = 13 + 2x − 4

  12x − (2x − 3)
  = 12x − 2x + 3

- Durch Ausmultiplizieren und Ausklammern erhält man äquivalente Terme.

  2a(3a + 5b) = 6a^2 + 10ab

Lösen von Gleichungen

Man kann Gleichungen durch folgende Äquivalenzumformungen vereinfachen:
- Klammern auflösen
- ordnen und zusammenfassen
- auf beiden Seiten dasselbe addieren oder subtrahieren
- beide Seiten mit derselben Zahl ≠ 0 multiplizieren oder durch sie dividieren.

Beispiel:

3(2x − 4) + 6 = 32 − (8 − x)   ⎫ Klammern auflösen
6x − 12 + 6 = 32 − 8 + x   ⎫ ordnen, zusammenfassen
6x − 6 = x + 24 | − x
5x − 6 = 24 | + 6   ⎫ auf beiden
5x = 30 | : 5   ⎬ Seiten addieren,
x = 6 $\mathbb{L}$ = {6} ⎭ subtrahieren oder dividieren

Ungleichungen

Alle Zahlen, die zum Einsetzen in eine Ungleichung zugelassen sind, bilden die **Grundmenge** $\mathbb{G}$. Ungleichungen kann man umformen wie Gleichungen. **Ausnahme:** Nicht mit negativen Zahlen multiplizieren und nicht durch negative Zahlen dividieren.

Beispiel: 3x − 9 < 12 | + 9 $\mathbb{G} = \mathbb{Q}$
3x < 21 | : 3
x < 7 $\mathbb{L}$ = {x | x < 7}

Bruchterme

Terme mit Variablen im Nenner heißen **Bruchterme**. Zahlen, für die der Nenner 0 wird, darf man nicht einsetzen. Die Menge aller Zahlen, die für die Variablen eingesetzt werden dürfen, bilden die **Definitionsmenge** $\mathbb{D}$ des Terms.

Beispiel: $\frac{7}{x-3}$; $\mathbb{D} = \mathbb{Q} \setminus \{3\}$

3 Terme und Gleichungen (1)

Grundaufgaben

1. Berechne den Term für x = 2.   a) 3(x + 5) − 3   b) 4x + 2 − 3x + 7

2. Schreibe einen Term auf.
 a) Frau Schneider ist x Jahre alt, ihr Mann drei Jahre jünger. Wie alt sind beide zusammen?
 b) Andreas bezahlt beim Pizza-Lieferservice x Euro für einen Salat und y Euro für Lasagne. Außerdem gibt er 2 € Trinkgeld. Wie viel Euro hat Andreas ausgegeben?

3. a) Schreibe einen Term für den Umfang der Figur auf.
 b) Berechne den Umfang für die Einsetzungen
 a = 8 cm und b = 5 cm.

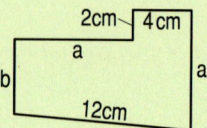

4. Bestimme die Lösungsmenge.   a) 4x + 17 = 49   b) 7x + 39 ≥ 6x + 33

5. Löse mit einer Gleichung: Herr Meyer kauft 3 Briefmarken und ein „Pluspäckchen" zu 5,99 €. Insgesamt bezahlt er 10,34 €. Wie teuer ist eine Briefmarke?

Erweiterungsaufgaben

1. Bestimme die Lösungsmenge.
 a) 3 − (x + 5) + (2x + 8) = 13   b) 8x + 7 − 3x − 22 < 17 − 3x + 4 − 5x + 3

2. a) Addiert man zum Vierfachen einer Zahl 26, so erhält man mindestens das Sechsfache der Zahl.
 b) Vergrößert man das Doppelte einer Zahl um 15 und multipliziert die Summe mit 2, so erhält man weniger, als wenn man von 44 das Dreifache der Zahl subtrahiert.

3. Abgebildet ist der Rundkurs für eine Segelregatta. Start und Ziel ist S. A, B, C und D sind Wendemarken. Die Strecken $\overline{SA}$, $\overline{AB}$ und $\overline{CD}$ sind gleich lang. $\overline{BC}$ ist 250 m länger, $\overline{SD}$ doppelt so lang wie $\overline{SA}$. Insgesamt ist der Rundkurs 7 750 m lang. Wie weit ist es von S bis A? Stelle eine Gleichung auf und löse sie.

4. Sieger der Regatta ist eine reine Damen-Crew aus 4 Personen. Die Skipperin ist 3-mal so alt wie die Jüngste, die beiden anderen Damen sind 6 Jahre bzw. 11 Jahre älter als das jüngste Crewmitglied. 131 Jahre sind sie zusammen alt. Welches Alter haben die einzelnen Damen?

5. Ein quaderförmiges Schwimmbecken (8 m lang und 4,5 m breit) wurde mit 43,2 m³ Wasser gefüllt. Welche Füllhöhe im Becken ergibt sich mit dieser Wassermenge?

6. Ein Dreieck hat den Flächeninhalt A = 12 cm². Die Grundseite ist 7,5 cm lang. Berechne die Höhe.

7. Gib die Definitionsmenge an und löse die Gleichung. $\frac{3}{4x} - \frac{5}{x} = -\frac{17}{28}$

Flächen- berechnung 4

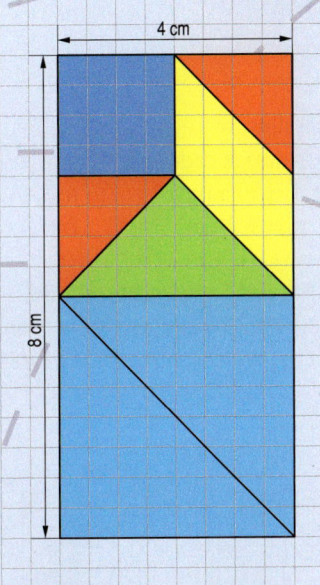

Lege die Figuren aus den Tangram-Teilen. Vergleiche die Flächeninhalte.

Fahrradtacho-Gebrauchsanweisung
So können Sie den Radumfang messen:
- (1) Messen Sie den Radumfang (l in cm) mit einem Bandmaß, das Sie um den vorderen Reifen legen.
- oder (2) Messen Sie die Strecke (l) einer Radumdrehung (in cm).
- oder (3) Messen Sie den Radius (r in cm). Dann errechnen Sie den Radumfang (l in cm) nach der Formel $l = 2\pi r = 6{,}283\, r$

Und wie ist der Radumfang bei deinem Fahrrad?

4 Flächenberechnung

Flächeninhalt und Umfang des Rechtecks

LVL 1. Lukas will auf einem Merkzettel seine Kenntnisse über die Berechnung von Rechtecken zusammentragen. Sehr weit ist er noch nicht gekommen.
a) Notiere auf deinem eigenen Merkzettel dein Wissen über Flächeninhalt und Umfang des Rechtecks.
b) Erfinde eine eigene Beispielaufgabe.
c) Partnerarbeit: Tauscht eure Merkzettel aus und kontrolliert.
d) Brauchst du auch einen Merkzettel für Quadrate?

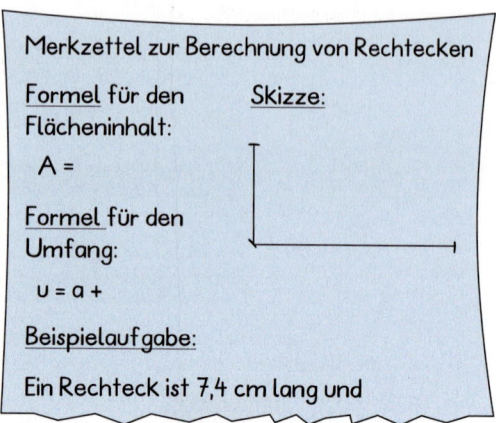

Merkzettel zur Berechnung von Rechtecken
Formel für den Flächeninhalt:
A =
Skizze:
Formel für den Umfang:
u = a +
Beispielaufgabe:
Ein Rechteck ist 7,4 cm lang und

2. a) Sortiere die Rechtecke ① bis ⑤ nach der Größe des Flächeninhaltes.
b) Ist die Reihenfolge die gleiche, wenn du nach der Größe des Umfangs ordnest?

① a = 5,5 m   ② a = 9,3 cm   ③ a = 12 m   ④ a = 135 mm   ⑤ a = 14,8 cm
   b = 5,5 m   b = 6 cm   b = 24 dm   b = 9,2 cm   b = 0,65 dm

LVL 3. Der Viereckregner „Aqualine" ist so einstellbar, dass unterschiedlich große Rechtecke bewässert werden können. Die eine Seite des Rechtecks kann von 10,5 m bis 19,2 m eingestellt werden, die andere Seite von 9,5 m bis 16,7 m. Welche Fläche kann mindestens, welche höchstens bewässert werden? Gib auch den Umfang der entsprechenden Fläche an.

LVL 4. Silja kennt den Flächeninhalt und die Länge eines Rechtecks, Lukas den Umfang und die Länge eines anderen Rechtecks.
Erkläre, wie beide vorgegangen sind, um die fehlende Seitenlänge zu berechnen, und setze den Lösungsweg fort.

Silja:
A = 19,5 cm²
a = 6,5 cm
A = a · b | : a
$\frac{A}{a}$ = b
b = $\frac{19{,}5\ cm^2}{\dots}$

Lukas:
u = 19 cm,
a = 6,5 cm
u = 2a + 2b | − 2a
u − 2a = 2b | : 2
$\frac{u − 2a}{2}$ = b; b = $\frac{19\ cm − \dots}{\dots}$

5. Berechne die fehlende Seitenlänge des Rechtecks, indem du zuerst die Formel umformst.
a) A = 322 m²; a = 14 m   b) A = 107,5 cm²; b = 12,5 cm   c) A = 972,9 cm²; b = 28,2 cm
d) u = 81 cm; b = 13,5 cm e) u = 165,6 m; a = 55,5 m   f) u = 265,8 cm; b = 43,4 cm

6. Der Flächeninhalt eines 9 cm breiten Rechtecks beträgt 112,5 cm². Wie groß ist sein Umfang?

LVL 7. Gruppenarbeit: Der Flächeninhalt großer Flächen wird in m², Ar, Hektar oder in km² angegeben.
a) Zeichnet einen Quadratmeter auf. Wie viele Schülerinnen und Schüler finden darin Platz und schaffen es, 20 Sekunden lang darin stehen zu bleiben?
b) Auf dem Schulhof ist eine Fläche von 1 Ar abgesteckt. Wie viele Schülerinnen und Schüler fänden auf dieser Fläche nebeneinander Platz? Schätzt und begründet eure Schätzung.
c) Markiert auf einer Landkarte, die die Umgebung der Schule zeigt, Quadrate der Größe 1 ha und 1 km². Wie lange würdet ihr brauchen, diese Flächen jeweils zu umwandern?

8. Niklas umrundet mit seinem Fahrrad ein rechteckiges Waldstück. An der ersten Ecke liest er auf seinem Tachometer „897 m" ab, am Ausgangspunkt angekommen „2826 m". Mit diesen beiden Daten berechnet er den Flächeninhalt des Waldstückes und erhält 92 ha. Kann das stimmen oder hat Niklas einen Fehler gemacht? Notiere deinen Lösungsweg und vergleiche mit anderen.

4 Flächenberechnung

Flächeninhalt und Umfang des Dreiecks

1. Einige Jugendliche möchten eine Mountainbikestrecke anlegen. Die Gemeinde ist bereit, das Vorhaben mit 1 000 € zu unterstützen. Der Eigentümer einer geeigneten Fläche möchte 4,50 € pro m² haben. Er legt einen Lageplan mit dem dreieckigen Grundstück vor.
   a) Reicht das Geld der Gemeinde für den Grundstückskauf? Besprich dich mit anderen.
   b) Wie viel Signalband benötigen die Jugendlichen zum Abstecken des Grundstücks?

2. Berechne den Flächeninhalt des Dreiecks.   a) g = 8 cm; h = 6 cm   b) g = 10 cm; h = 8,5 cm

3. Ordne die Flächeninhalte der Dreiecke der Größe nach. Beginne mit dem kleinsten Flächeninhalt.

   ① 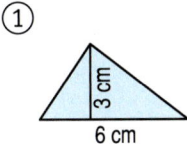   ② 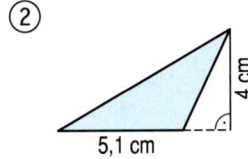   ③ 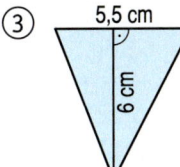   ④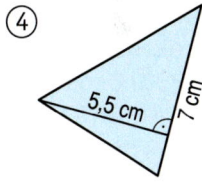

4. Konstruiere das Dreieck ABC. Miss benötigte Längen und berechne Flächeninhalt und Umfang.
   a) c = 10,2 cm; a = b = 12 cm   b) a = 7,0 cm; c = 5,5 cm, β = 53°   c) b = 5,8 cm; α = 62°, γ = 56°

5. Für Dreiecke mit üblicher Benennung und γ = 90° gilt: $A = \frac{a \cdot b}{2}$. Erkläre diese Formel und begründe, dass sie sich mit $A = \frac{g \cdot h}{2}$ „verträgt".

6. Zeichne die Punkte in ein Koordinatensystem (Einheit 1 cm) und verbinde sie zu einem Dreieck. Miss benötigte Strecken und berechne den Flächeninhalt und den Umfang.
   a) A(3|2), B(6,5|2), C(4,5|4)   b) A(0|1,5), B(7,5|1,5), C(3,5|5)   c) A(–1|–1), B(4|–1), C(6|5)

7. Übertrage die Dreiecke auf Karopapier. Dann sind sie im Maßstab 1 : 20 000 gezeichnet. Berechne den wirklichen Flächeninhalt sowie den Umfang.

   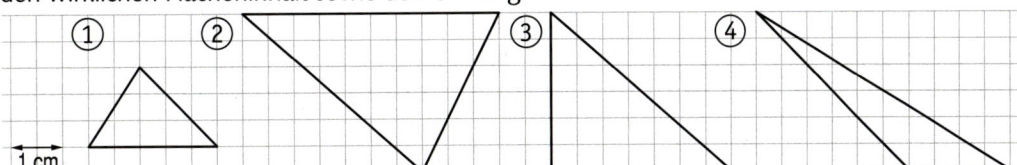

8. a) Zeichne zwei verschiedene Dreiecke mit g = 6,5 cm und h = 4 cm und berechne jeweils Flächeninhalt und Umfang.
   b) Gibt es mit diesen Maßen auch ein Dreieck mit einem Umfang von mehr als 1 m?

9. Zeichne ein Dreieck mit a = 8,5 cm, b = 7 cm und c = 9 cm. Berechne den Flächeninhalt auf drei verschiedenen Wegen. Miss benötigte Strecken in der Zeichnung. Vergleiche die Ergebnisse.

4 Flächenberechnung

Vermischte Aufgaben

1. Berechne den Flächeninhalt des Dreiecks.
   a) g = 13,5 cm; h = 56 mm
   b) g = 12 dm; h = 4,8 m
   c) g = 32 cm; h = 7,4 dm

2. Übertrage die Punkte in ein Koordinatensystem (Einheit 1 cm), verbinde sie zu einem Dreieck und berechne Flächeninhalt und Umfang.
   a) A(7|1), B(11,5|1), C(11,5|3,5)
   b) A(6|6), B(8,5|6), C(8,5|7,5)
   c) A(0,5|3), B(0,5|8), C(5|8)
   d) A(7|−1), B(10|−1), C(6|1)
   e) A(−1|−5), B(4|−5), C(5|0)
   f) A(0|3), B(0|8), C(−4|4)

LVL 3. a) Berechne den Flächeninhalt des Dreiecks mit g = 5 cm; h = 3 cm.
   b) Wie verändert sich der Flächeninhalt, wenn zuerst die Grundseite, dann die Höhe und anschließend beide Längen verdoppelt werden? Besprich dich mit anderen.

4. Wie groß ist die Fläche des Spiegels?
   a) Berechne mit Hilfe geeigneter Teilflächen den Flächeninhalt des Spiegels.
   b) Gib die gesamte Glasfläche in dm² an.
   c) Ist der Spiegel größer als 0,5 m²?

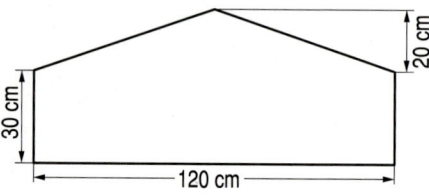

5. Herr Justen möchte sein Freiwildgehege vergrößern. Ihm wurde eine benachbarte Wiese zu einem Verkaufspreis von 2,50 € pro m² angeboten. Er ist bereit, 90 000 € auszugeben.
   a) Wie wird sich Herr Justen entscheiden? Begründe.
   b) Ist das Grundstück größer als 1 ha? Erkläre.

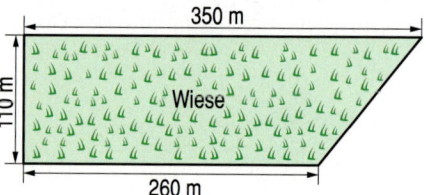

LVL 6. In einem Modehaus werden die Sitzmöglichkeiten in den Umkleidekabinen modernisiert.
   a) Es werden 18 neue Sitze für 70 € pro Stück bestellt. Stelle mindestens drei Fragen und beantworte sie.
   b) Der Tischler findet die Sitzfläche etwas zu knapp und gibt zu den beiden Seitenlängen von 40 cm noch 5 cm hinzu. Der Preis setzt sich je zur Hälfte aus Arbeits- und Materialkosten zusammen. Sind 80 € für die größere Sitzfläche angemessen?

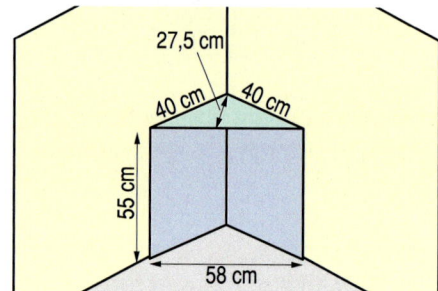

LVL 7. Ein Dreieck hat den Flächeninhalt 121 cm², seine Höhe ist 11 cm. Berechne die zugehörige Grundseite g. Stelle dazu eine Gleichung auf und löse diese nach g auf. Vergleiche mit anderen.

8. a) Die Fläche eines Dreiecks ist 17,5 cm² groß, die Grundseite ist 7 cm lang. Berechne die Höhe.
   b) Ein Dreieck hat eine Höhe von 36 cm und einen Flächeninhalt von 756 cm². Wie lang ist die zur Höhe gehörende Grundseite?
   c) Berechne die Höhe eines Dreiecks. Der Flächeninhalt beträgt 0,75 m² und die Grundseitenlänge 150 cm.

9. Ein Fachbetrieb bietet im Internet dreieckige Sonnensegel bis zu einer Fläche von 36 m² (Preis dafür: 194,40 €) an. Mit Hilfe des Kostenrechners auf der entsprechenden Internetseite kann Frau Siemens bei Eingabe der gewünschten Maße den Preis erfahren. Sie gibt für alle drei Seiten des Sonnensegels jeweils 800 cm ein und erhält als Preis 149,65 €. Welche Höhe hätte das Segel?

4 Flächenberechnung

10. Wie groß ist die Glasfläche in der Dachgaube? Ist sie größer als 0,5 m²?

11. Eine Werbefirma bietet eine 24 m² große dreieckige Werbefläche an. Die Grundseite nimmt die gesamte Breite einer Passage von 7,5 m in einem Flughafengebäude ein. Welche Höhe hat die Werbefläche?

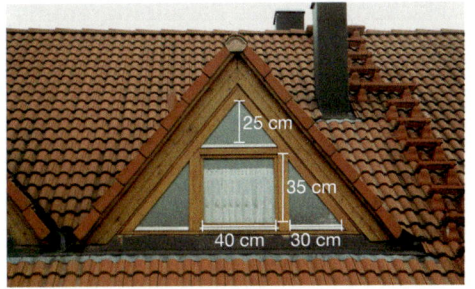

LVL 12. Familie Pflüger hat im Dachgeschoss einen Erker montieren lassen. Die ausführende Firma „Klarglas" bietet ab 5 m² verarbeiteter Glasfläche einen Preisnachlass. Können Pflügers diesen beanspruchen?
 a) Beantworte die Frage mit Hilfe einer Überschlagsrechnung.
 b) Ermittle nun ein exaktes Ergebnis. Stelle anschließend deinen Rechenweg vor und vergleiche mit anderen.

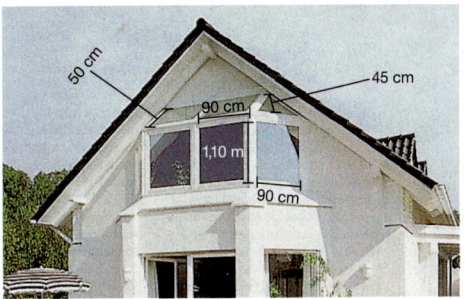

13. Familie Seibel möchte im Dachgeschoss einen großen Raum verkleinern. Dazu soll eine Trennwand aus Gipskartonplatten errichtet werden.
 a) Bestimme die Größe der Fläche der dreieckigen Trennwand. Beachte, dass auch eine Tür eingesetzt werden soll (0,90 m breit und 2,00 m hoch).
 b) Zum Errichten der Trennwand wird ein Holzgerüst gebaut, das anschließend beidseitig mit Gipskartonplatten verkleidet wird. Für wie viel m² müssen solche Platten gekauft werden?

14. Die Fassade der Balkongaube soll renoviert und dabei mit Bitumenschindeln versehen werden.
 a) Wie groß ist die Fläche, die mit Schindeln verkleidet wird?
 LVL b) Die rechteckigen Schindeln für die Gaube sind 100 cm lang und 34 cm breit.
 Patrick berechnet den Bedarf an Schindeln so: Ergebnis aus a) dividiert durch (1 m · 0,34 m).
 Erkläre Patricks Rechenweg, nimm Stellung dazu und ersetze ihn durch eine andere Rechnung, wenn dir das notwendig erscheint.

15. Für die Renovierung eines rechteckigen Zimmers berechnet ein Maler die Fläche, die tapeziert werden muss: zwei fenster- und türlose sowie die beiden skizzierten Wände.

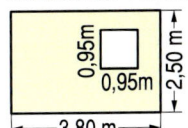 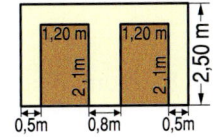

4 Flächenberechnung

Flächeninhalt des Parallelogramms

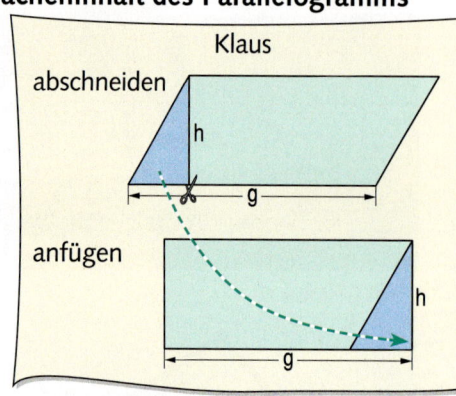
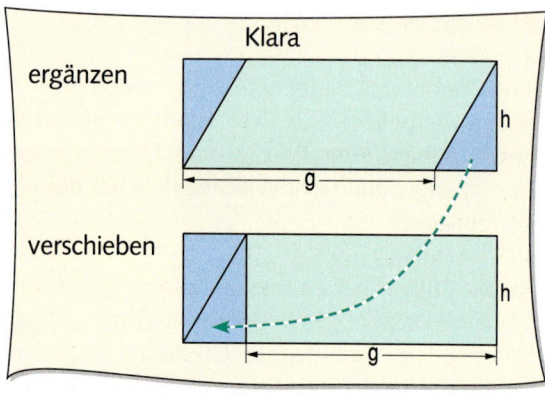

1. Klaus und Klara haben zwei Möglichkeiten gefunden, den Flächeninhalt eines Parallelogramms zu bestimmen. Klaus zerlegt das Parallelogramm und Klara ergänzt es. Erklärt in Partnerarbeit, wie sich jeweils der Flächeninhalt ermitteln lässt und vergleicht mit der Formel im Merkkasten.

2. a) Ist der Weg von Klara oder der von Klaus geeigneter, um den Flächeninhalt des abgebildeten, sehr schrägen Parallelogramms zu ermitteln? Nenne deine Argumente.
b) Die Methode von Klaus gelingt, wenn das Parallelogramm in mehrere Teilstücke zerlegt wird und diese jeweils zu einem Rechteck zusammengesetzt werden. Probiere aus.

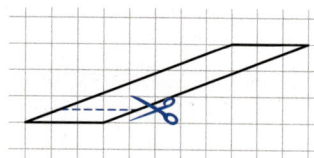

Flächeninhalt des Parallelogramms
= Grundseite · Höhe

$A = g \cdot h$

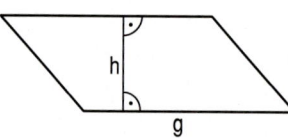

Beispiel:
$g = 6\ cm;\ h = 4\ cm$
$A = g \cdot h$
$A = 6\ cm \cdot 4\ cm = 24\ cm^2$

---

3. Welches Parallelogramm hat den größten Flächeninhalt? Begründe.

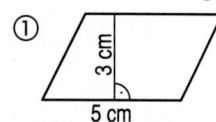
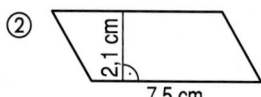
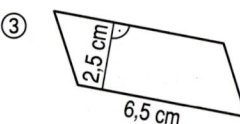

4. Wähle eine Parallelogrammseite als Grundseite. Bestimme benötigte Längen (2 Kästchenlängen = 1 cm) und berechne den Flächeninhalt des Parallelogramms.

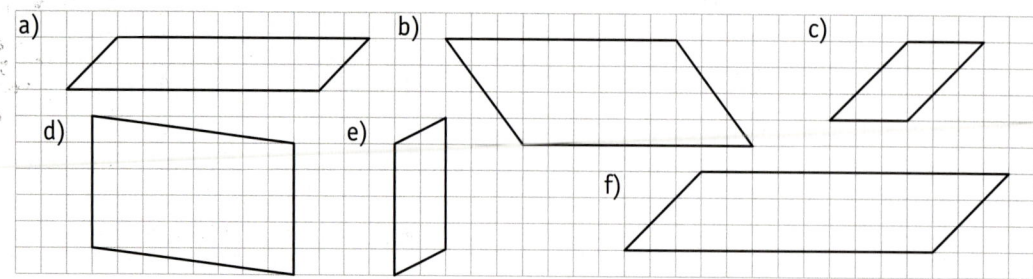

5. Zeichne zwei verschiedene Parallelogramme mit a = 8 cm und b = 5 cm langen Seiten. Berechne anschließend den Flächeninhalt und vergleiche.

4 Flächenberechnung

6. Partnerarbeit: Jutta und Tim bestimmen den Flächeninhalt desselben Parallelogramms. Zeichnet das Parallelogramm: a = 7 cm, b = 5 cm und α = 65°. Berechnet den Flächeninhalt wie Jutta und wie Tim. Notiert auch eine Formel. Vergleicht mit anderen.

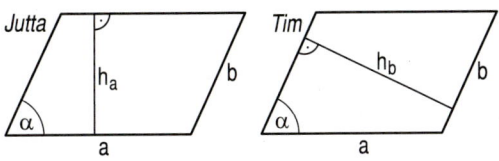

7. Zeichne die Punkte in ein Koordinatensystem (Einheit 1 cm). Verbinde sie zu einem Parallelogramm. Miss benötigte Längen und berechne Flächeninhalt und Umfang.
   a) A(–1|0), B(–6|0), C(–7|2), D(–2|2)
   b) A(1,5|8,5), B(3|8,5), C(1,5|15), D(0|15)
   c) A(–2|–5), B(5,5|–5), C(3|–1,5), D(–4|–1,5)
   d) A(11,5|6,5), B(14|6,5), C(13|11), D(10,5|11)

8. Die abgebildete Garagenauffahrt soll mit Kantensteinen eingefasst werden. Berechne die Materialkosten für die Baumaßnahme. Der Quadratmeter Pflastersteine kostet 25,95 € und der Meter Kantensteine 5,95 €. Entnimm benötigte Maße der Zeichnung, die im Maßstab 1:200 angefertigt ist.

9. Zeichne drei verschiedene Parallelogramme mit a = 6 cm und b = 4 cm. Wähle selbst ein Maß für Winkel α. Berechne jeweils den Flächeninhalt und vergleiche die Ergebnisse mit anderen.

10. a) Zeichne die Parallelogramme. Miss die notwendigen Längen und berechne jeweils Flächeninhalt und Umfang.
    b) Vergleiche deine errechneten Werte für Flächeninhalt und Umfang. Was fällt dir auf? Besprich deine Entdeckung mit anderen.

    ① a = 7 cm; b = 4,5 cm; α = 65°
    ② a = 13 cm; b = 5,6 cm; α = 50°
    ③ a = 14,5 cm; b = 6,8 cm; α = 31°
    ④ a = 13,4 cm; b = 4,4 cm; α = 79°

11. a) Zeichne zwei verschiedene Parallelogramme mit g = 6 cm und h = 3,5 cm und berechne jeweils Flächeninhalt und Umfang. Vergleiche mit den Ergebnissen anderer.
    b) Gibt es mit diesen Maßen auch ein Parallelogramm mit dem Umfang 1 m?

12. Die abgebildeten Fenster sind im Maßstab 1:40 gezeichnet.
    a) Miss die benötigten Maße, bestimme die wirklichen Maße und berechne die Größen der Glasscheiben.
    b) Wie viel Meter Rahmen (Außenmaße) umgeben die Glasscheiben der Fenster?

13. a) Ein Parallelogramm hat einen Flächeninhalt von 4,8 cm² und eine Grundseitenlänge von 8 cm. Berechnet die Höhe. Stelle eine Gleichung auf und löse sie nach g auf. Vergleiche mit anderen.
    b) Berechne entsprechend die Länge der Grundseite in einem Parallelogramm mit einem Flächeninhalt von 119 cm² und einer Höhe von 8,5 cm.

14. Berechne das fehlende Maß für g oder h im Parallelogramm:
    a) A = 120 cm², h = 7,5 cm
    b) A = 222 cm², g = 18,5 m
    c) A = 7,87 cm², h = 125 cm

15. Luisa sagt: „Ich muss mir für den Flächeninhalt von Parallelogramm, Quadrat und Rechteck nur eine Formel merken." Welche ist das? Begründe deine Antwort.

4 Flächenberechnung

Zusammengesetzte Figuren

> Ich zerlege und addiere.
>
> Ich ergänze erst und subtrahiere dann.

1. Bestimme den Flächeninhalt der Figur. Übertrage dazu die Figur in dein Heft und entnimm benötigte Längen der Zeichnung. Beachte Ninas und Angelas Tipp. Präsentiere deinen Lösungsweg den anderen.

a)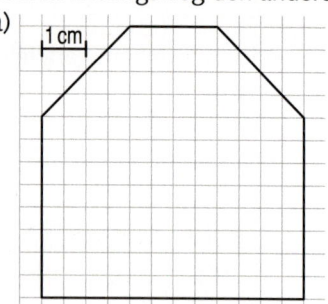
b)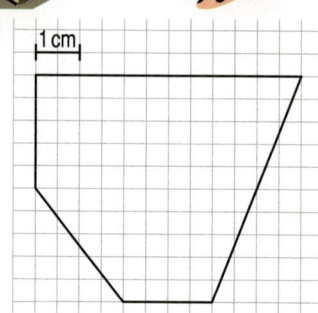
c)

2. a) Berechne den Flächeninhalt des Vierecks. Es gibt verschiedene Möglichkeiten. Wähle eine und vergleiche anschließend mit anderen.

a)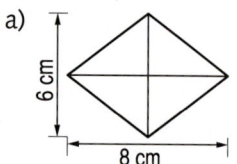
b)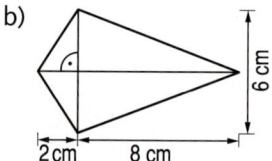

3. a) Eine Gärtnerei vergrößert ihr Treibhaus. Wie viel m² Glas werden für den Anbau benötigt? Fertige dazu eine Zeichnung der Giebelfront im Maßstab 1:50 an. Miss benötigte Längen in der Zeichnung.

b) Bei einem Hagelschauer werden im Anbau die Dachflächen und die dreieckige Giebelfläche zerstört. Der Besitzer klagt: „50 % der gerade erneuerten Glasfläche ist zerstört." Nimm Stellung zu dieser Aussage und begründe deine Einschätzung.

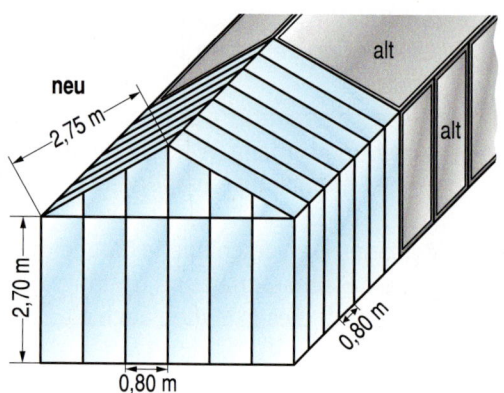

4. In der Abbildung sind Puzzle-Teile auf Karopapier abgebildet, die sich zum Buchstaben T zusammensetzen lassen.
a) Stelle dir das Puzzle her und lege die Teile zu einem T.
b) Berechne den Flächeninhalt des Dreiecks sowie der beiden Trapeze durch Zerlegung oder Ergänzung.
c) Ermittle nun auch den Flächeninhalt des vierten Puzzle-Teiles. Präsentiere deinen Lösungsweg.

5. a) Berechne die Flächeninhalte der Figuren durch geschickte Zerlegung oder Ergänzung. Die Längen sind in cm angegeben.
b) Berechne die Umfänge der Figuren. Fehlende Maße lassen sich aus der Skizze ermitteln.

①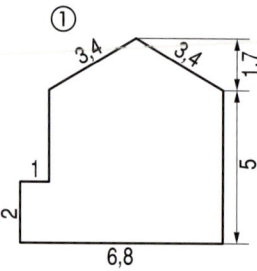
②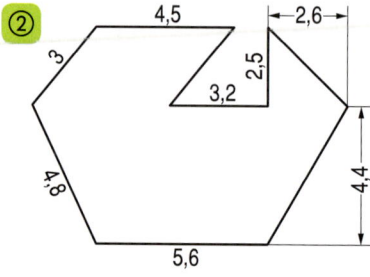

4 Flächenberechnung

Flächengröße von Deutschland

Über die abgebildete Landkarte von Deutschland wurden verschiedene Flächenformen gezeichnet. Bestimme die ungefähre Flächengröße von Deutschland, indem du die Seitenlängen der Flächen ausmisst und ihren Flächeninhalt berechnest.
Berechne die Fläche Deutschlands auch mit weiteren, selbst gewählten Unterteilungen. Hierbei ist ein Tabellenkalkulationsprogramm sehr nützlich.

LVL

Schlag nach …
Um wie viel Prozent weicht deine Berechnung von dem tatsächlichen Flächeninhalt ab?

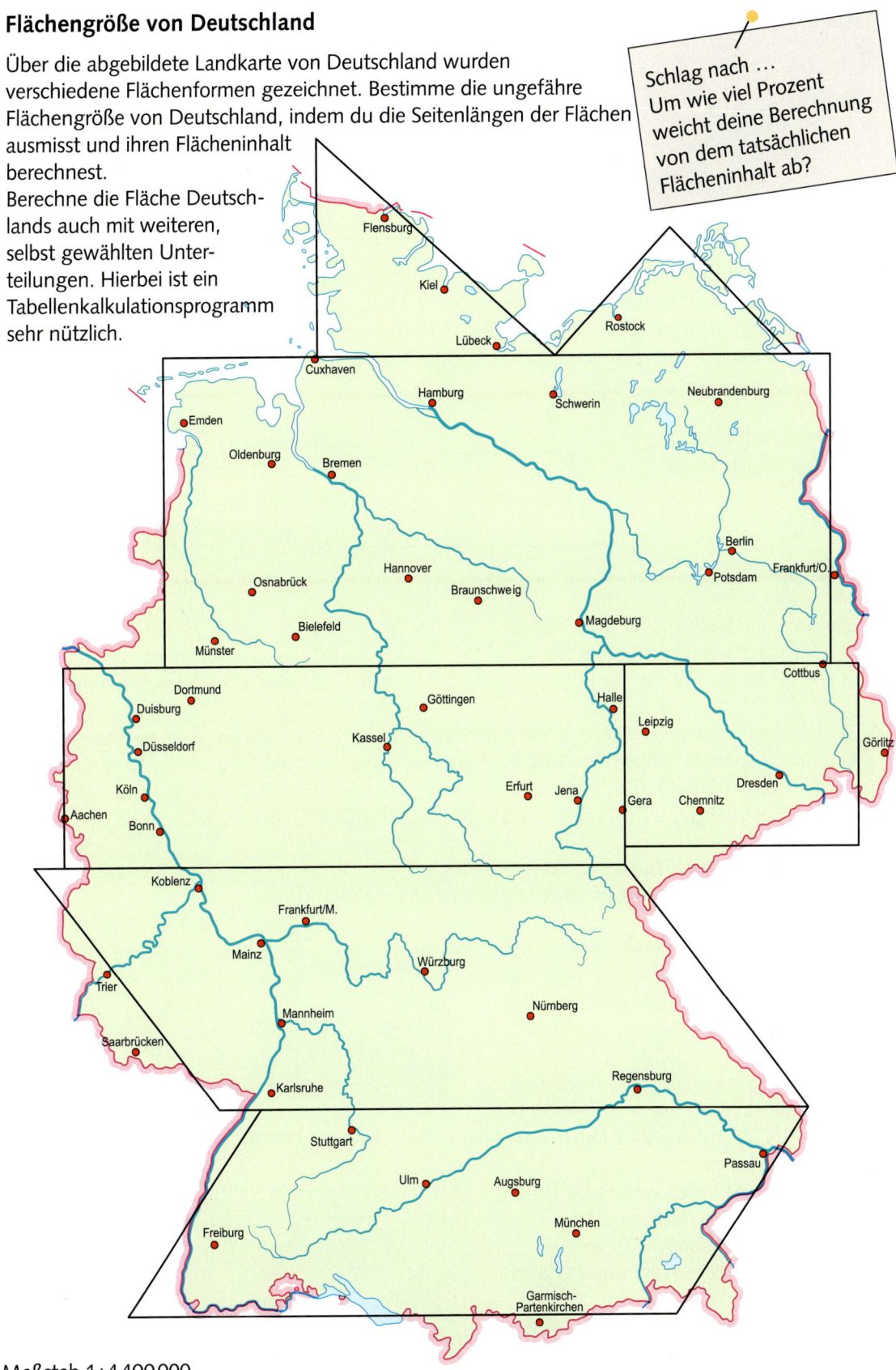

Maßstab 1 : 4 400 000

4 Flächenberechnung

Flächeninhalt des Trapezes

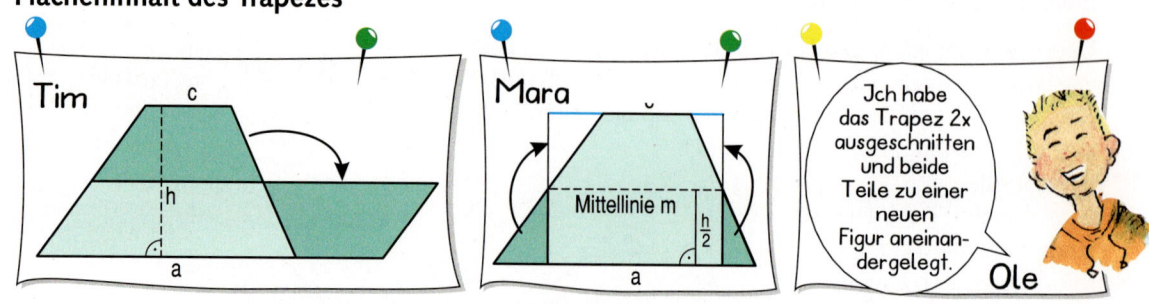

1. Partnerarbeit: Der Flächeninhalt eines Trapezes soll bestimmt werden. Wie sind Tim, Mara und Ole vorgegangen? Stellt jeweils eine Formel für den Flächeninhalt des Trapezes auf und vergleicht anschließend mit der Formel im Merkkasten. Welche Methode erscheint euch am vorteilhaftesten?

Flächeninhalt des Trapezes
A = Mittellinie · Höhe
$A = m \cdot h$
$A = \frac{a+c}{2} \cdot h$

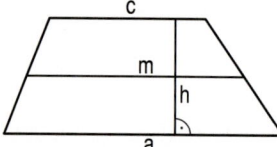

Beispiel:
a = 9 cm; c = 4 cm; h = 3 cm
$A = \frac{a+c}{2} \cdot h$
$A = \frac{(9\text{ cm} + 4\text{ cm})}{2} \cdot 3\text{ cm} = 19{,}5\text{ cm}^2$

---

2. Berechne den Flächeninhalt des Trapezes.
  a) a = 7 cm, c = 2,5 cm, h = 4,8 cm
  b) a = 62 mm, c = 3,5 cm, h = 5 cm
  c) a = 3,8 dm, c = 12 cm, h = 0,2 dm
  d) a = 124 mm, c = 6,5 cm, h = 1 dm

3. Zeichne die Punkte in ein Koordinatensystem (Einheit 1 cm). Verbinde sie zu einem Trapez. Bestimme benötigte Längen aus der Zeichnung und berechne damit Flächeninhalt und Umfang.
  a) A(0,5|0,5); B(8|0,5); C(6,5|3,5); D(2|3,5)
  b) A(–1|0); B(2|0); C(4,5|4); D(–3,5|4)
  c) A(–2,5|–2); B(6|–2); C(0|3,5); D(–2,5|3,5)
  d) A(3,5|1); B(1|3,5); C(–6|2,5); D(1|–4,5)

4. Es gibt viele mögliche Trapeze mit den Maßen a = 7 cm, c = 3,5 cm, h = 4 cm. Zeichne zwei davon. Berechne und vergleiche ihren Flächeninhalt und ihren Umfang.

5. Fina berechnet die Grundseitenlänge und Tom die Höhe in einem Trapez. Führe die Rechnung jeweils zu Ende und vergleiche mit anderen.

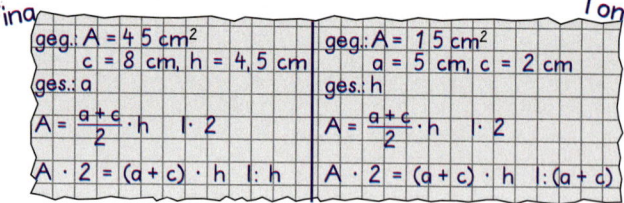

6. Berechne die fehlende Größe c oder h in einem Trapez. Gehe wie in Aufgabe 5 vor.
  a) A = 304,88 cm², a = 24,2 cm, h = 14,8 cm
  b) A = 1,047 m², a = 104 m, c = 0,75 m

7. Jan und Dajana haben weitere Verfahren zur Ermittlung des Flächeninhalts eines Trapezes gefunden. Zu welcher Formel führen diese Vorschläge? Erkläre.

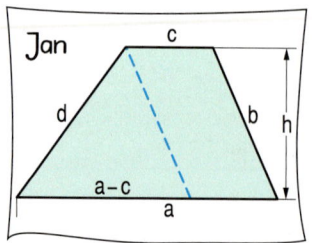
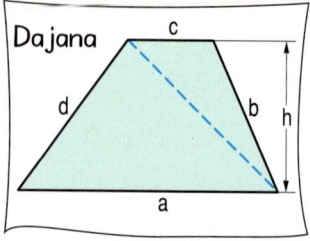

8. Ein Trapez hat den Flächeninhalt 21,85 cm². Die parallelen Seiten sind 7,5 cm und 4 cm lang, wie groß ist ihr Abstand?

4 Flächenberechnung

Flächeninhalt von Drachen und Raute

1. a) Gruppenarbeit: Berechnet den Flächeninhalt des Drachens mit Hilfe einer Formel. Die Diagonalen im Drachen werden mit „e" und „f" bezeichnet. Vergleicht anschließend mit der Formel im Merkkasten.
b) Begründet, warum die Formel auch für die Raute gilt.

Flächeninhalt von Drachen und Raute

$A = \dfrac{e \cdot f}{2}$

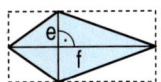 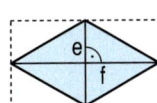

Beispiel:
e = 6,5 cm, f = 15 cm

$A = \dfrac{e \cdot f}{2}$

$A = \dfrac{6,5 \text{ cm} \cdot 15 \text{ cm}}{2} = 15 \text{ cm}^2$

---

2. Berechne den Flächeninhalt des Drachens.
a) e = 36 cm, f = 72 cm
b) e = 55 cm, f = 1,10 m
c) e = 450 mm, f = 0,82 m

3. Zeichne die Punkte in ein Koordinatensystem (Einheit 1 cm). Verbinde sie zu einem Viereck und berechne den Flächeninhalt. Miss dazu die benötigten Längen.
a) A(1|2); B(2|0); C(4|2); D(2|4)
b) A(−6,5|−2,5); B(−1,5|−2,5); C(2,5|0,5); D(−2,5|0,5)
c) A(2|5); B(5|2); C(12|5); D(5|8)
d) A(6|1,5); B(10,5|1); C(10|5,5); D(2|9,5)

4. Bei den vier Drachen sind die beiden farbigen Holzlatten jeweils gleich lang: 1,20 m und 75 cm.

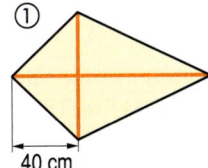 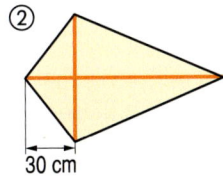 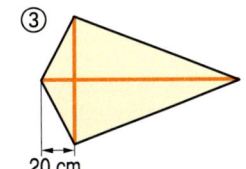 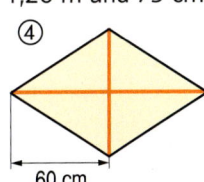

a) Berechne den Flächeninhalt der Drachen.
b) Vergleiche, wie viel Schnur man zum Umspannen der Drachen benötigt. (Zeichne dazu im Maßstab 1 : 10 und miss die Seitenlängen.)

5. Der Flächeninhalt in einem Drachen beträgt 10 cm², die kürzere Diagonalenlänge 4 cm. Berechne die Länge der zweiten Diagonalen, indem du die Formel nach f auflöst. Vergleiche mit anderen.

6. Berechne die fehlende Diagonalenlänge des Drachens oder der Raute.
a) A = 775,5 cm², f = 66 cm
b) A = $\frac{1}{2}$ m², e = 50 cm
c) A = 693,5 cm², f = 475 mm

4 Flächenberechnung

Vermischte Aufgaben

1. Zeichne die Figur in dein Heft und bestimme Umfang und Flächeninhalt. Entnimm benötigte Längen der Zeichnung.

a) Trapez: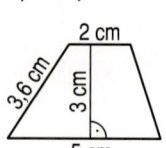

b) Trapez: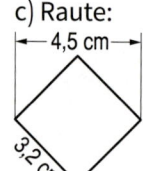

c) Raute: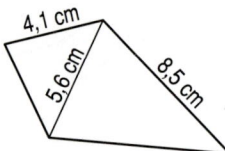

d) Drachen:

2.
a) Wie groß ist die trapezförmige Fläche? Entnimm die Maße der Zeichnung.
b) Der Quadratmeterpreis soll 60 € betragen.
c) Wie teuer ist ein Zaun um das Grundstück? 1 m kostet 25 €.

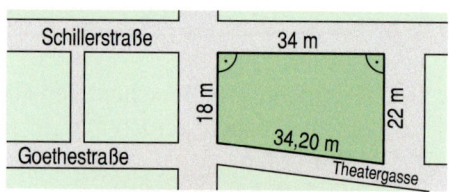

3. In einem Park befindet sich ein Blumenbeet.
a) Es soll neue Blumenerde eingefüllt werden. Auf 2 m² soll ein 50-*l*-Sack Erde kommen. Wie viele Säcke müssen gekauft werden?
b) Am Rand des Beetes sollen Rosenstöcke im Abstand von ungefähr 30 cm gepflanzt werden. Wie teuer wird die Anpflanzung der Rosenstöcke, wenn ein Rosenstrauch 4,50 € kostet?

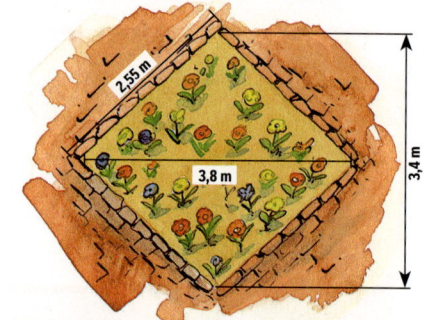

4. Der Hauseingang ist im Maßstab 1:80 abgebildet. Die beiden trapezförmigen Scheiben sind identisch (die linke Scheibe ist nicht vollständig zu sehen). Miss benötigte Längen und berechne den Flächeninhalt der Glasscheiben. Wie viel Prozent des Hauseingangs sind verglast?

LVL 5. Wie ändert sich der Flächeninhalt beim Drachen, wenn die Längen der Diagonalen verdoppelt werden? Wie ändert sich der Flächeninhalt bei einem Trapez, wenn die Längen der beiden parallelen Seiten verdoppelt werden?

LVL 6. Lukas behauptet: „Eine Raute ist ein Parallelogramm mit vier gleich langen Seiten." Überprüfe die Aussage. Zeichne dazu eine beliebige Raute und entnimm dieser die benötigten Maße. Tausche dich anschließend mit anderen aus.

7. Der Drachen hat einen Flächeninhalt von 4 675 cm².
a) Wie lang ist die nicht vollständig zu sehende Latte?
b) Wie viel Schnur wird zum Umspannen des Drachens gebraucht? Zeichne dazu den Drachen im Maßstab 1:10 ins Heft und miss benötigte Längen.

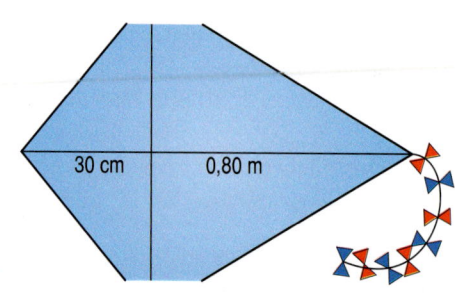

8. Ein trapezförmiger Tisch hat eine Fläche von 5 557,5 cm². Die beiden parallelen Seiten sind 130 cm und 65 cm lang. Wie breit ist der Tisch?

BLEIB FIT!

Die Ergebnisse der Aufgaben ergeben vier Städte aus vier Ländern in den Alpen.

1. Runde auf die angebene Maßeinheit.
   a) 41 357 g auf kg
   b) 67,415 m auf cm
   c) 308,19 cm auf dm
   d) 4498 kg auf t

2. Bestimme die fehlenden Koordinaten.

   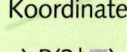

   a) P(3 | ■)
   b) Q(■ | ■)
   c) R(■ | 1)
   d) S(■ | −1)
   e) T(■ | ■) auf der Parallen zur x-Achse durch (1 | −3) und auf der Senkrechten zur x-Achse durch (−1 | 3)

3. a) 4600 ml = ■ l   b) 5,8 hl = ■ l
   c) 3,21 m³ = ■ l   d) 900 l = ■ m³
   e) 4850 l = ■ hl   f) 0,29 l = ■ ml

4. Berechne den Mittelwert.

   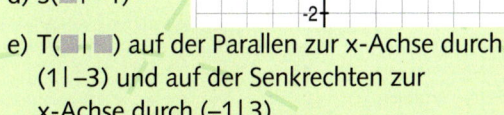

5. Berechne den Umfang der Figur.

   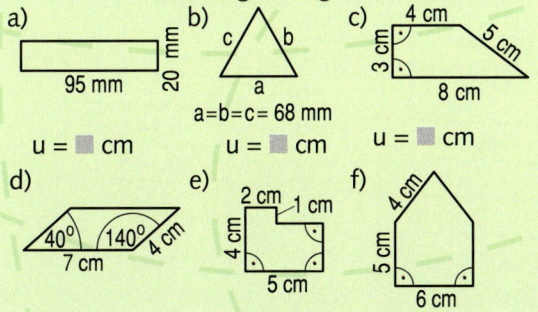

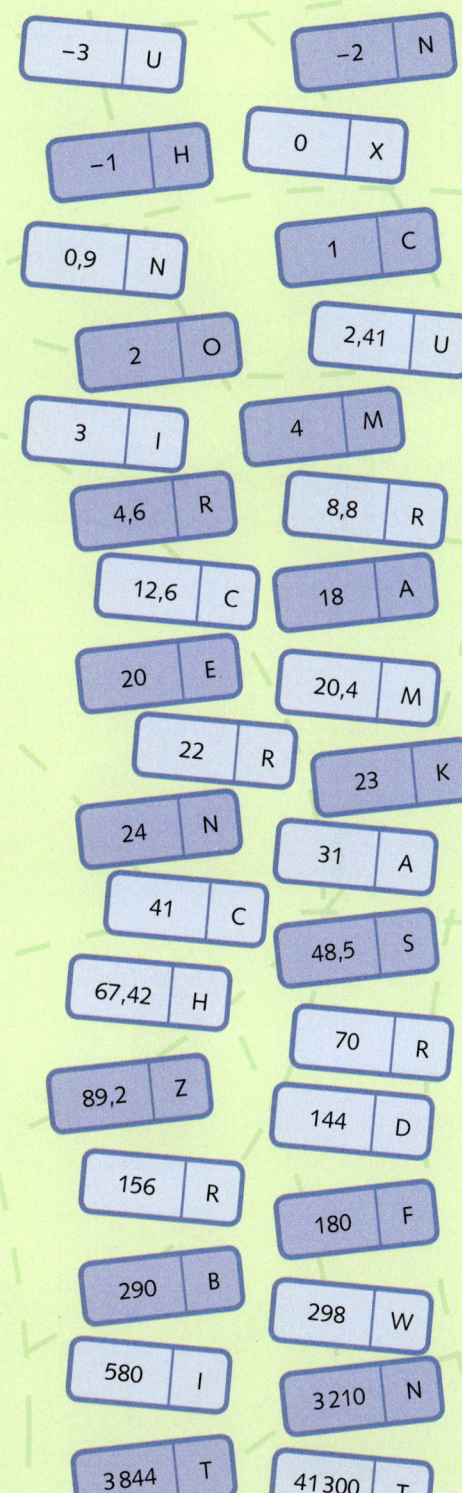

4 Flächenberechnung

Messen und Entdecken am Kreis

Bildet Gruppen. Jede wählt mindestens eine der 6 Aufgaben auf diesen beiden Seiten aus.
- Überlegt, wonach gefragt wird. Was könnt ihr messen oder ablesen und was berechnen?
- Einer aus jeder Gruppe berichtet über eure Ergebnisse und Entdeckungen vor der Klasse.

1.

Bei einer Umdrehung rollt das große Rad 4,70 m weit.

Wie oft hat sich dabei das kleine Rad gedreht?

2.

Und jetzt kann man Durchmesser und Umfang vergleichen.

3.

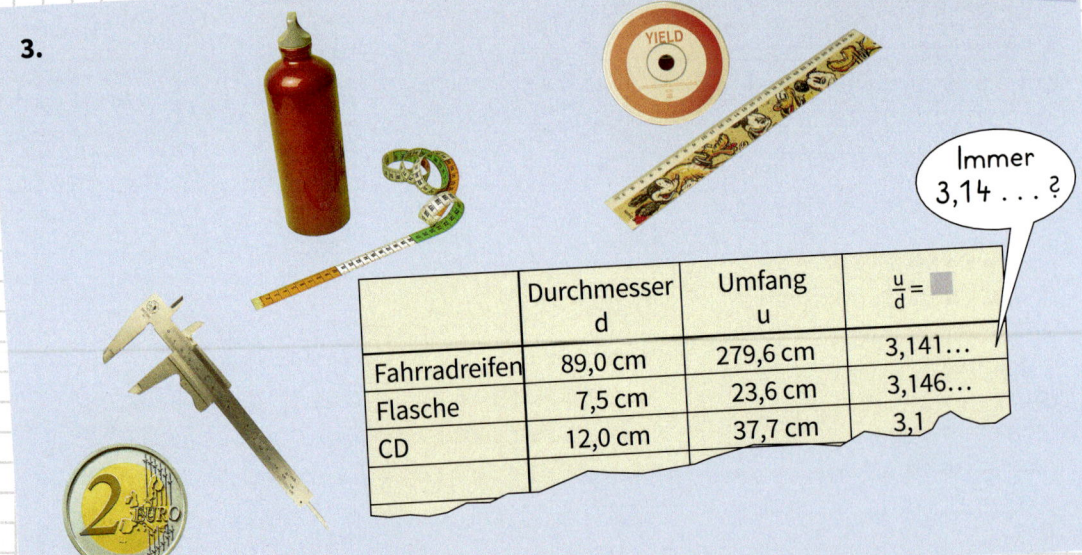

Immer 3,14 ... ?

	Durchmesser d	Umfang u	$\frac{u}{d} =$
Fahrradreifen	89,0 cm	279,6 cm	3,141...
Flasche	7,5 cm	23,6 cm	3,146...
CD	12,0 cm	37,7 cm	3,1

4 Flächenberechnung

4. a) Messt im Ausschnitt des Kreises den Radius r, den Winkel α und die Strecke $\overline{AB}$.
b) Welchen ungefähren Wert erhaltet ihr für den Umfang des ganzen Kreises?

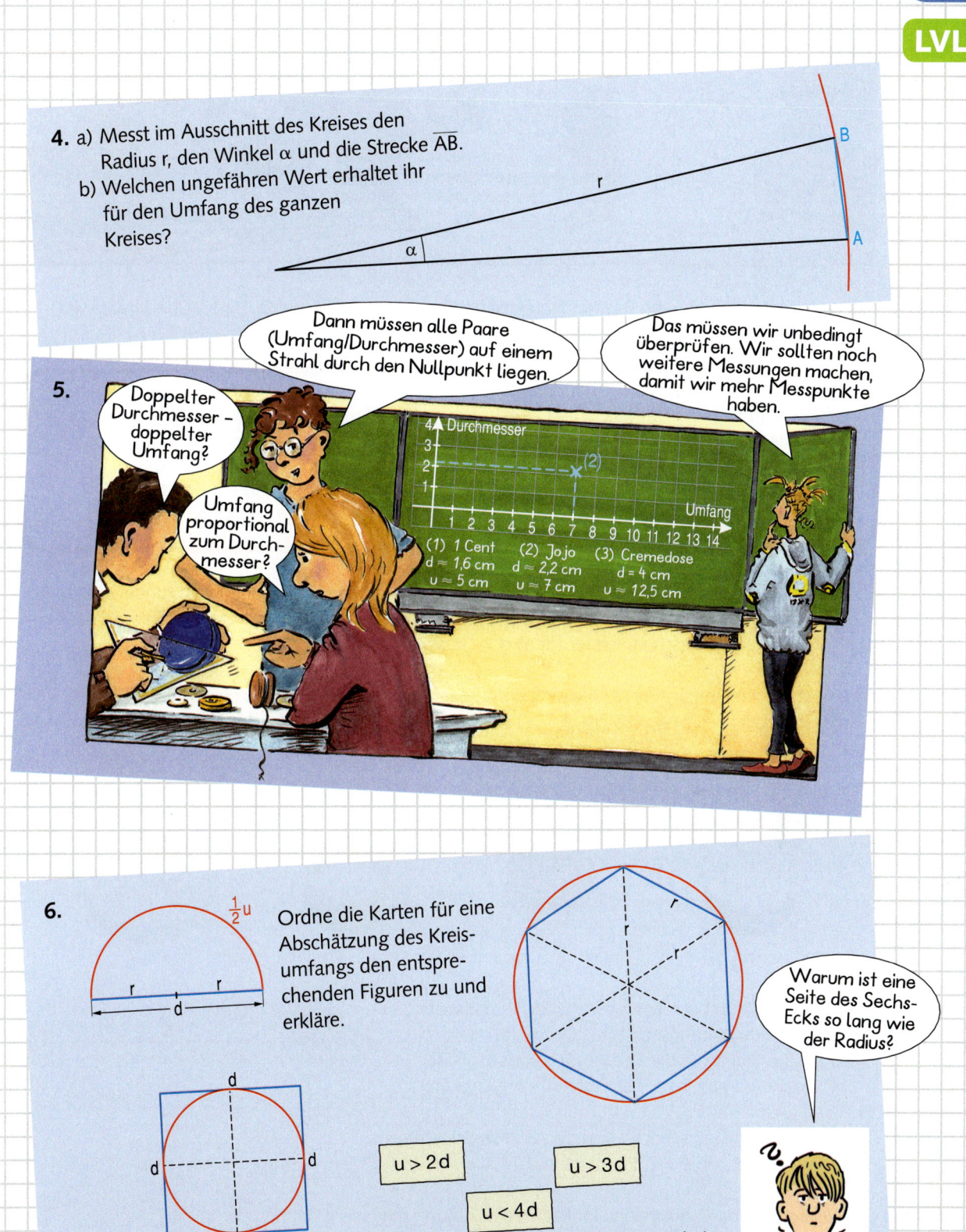

5.

Doppelter Durchmesser – doppelter Umfang?

Umfang proportional zum Durchmesser?

Dann müssen alle Paare (Umfang/Durchmesser) auf einem Strahl durch den Nullpunkt liegen.

Das müssen wir unbedingt überprüfen. Wir sollten noch weitere Messungen machen, damit wir mehr Messpunkte haben.

(1) 1 Cent d ≈ 1,6 cm u ≈ 5 cm
(2) Jojo d ≈ 2,2 cm u ≈ 7 cm
(3) Cremedose d = 4 cm u ≈ 12,5 cm

6. Ordne die Karten für eine Abschätzung des Kreisumfangs den entsprechenden Figuren zu und erkläre.

Warum ist eine Seite des Sechs-Ecks so lang wie der Radius?

u > 2d   u > 3d   u < 4d

Liegt der Umfang eines Kreises näher bei 3d oder näher bei 4d?

4 Flächenberechnung

Umfang des Kreises

LVL 1. Partnerarbeit: Beschreibt, wie im dargestellten Versuch der Umfang des Kreises bestimmt wird. Führt den Versuch in der Klasse durch. Wählt dazu eine geeignete Kreisscheibe aus.

Das Verhältnis $\frac{u}{d}$ von **Umfang** u und Durchmesser d ist für alle Kreise gleich. $u = \pi d$
Es ist die Zahl π (lies „Pi"). $u = 2\pi r$
Ohne Taschenrechner rechnet man mit $\pi \approx 3{,}14$.

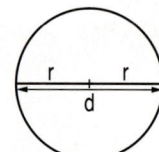

Beispiel: r = 3,84 cm
$u = 2\pi r$
$u = 2\pi \cdot 3{,}84$ cm
$u = 24{,}127 \ldots$ cm
$u \approx 24{,}13$ cm

---

2. Sascha meint: „Wenn ich mit $\pi = 3{,}14$ den Kreisumfang berechne und auf mm runde, erhalte ich denselben Wert, den ich auch mit dem π-Wert des Taschenrechners bekomme." Stimmt das? Prüfe mit deinem Taschenrechner für a) d = 10 cm und b) r = 50 cm.

3. Berechne den Umfang des Kreises mit dem gegebenen Durchmesser/Radius. Runde auf mm.
   a) d = 15 cm   b) d = 30 cm   c) d = 10,8 cm   d) d = 21,4 cm   e) d = 7,9 cm
   f) r = 1 m   g) r = 2,35 m h) r = 0,57 m   i) r = 2,67 m   j) r = 0,98 m

4. Berechne den Umfang in cm, runde auf mm.
   a)  4 cm
   b)  3,2 cm
   c)  2,7 cm
   d)  9,4 cm

LVL 5. Sabine und Jens berechnen den Radius eines Kreises mit Hilfe des Umfangs.
   a) Erkläre und führe die Rechnung jeweils zu Ende.
   b) Welche Vorgehensweise erscheint dir geeigneter?

geg.: u = 15 cm	ges.: r
Sabine	Jens
$u = \pi \cdot d \mid : \pi$	$u = 2\pi \cdot r \mid :(2\pi)$
...	...

6. Berechne den Durchmesser und den Radius des Kreises.
   a) u = 2,5 cm   b) u = 7,5 cm   c) u = 31,4 m   d) u = 17,5 m   e) u = 1,1 km   f) u = 110 km

7. Welcher Ball passt durch eine kreisförmige Öffnung mit einem Radius von 11 cm?
   Medizinball (u = 110 cm), Fußball (u = 70 cm), Gymnastikball (u = 60 cm), Softball (u = 30,5 cm), Prellball (u = 67 cm), Korbball (u = 58 cm), Volleyball (u = 66 cm).

8. Ein Quadrat ist 256 cm² groß. Welchen Durchmesser hat ein Kreis mit gleichem Umfang?

4 Flächenberechnung

9. Beim Programmieren des Fahrrad-Computers muss der Radumfang in mm eingegeben werden.
   a) Bestimme den Radumfang für die Kinderradreifen K1 und K2 sowie für die Mountainbike-Reifen M1 und M2;
   b) Banu fährt ein Tourenrad. Sie berechnet für ihr Rad einen Umfang von 2204,28 mm. Fährt Banu mit Tourenreifen vom Typ T1 oder T2?

So programmieren Sie schnell und richtig

Ihr Fahrrad-Computer arbeitet korrekt, wenn Sie den für Ihren Fahrradtyp passenden Radumfang (u) eingegeben haben. Bestimmen Sie zunächst die Reifengröße D:
$D = 2 \cdot \text{Breite} + \text{Innendurchmesser des Reifens}$
Dann ermitteln Sie den Umfang u mit der Formel:
$u = 3{,}14 \cdot D$

Typ	Reifenbreite	Innendurchmesser
K1	47	406
K2	47	507
M1	50	559
M2	54	559
T1	32	622
T2	40	622
R1	18	622
R2	20	622

10. Jan hat neue M2-Reifen für sein Mountainbike bekommen. Bisher hatte er den Computer für den Reifentyp M1 eingestellt.
    a) Welchen Fehler macht Jans Fahrradcomputer bei 1000 Radumdrehungen, wenn Jan ihn nicht neu programmiert?
    b) Zeigt der Computer eine zu große oder zu kleine Geschwindigkeit an, wenn er nicht auf die neuen M2-Reifen programmiert wird?

11. Auf 1 km dreht sich ein Rad etwa 500-mal. Welchen Radius hat es? Runde auf cm.

12. Anne hat einen kreisrunden Spiegel mit einem Durchmesser von 50 cm.
    a) Wie lang ist der Rand von Annes Spiegel? Runde auf Millimeter.
    b) Boris' Spiegel hat einen halb so großen Durchmesser. Wie lang ist dessen Rand?
    c) Katis Spiegel hat einen doppelt so großen Radius wie Annes Spiegel.

LVL 13. Im Lexikon steht: Der Äquator der Erde ist ca. 40000 km lang.
    a) Diskutiert zu zweit, wie genau diese Länge angegeben ist.
    b) Welcher Unterschied ergibt sich für den Erdradius, wenn ihr mit π = 3,14 bzw. π = 3,1416 rechnet?
    c) Welcher gerundete Wert für den Erdradius sollte im Lexikon stehen?

14. Ein Satellit umkreist die Erde auf einer Kreisbahn im Abstand von ca. 36000 km. Mache dir eine Skizze und berechne die Länge der Umlaufbahn des Satelliten um die Erde.

LVL 15. Stell dir vor, um einen Fußball mit dem Umfang u = 70 cm legt man (am „Äquator") ein Seil. Dann legt man einen Drahtring, der 1 m länger als das Seil ist, so um den Ball, dass überall der gleiche Abstand zum Ball ist. Passt zwischen Ball und Draht eine flache Hand, eine Faust, eine Fußlänge?
Und wie ist das, wenn statt eines Fußballs die Erdkugel genommen würde? Kann dann eine Maus, eine Katze, ein Hund unter den Drahtring passen?

4 Flächenberechnung

Flächeninhalt des Kreises

1. a) Erkläre, warum bei einer viel feineren Einteilung des Kreises die neue Fläche fast ein Rechteck ist.
   b) Bestimme eine Formel für den Flächeninhalt des Kreises, vergleiche mit der Formel im Merkkasten.

Ein Kreis mit dem Radius r hat den **Flächeninhalt**

$$A = \pi r^2$$

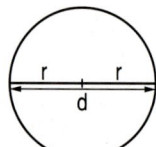

Beispiel: r = 4,7 cm
$A = \pi r^2$
$A = \pi \cdot (4{,}7 \text{ cm})^2$
$A = 69{,}39 \ldots \text{ cm}^2 \approx 69{,}4 \text{ cm}^2$

---

2. Berechne den Flächeninhalt des Kreises. Runde auf cm².
   a) r = 9 m   b) r = 11 m   c) r = 6,5 cm   d) r = 5,8 m   e) r = 10,4 m

3. Der Durchmesser ist gegeben. Berechne den Flächeninhalt des Kreises. Runde auf die nächstkleinere Maßeinheit.
   a) d = 15 cm   b) d = 86 cm   c) d = 1,3 m   d) d = 1 km   e) d = 5,06 km

4. Miss den Durchmesser so genau wie möglich und berechne den Inhalt der Kreisfläche.
   a) 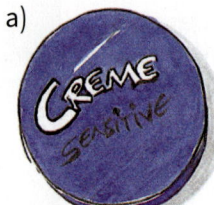   b) (Smiley)   c) (Ring)   d) (Bonbon)

5. a) Eine CD hat einen Durchmesser von 12 cm. Berechne den Flächeninhalt.
   b) Die CD hat einen Innenbereich mit 1,5 cm Durchmesser, der nicht beschrieben werden kann. Berechne die beschreibbare CD-Fläche.

6. Für r = 5 cm soll der Flächeninhalt eines Kreises auf Zehntel cm² genau bestimmt werden. Reicht dafür der Näherungswert π = 3,14? Begründe deine Antwort mit zwei Rechnungen.

7. Pascal hat eine Formel für den Flächeninhalt des Kreises in einer Formelsammlung entdeckt. In dieser Formel kommt der Durchmesser, nicht aber der Radius vor.
   a) Gib eine entsprechende Formel an und stelle sie vor. Pascals Überlegungen können dir helfen.
   b) Welche Formel erscheint dir geeigneter? Tausche dich mit anderen aus.

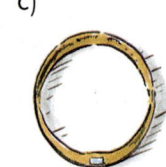

$A = \pi r^2 \quad r = \frac{d}{2}$
$A = \pi \cdot r \cdot r$

8. Ein Quadrat ist 361 cm² groß. Wie groß ist ein Kreis mit gleichem Flächeninhalt?

4 Flächenberechnung 87

9. Mit wachsendem Radius wächst auch die Kreisfläche.
   a) Übertrage die Tabelle in dein Heft und fülle sie mit gerundeten Werten bis r = 5 m aus.
   b) Zeichne den Graphen der Zuordnung *Radius (r) → Flächeninhalt (A)* mit den Tabellenwerten.

Radius	Flächeninhalt
0,5 m	
1,0 m	
1,5 m	

Zum doppelten Radius die ■-fache Fläche?

LVL c) Ist die Zuordnung r → A proportional, antiproportional oder keins von beiden? Begründe.

10. Eine kreisförmige Rasenfläche hat einen Umfang von 100 m.
   a) Welchen Flächeninhalt hat die Rasenfläche? Runde auf m².
   b) Hat ein Kreis mit 200 m Umfang den doppelten Flächeninhalt?

11. Manchmal reicht ein ungefährer „Schätzwert". Runde Radius oder Durchmesser auf Meter und berechne mit π = 3 den ungefähren Flächeninhalt des Kreises.
   a) r = 1,75 m   b) r = 3,17 m   c) d = 14,49 m   d) d = 18,95 m

12. Die Standfläche des Eimers hat einen Durchmesser von 20 cm. Der Durchmesser des Seerosenblatts ist 8-mal so groß. Wie viel Prozent des Seerosenblatts bedeckt der Eimer?

13. Eine kreisrunde Tischdecke mit d = 1,50 m liegt auf einem runden Tisch mit einem Durchmesser von 1,10 m.
   a) Welche Flächeninhalte haben Decke und Tisch?
   b) Wie viel Prozent der Decke liegt auf dem Tisch?

LVL 14. In der Pizzeria „Vesuvio" kostet die große runde Pizza 5,40 € und die kleine runde 2,70 €. Katja fragt nach den Durchmessern und erhält als Antwort: 24 cm und 18 cm. Darauf bestellt sie sich zwei kleine. Begründe.

15. Zwei TV-Empfänger A und B sind 50 km voneinander entfernt. Der Sender C ist gleichweit von A wie von B entfernt und in A und B zu empfangen. Auf wie viel km² ist der Sender C mindestens zu empfangen?

16. In dem Stadion sollen die Tartanbahn und der Rasen erneuert werden. Die Tartanbahn ist 6 m breit, der Belag kostet 45 € pro m² inklusive Arbeitszeit. Der Rollrasen kostet 15 € pro m², für die Verlegung rechnet man 3,75 € pro m². Erstelle einen Kostenplan für die Erneuerung.

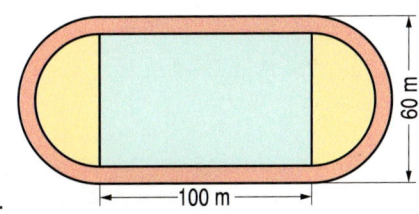

17. Für die Fertigung von Computerchips werden 2 m hohe zylindrische Säulen aus Halbleitermaterial mit einem Durchmesser von 200 mm, die sogenannten Ingots, in kreisrunde Scheiben mit einer Dicke von 725 μm zersägt. Mittlerweile beträgt der Verschnitt beim Sägen nur noch 20 %, so dass die Höhe des Scheibenstapels nach dem Sägen entsprechend geringer wäre.
   a) In wie viele Scheiben wird eine Säule zerlegt?
   b) Welche Fläche steht insgesamt für die Herstellung der Chips aus einem Ingot zur Verfügung?

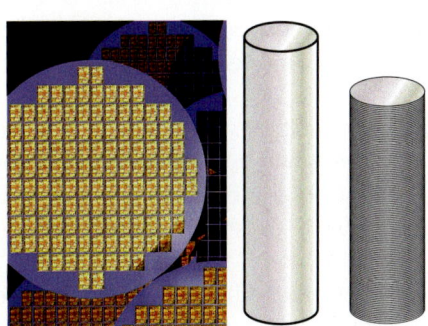

4 Flächenberechnung

Vermischte Aufgaben

1. Berechne Umfang und Flächeninhalt der gefärbten Fläche (gerundet auf mm bzw. auf cm²).

a) 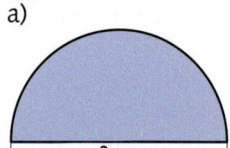   b) 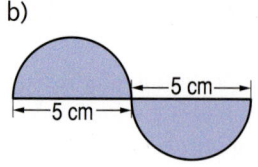   c) 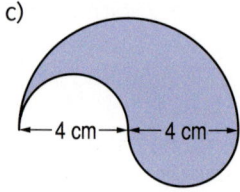   d)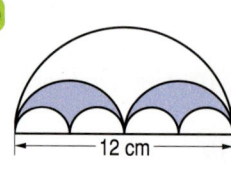

2. Berechne Umfang und Flächeninhalt der gefärbten Fläche.

a) 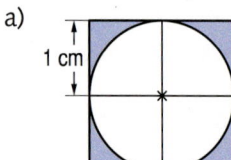   b) 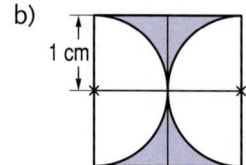   c)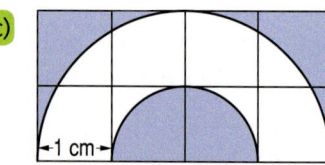

3. Auf der Insel Mainau im Bodensee steht ein Mammutbaum. Sieben Kinder können ihn rings umfassen (mittlere Armspanne 1,50 m).
a) Welchen Durchmesser hat der Baum etwa?
b) Wie viele Kinder können einen Baum mit doppelt so großem Durchmesser umspannen?
c) Gib jeweils den Flächeninhalt der Querschnittsfläche an.

4. Eine kreisrunde Baumscheibe hat 10 m Umfang. Wie viele Kinder können sich darauf stellen? (Jedes Kind braucht etwa 40 cm × 40 cm.)

5. Berechne Umfang und Flächeninhalt der Figur. Runde auf Zehntel cm².

a) 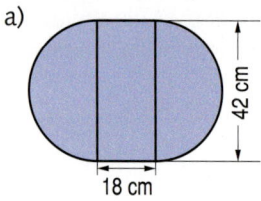   b) 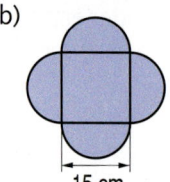   c) 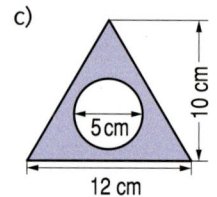   d)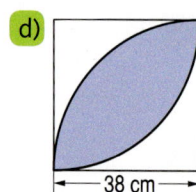

6. Zur Berechnung des benötigten Materials für die Pflasterung eines öffentlichen Platzes erstellt der Planer eine Skizze. Pro m² werden 110 Pflastersteine benötigt. Durch Verschnitt an den Schrägen und dem runden Springbrunnen ergibt sich ein Mehrbedarf von 5 %. Wie viele Pflastersteine werden gebraucht?

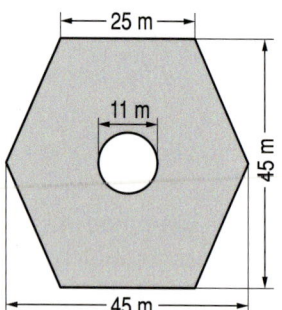

7. Partnerarbeit: Aus einem quadratischen Stück Blech der Länge 1 m werden kreisrunde Dosendeckel geschnitten. „Wenn immer genau 10 Deckel in einer Reihe liegen, haben wir einen Verschnitt, der noch unter 25 % ist." Hat der Lehrling recht? Begründe durch Rechnung.

LVL 8. Probiert und überlegt zu zweit: Zwei gleiche Münzen, B liegt fest, A wird um B gerollt, bis A wieder links neben B liegt. Wie viele Umdrehungen macht A?

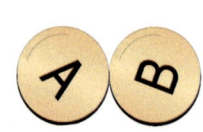

4 Flächenberechnung

1. Berechne den Flächeninhalt bzw. die fehlende Seite und den Umfang des Rechtecks.
   a) a = 5,5 m, b = 3,7 m   b) a = 8,2 m, b = 3,5 m
   c) a = 7 m, A = 26,6 cm²   d) A = 21 m², b = $2\frac{1}{2}$ m

2. Für eine Cart-Bahn wird eine rechteckige Halle gebaut, 40 m lang und 30 m breit. Berechne den Flächeninhalt der Halle in m² und in Ar.

3. Konstruiere das Dreieck. Berechne Flächeninhalt und Umfang. Miss benötigte Längen.
   a) a = b = c = 4,8 cm
   b) c = 5,3 cm, α = 38°, β = 36°

4. A = 622,5 cm², g = 50 cm. Berechne h im Dreieck.

5. Berechne den Flächeninhalt und den Umfang des Parallelogramms (Maße in cm).
   a) 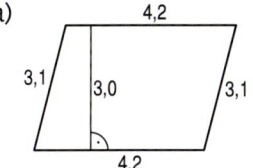   b)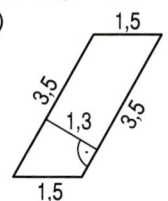

6. Berechne die Grundseite des Parallelogramms mit A = 33,8 cm² und h = 6,5 cm.

7. A = 250,8 cm², h = 12 cm, und c = 14 cm. Berechne die zweite parallele Seite im Trapez.

8. Übertrage die Figur in dein Heft. Miss benötigte Längen, bestimme Flächeninhalt und Umfang.
   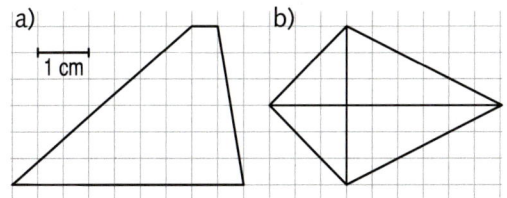

9. Berechne Umfang und Flächeninhalt des Kreises.
   a) Radius: 6,5 m   b) Durchmesser: 14,2 cm.

10. Um ein kreisförmiges Beet steht eine 15,7 m lange Hecke. Welchen Radius hat das Beet?

11. Frau Mattern kauft einen kreisförmigen Teppich mit 3,50 m Durchmesser. Der Verkäufer hatte gesagt: „Sehr gute Qualität, 250 000 Knoten pro m².“ Wie viele Knoten hat der Teppich?

Flächeninhalt und Umfang
des Rechtecks   **des Quadrats**

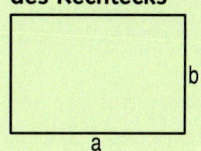   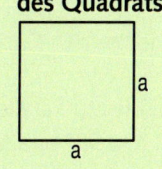

A = a · b   A = a · a = a²
u = 2 · a + 2 · b   u = 4 · a

Flächeninhalt
des Dreiecks

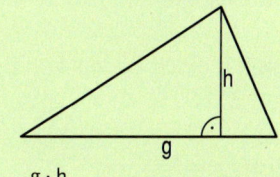

$A = \frac{g \cdot h}{2}$

des Parallelogramms

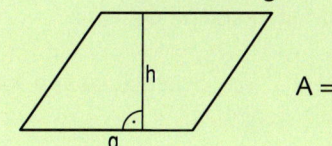

A = g · h

des Trapezes

$A = m \cdot h$
$A = \frac{a + c}{2} \cdot h$

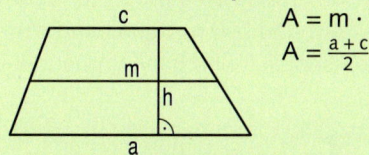

von Drachen und Raute

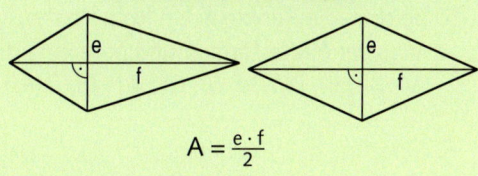

$A = \frac{e \cdot f}{2}$

Umfang von Vielecken
u = Summe aller Seitenlängen

Flächeninhalt und Umfang des Kreises

A = πr²
u = πd   oder
u = 2πr
mit:
π = 3,141592...

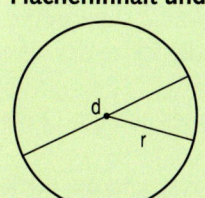

Grundaufgaben

1. Berechne den Flächeninhalt des Dreiecks

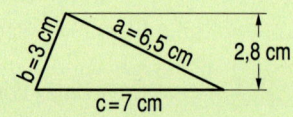

2. Zeichne ein Parallelogramm mit den Seitenlängen a = 5 cm, b = 4 cm und α = 50° und berechne den Flächeninhalt. Benötigte Maße entnimm der Zeichnung.

3. Berechne den Flächeninhalt und den Umfang des Trapezes.

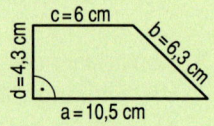

4. Berechne die Grundseite
   a) im Parallelogramm: A = 96 cm², h = 7,5 cm b) im Dreieck: A = 4,48 m², h = 1,4 m

5. Ein Kreis hat einen Radius von 8,4 cm. Berechne seinen Umfang und seinen Flächeninhalt.

Erweiterungsaufgaben

1. Bestimme die Höhe in einem Trapez mit einem Flächeninhalt von 34,4 dm². Die beiden parallelen Seiten sind 1,2 m und 52 cm lang.

2. Ein Quadrat hat eine Seitenlänge von 1,2 m. Welche Länge hat ein 0,9 m breites Rechteck mit gleichem Flächeninhalt?

3. Die Liegewiese in einem Schwimmbad wird erneuert. Für die Raseneinsaat sind 20 g pro m² empfohlen. Es werden 45 kg Saat eingekauft und 250 m Signalband zum Eingrenzen. Ist damit ausreichend Saat und Band vorhanden?

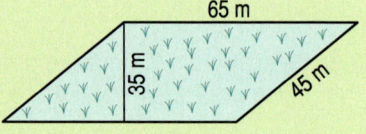

4. Ein Parallelogramm hat eine Grundseitenlänge von 10,7 cm und eine Höhe von 5,5 cm. Wie hoch muss ein Dreieck mit gleicher Grundseite und gleichem Flächeninhalt sein?

5. Zeichne die Punkte in ein Koordinatensystem (Einheit 1 cm) und verbinde sie zu einem Viereck. Miss benötigte Längen und berechne den Flächeninhalt.
   A(–3|0,5); B(1|–5,5); C(5,5|–6); D(–2,5|6)

6. Berechne den Flächeninhalt des Schulhofes (Bild links).

7. Berechne den Flächeninhalt des Flures (Bild rechts).

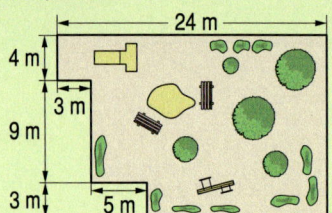
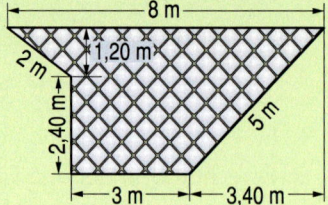

8. Der kleine Zeiger einer Kirchturmuhr ist 80 cm lang, der große Zeiger hat 1,25 m Länge.
   a) Welche Fläche überstreicht der große Zeiger in einer Dreiviertelstunde?
   b) Welchen Weg legt die Spitze des kleinen Zeigers an einem Tag zurück?

9. Der Umfang eines Kreises beträgt 22 cm. Wie groß ist der Flächeninhalt dieses Kreises?

10. Der Umfang eines Kreises wird um 50 % vergrößert. Um wie viel Prozent vergrößert sich dann der Flächeninhalt?

Prozent- und Zinsrechnung 5

unsere Ballspielgruppe

Abteilung	Mitgliederzahl
Basketball	60
Fußball	80
Handball	40
Tischtennis	20
insgesamt	

Prozent	Winkel
100 %	360°
10 %	36°

Basketball
Fußball
Handball
Tischtennis

Mitgliederzahl	Prozentanteil	Kreissektor
20	10%	36°
40		
60		
80		

5 Prozent- und Zinsrechnung

Grundbegriffe der Prozentrechnung

> Von den Reisekosten, die 400 € betragen, muss Ines nur 15 %, also 60 € bezahlen.

> Nur 12 Personen wurden zum Gespräch eingeladen. Das waren von 60 Personen 12 %.

> Oma sagte zu Jens, dass er ihr von den 30 € nur 10 % zurückgeben muss, also 3 €.

LVL 1. Partnerarbeit: Hier sind drei Angaben mit Prozenten.
   a) Notiert zu jedem Text den Grundwert (G), den Prozentwert (W) und den Prozentsatz (p %).
   b) Untersucht alle Informationen auf Fehler und verbessert die Angaben, wenn nötig.

2. Welche Größe ist der Grundwert, der Prozentwert und der Prozentsatz?

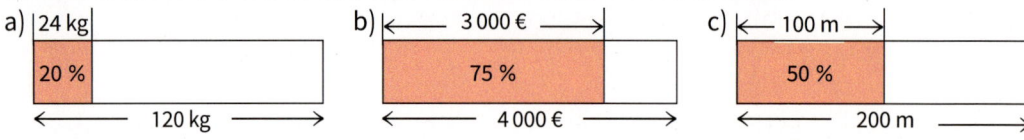

3. Schreibe erst als Bruch, dann als Dezimalbruch.
   a) 8 %   b) 40 %   c) 22 %   d) 100 %   e) 5 %

> **TIPP**
> Prozentsätze sind Brüche mit dem Nenner 100.
> Beispiele: $1\% = \frac{1}{100} = 0{,}01$
> $16\% = \frac{16}{100} = 0{,}16$

4. Schreibe den Dezimalbruch als Prozentsatz auf.
   a) 0,18   b) 0,06   c) 0,57   d) 0,025   e) 0,128

5. Gib den Anteil in Prozent an. Rechne im Kopf.
   a) 8 m von 24 m   b) 14 kg von 70 kg   c) 15 l von 60 l   d) 1 t von 1 t

LVL 6. Gruppenarbeit: Besprecht die Zeitungsmeldungen und korrigiert Fehler, die ihr findet.
   a) Die Meldung „6 % aller Münchner Theaterkarten sind Freikarten" stand wie folgt in der Zeitung: „Jede 6. Karte ist eine Freikarte."
   b) „Fuhr vor einem Jahr noch jeder zehnte Autofahrer zu schnell, so ist es mittlerweile heute nur noch jeder fünfte. Doch auch 5 % sind zu viel."
   c) „Bis in die siebziger Jahre starben 20 % der herzkranken Kinder in den ersten Lebensjahren. Heute überleben 80 %." sagt Dr. Bauer nicht ohne Stolz.

7. Bestimme erst ein Prozent, dann p %.
   a) 4 % von 850 €   b) 12 % von 430 kg   c) 3 % von 210 m
   d) 8 % von 22,5 m   e) 5 % von 12,50 €   f) 20 % von 55 g

> **TIPP**
> 1 % von 85 m
> = 85,0 m : 100 = 0,85 m

8. Wie viel Gold eine Kette oder ein Ring enthält, wird in Promille angegeben. Der Stempel 750 in dem Schmuckstück bedeutet, dass das Schmuckstück zu 750 ‰ aus Feingold besteht.
   a) Wie viel Gramm Feingold enthält eine Kette, die 150 g wiegt?
   b) Gib den Anteil des Goldes in Prozent an.

> **Promille**
> $1\text{‰} = \frac{1}{1000} = 0{,}001$
> $1\text{‰} = 0{,}1\%$

9. Ein Erwachsener hat ca. 6 000 ml Blut. Beträgt der Alkoholgehalt davon 0,5 ‰, dann dürfte er nicht mehr selbst Auto fahren. Welche Menge reiner Alkohol wäre das?

10. Bahnstrecken gelten allgemein ab einer Neigung von 25 ‰ als Steilstrecken. Wie viel Höhenmeter sind das auf 500 m Entfernung?

11. Für den Abschluss einer Lebensversicherungspolice über 100 000 € erhält der Vermittler eine Provision von 225 €. Wie viel Promille der Police sind das?

5 Prozent- und Zinsrechnung

Prozentsätze über 100 %

> Ben hatte vor einem Jahr 12 DVDs. Jetzt ist seine Sammlung auf 200 % angewachsen.

> Vor einem Jahr hatte Gina 60 CDs. Jetzt hat sie die doppelte Anzahl.

> Der Eintritt in den Freizeitpark kostete 7 €. Im neuen Jahr ist er um 100 % gestiegen.

LVL 1. Partnerarbeit:
 a) Stellt zu jeder oben stehenden Information eine Frage und findet einen Rechenweg zur Beantwortung der Frage.
 b) Notiert zu jeder Aufgabe den Grundwert (G), den Prozentwert (W) und den Prozentsatz (p %).

2. a) Übertrage die Tabelle in dein Heft und ergänze sie um 5 weitere Zeilen.
 b) Fertige eine weitere Tabelle, beginne bei 210 %, erhöhe dann in jeder neuen Zeile den Prozentsatz um 5 %. Schreibe 6 Zeilen.
 c) Schreibe die Prozentsätze auf, die zum 5-Fachen, 6-Fachen, …, 10-Fachen einer Ausgangsgröße gehören.

$$80\% = \frac{80}{100} = 0{,}8$$
$$90\% = \frac{90}{100} = 0{,}9$$
$$100\% =$$

Bei Prozentsätzen über 100 % ist der Prozentwert (W) größer als der Grundwert (G).
200 % von G bedeutet das Doppelte von G. $200\% = \frac{200}{100} = 2$
250 % von G bedeutet das Zweieinhalbfache von G. $250\% = \frac{250}{100} = 2{,}5$

---

3. Berechne die fehlende Größe. Notiere anschließend den Grundwert (G), den Prozentsatz (p %) und den Prozentwert (W). Erfinde eine Rechengeschichte.
 a) 62 l $\xrightarrow{\cdot 2{,}5}$ ■   b) ■ $\xrightarrow{\cdot 3}$ ■ 9,60 €   c) 12 kg $\xrightarrow{\cdot \blacksquare}$ 72 kg

4. 2008 schien die Sonne in Nordrhein-Westfalen insgesamt 1 450 Stunden. Im Jahr 2009 waren es jedoch 111 % davon. Wie viele Stunden schien die Sonne 2009 in Nordrhein-Westfalen?

LVL 5. Im Jahr 1999 hat die Erdbevölkerung die 6-Milliardenmarke überschritten. Das war eine Verdoppelung der Erdbevölkerung seit 1960. Hochrechnungen sagen für das Jahr 2050 ein Anwachsen auf ca. 9 Mrd. Menschen voraus. Stellt in der Gruppe drei Fragen und beantwortet sie. Veranschaulicht das Wachstum der Erdbevölkerung in einem Diagramm. Präsentiert eure Ergebnisse.

6. Die Firma Frei produziert 20 000 Brillengläser am Tag. Durch den Einsatz einer neuen Schleifmaschine kann die Produktion auf 160 % gesteigert werden.

7. Bei Emmerich transportiert der Rhein im Mittel 2 270 m³ Wasser in einer Sekunde. Beim Hochwasser im Jahr 1995 stieg die Menge auf das 5-Fache.
 a) Auf wie viel Prozent stieg die Wassermenge?
 b) Um wie viel Prozent stieg die Menge?
 c) Wie viel Kubikmeter Wasser transportierte der Rhein pro Sekunde bei dem Hochwasser 1995?

8. Der mittlere Pegelstand des Rheins beträgt 288 cm. Beim letzten Hochwasser war der Pegelstand auf ca. 342 % angestiegen. Wie hoch stand das Wasser?

5 Prozent- und Zinsrechnung

Berechnung des Prozentwertes W

$G = 700\ €\quad p\% = 8\%\quad W = ?$

$G \xrightarrow{\cdot \frac{p}{100}} W$

$700\ € \xrightarrow{\cdot \frac{8}{100}} \blacksquare\ €$

$700\ € \xrightarrow{:100} \blacksquare \xrightarrow{\cdot 8} \blacksquare$

Lutz

$G = 700\ €\quad p\% = 8\%\quad W = ?$

100 %	700 €
1 %	
8 %	

Leo

$G = 700\ €\quad p\% = 8\%\quad W = ?$

$W = G \cdot \frac{p}{100}$

$W = 700 \cdot 0{,}08$

Lisa

LVL 1. Lutz, Leo und Lisa berechnen den Prozentwert W auf unterschiedliche Weise. Beende die Rechnungen von Lutz, Leo und Lisa. Besprich mit anderen, welche Vor- und Nachteile die verschiedenen Methoden beim Kopfrechnen oder bei Verwenden des TR haben.

2. Berechne den Prozentwert W wie Lisa.
   a) 9 % von 500 €   b) 14 % von 800 kg   c) 98 % von 628,45 €   d) 4 % von 12,55 €

LVL 3. a) Kläre im Gespräch mit anderen, wie die Schülerin in der nebenstehenden Abbildung vorgegangen ist.
   b) Erfindet selbst Aufgaben, in denen der Prozentwert vorteilhaft berechnet werden kann. Lasst sie von anderen lösen und kontrolliert euch gegenseitig.

> **Aufgabe:**
> Berechne 15 % von 120 t.
>
> **Rechnung:**
> 10 % von 120 t sind 12 t.
> Die Hälfte von 12 t sind 6 t.
> 12 t + 6 t = 18 t.
>
> **Ergebnis:**
> 15 % von 120 t sind 18 t.

4. Berechne vorteilhaft.
   a) 25 % von 364 €   b) 11 % von 100 m
   c) 9 % von 180 kg   d) 12,5 % von 80 l

LVL 5. Die Leibnitzschule hat 450 Schülerinnen und Schüler, 40 % davon sind Mädchen. Von den Mädchen sind 80 % in einem Sportverein. Die Jungen sind zu 70 % in einem Sportclub. Erklärt euch das Baumdiagramm, stellt mehrere Fragen und beantwortet sie.

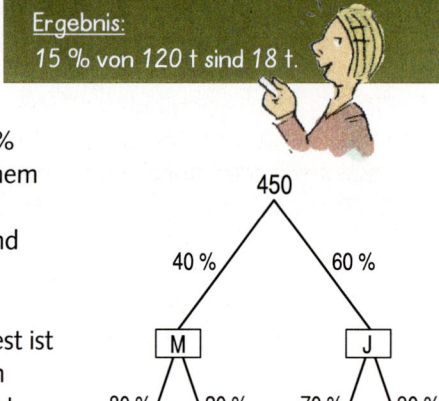

6. Von 600 Blumenzwiebeln sind 80 % weißblühend, der Rest ist andersfarbig. 30 % der weißen Zwiebeln werden vor dem Haus gepflanzt, von den andersfarbigen nur 5 %. Der Rest wird hinter dem Haus gepflanzt.
   a) Zeichne zu diesem Sachverhalt ein Baumdiagramm.
   b) Berechne die Anzahlen der benötigten Blumenzwiebeln.
   c) Gib die jeweils benötigte Blumenzwiebelmenge in Prozent an.

7. Im Juni 2011 wurden 31 337 Personen über 14 Jahren nach ihren Freizeitaktivitäten befragt.
   a) Wie viele Personen nannten jeweils die angegebene Freizeitaktivität?
   LVL b) Erfragt in eurer Klasse die beliebtesten Freizeitaktivitäten und erstellt dafür ein Säulendiagramm (Mehrfachnennungen sind möglich).

Die beliebtesten Freizeitaktivitäten	
1. Musik hören	90,8 %
2. Fernsehen	86,5 %
3. Essen gehen	75,7 %
4. Zeitung lesen	72,7 %
5. Partys, Freunde	70,0 %
6. Zeitschriften lesen	68,4 %
7. Auto fahren	56,1 %
8. Rad fahren	55,3 %

5 Prozent- und Zinsrechnung

Berechnung des Prozentsatzes p %

1. Kevin, Pelin und Max berechnen den Prozentsatz p % auf unterschiedliche Weise. Beende die Rechnungen von Kevin, Pelin und Max. Besprich mit anderen in deiner Klasse, welche Vor- und Nachteile die Methoden haben.

2. Berechne den Prozentsatz wie Max.
  a) 45 € von 500 €   b) 112 kg von 800 kg   c) 420 l von 2 000 l   d) 66 € von 600 €

3. Schreibe den Dezimalbruch als Prozentsatz bzw. den Prozentsatz als Dezimalbruch.
  a) 0,27   b) 8 %   c) 0,06   d) 150 %   e) 0,045   f) 0,3 %   g) 2,6   h) 12,4 %

4. Berechne den Prozentsatz jeweils mit einer anderen Methode. Runde das Ergebnis, wenn notwendig, auf eine Stelle nach dem Komma. Welche Methode ist dir am liebsten?
  a) 33 € von 300 €   b) 15 € von 28 €   c) 13,50 € von 90 €
  d) 85 kg von 270 kg   e) 112 kg von 78 kg   f) 0,25 kg von 4,7 kg
  g) 236 € von 1 500 €   h) 169,20 € von 235 €   i) 250 € von 120 €

5. Kläre im Gespräch mit Mitschülerinnen und Mitschülern, wie die beiden in der nebenstehenden Abbildung vorgegangen sind.

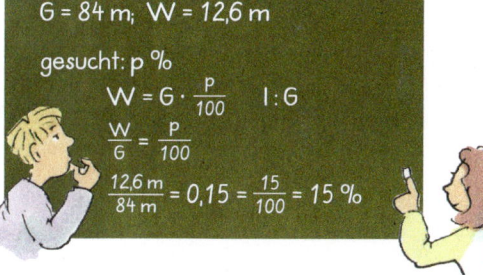

6. a) G = 350 €   b) G = 28 g   c) G = 220 kg
       W = 42 €   W = 12,6 g   W = 36,3 kg
    d) G = 150 m   e) G = 135 €   f) G = 75 kg
       W = 36 m   W = 150 €   W = 12 kg

7. Wie viel Prozent der Vereinsmitglieder sind Frauen, Männer bzw. Kinder? Runde den Prozentsatz auf eine Stelle nach dem Komma.

Aktive Vereinsmitglieder
Frauen: 86
Männer: 102
Kinder: 52

8. In einer Klasse mit 28 Jugendlichen spielen 6 Fußball, 4 reiten und einer spielt Handball. Berechne den Prozentsatz für jede Sportart.

9. Die Festplatte von Lindas Computer hat eine Speicherkapazität von 50 GB (Gigabyte). Durch Programme und Dateien sind 36,5 GB belegt. Zum Geburtstag bekommt sie einen neuen Laptop, dessen Festplatte 380 GB speichern kann. Linda wird alle Programme und Dateien von der alten auf die neue Festplatte übernehmen. Stelle vier Fragen, beantworte sie in Zusammenarbeit mit Mitschülerinnen und Mitschülern und dokumentiere die gemeinsame Vorgehensweise.

5 Prozent- und Zinsrechnung

Berechnung des Grundwertes G

1. Fatma, Gina und Arshak berechnen den Grundwert G auf unterschiedliche Weise. Beende die Rechnungen von Fatma, Gina und Arshak. Besprich mit anderen in deiner Klasse, welche Vor- und Nachteile die Methoden haben.

2. Berechne den Grundwert wie Arshak.
   a) 35 % sind 210 €.   b) 9 % sind 56,25 kg.   c) 270 % sind 64,8 kg.   d) 120 % sind 4,80 €.

3. Berechne den Grundwert. Runde das Ergebnis auf Cent.
   a) 17 % von ■ € = 84,20 €   b) 63 % von ■ € = 29 €   c) 3 % von ■ € = 5 €
   d) 6 % von ■ € = 19,54 €   e) 15 % von ■ € = 7 €   f) 170 % von ■ € = 6 €

4. Schreibe die Aufgabe in dein Heft. Kläre im Gespräch mit anderen, wie der Schüler in der nebenstehenden Abbildung vorgegangen ist.

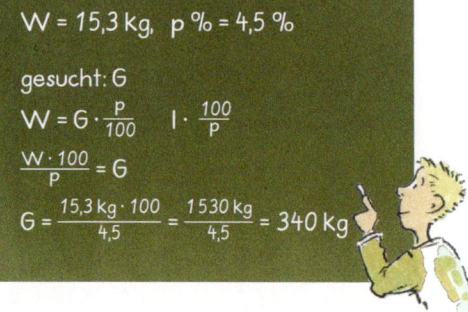

5. Berechne den Grundwert.
   a) W = 212 kg   b) W = 52 t   c) W = 654 g
      p % = 11 %   p % = 6 %   p % = 35 %
   d) W = 352,25 € e) W = 7,8 km   f) W = 2,5 l
      p % = 160%   p % = 21 %   p % = 0,5 %

6. Frau Waldmann fährt schon einige Jahre ohne Unfall. Sie zahlt für ihr Fahrzeug 189 € an die Haftpflichtversicherung, das entspricht 45 % der Grundprämie.

7. Preisagenturen verkaufen häufig Autos unter Listenpreis. Die Listenpreise gelten bundesweit. Martin beschwert sich: „Wer kann denn da nicht rechnen? Drei Schilder und nur eines ist richtig."

| ① Großraum München 9 036 € (14,5 % unter Listenpreis) Großraum Berlin 9 222 € (13 % unter Listenpreis) | ② Großraum München 11 985 € (15 % unter Listenpreis) Großraum Berlin 12 267 € (13 % unter Listenpreis) | ③ Großraum München 10 332 € (16 % unter Listenpreis) Großraum Berlin 10 599 € (14 % unter Listenpreis) |

5 Prozent- und Zinsrechnung

Vermehrter und verminderter Grundwert

1. Partnerarbeit: Die bisherige Ladenmiete von 400 € wird zum neuen Jahr um 25 % erhöht.
   a) Berechnet die neue Miete und stellt euren Lösungsweg der Klasse vor.
   b) Julian meint: „Die neue Miete beträgt 125 % der alten Miete. Damit kann ich in einem Schritt die neue Miete berechnen." Besprecht Julians Methode und rechnet damit.

	Erhöhung
Grundwert 100 %	25 %

vermehrter Grundwert: 125 %

2. Der Eintritt in den Tierpark kostete bisher 27 €. Dieser Preis soll um 8 % erhöht werden. Was kostet er jetzt? Laura hat nebenstehende Rechnung aufgeschrieben. Besprecht ihren Rechenweg und schreibt eine Antwort auf.

$$100\,\% \;\;|\;\; 27\,€$$
$$1\,\% \;\;|\;\; 0{,}27\,€$$
$$108\,\% \;\;|\;\; 29{,}16\,€$$

$27\,€ \cdot 1{,}08 = 29{,}16\,€$ mit dem **Prozentfaktor** multiplizieren

> Den vermehrten Grundwert kann man auf zwei Weisen berechnen:
> 1. Man bestimmt den Prozentwert und addiert ihn zum Grundwert.
> 2. Man bestimmt den **Prozentfaktor** (100 % + p %) und multipliziert damit den Grundwert.

3. Um wie viel Euro erhöht sich der alte Preis? Berechne den neuen Preis. Überlege, wie du vorgehst.
   a) Alter Preis: 370 €   b) Alter Preis: 1 290 €   c) Alter Preis: 56 €
   Preiserhöhung: 6 %   Preiserhöhung: 14 %   Preiserhöhung: 8 %

4. Der SC Kleiningen hat im vorigen Jahr mit 6 Aktiven eine Judogruppe aufgemacht. In diesem Jahr erhöhte sich die Zahl der Aktiven um 150 %.
   a) Wie viele Aktive hat nun die Judogruppe?
   b) Der Vorstand rechnet im nächsten Jahr mit einem Zuwachs an Aktiven um 80 %. Stelle eine Frage und rechne dann.

5. Erfindet in Partnerarbeit zu einem Paar (Erhöhung und alter Preis) eine Rechengeschichte. Löst sie danach. Präsentiert die Rechengeschichte der Klasse. Stellt dabei auch das Ergebnis und den Lösungsweg anschaulich dar.

Erhöhung		Alte Preise	
	4 %	750 €	4,30 €
6 %	3,5 %	6 500 €	0,55 €

6. Ein Pkw verbraucht 8,4 l auf 100 km. Mit dem Dachträger steigt der Verbrauch um 12 %. Stelle zwei Fragen und rechne dann.

7. Partnerarbeit: Ein Preis von 200 € wird um 10 % erhöht. Mit welcher Tippfolge erhaltet ihr mit euren Taschenrechnern die richtige Lösung? Welchen Rechenweg findest du am besten?

(1) 200 [+] 10 [%] [=]
(2) 200 [×] 110 [%] [=]
(3) 200 [×] 1,1 [=]

8. Auf den Warenpreis werden noch 19 % Mehrwertsteuer aufgeschlagen. Berechne den Endpreis mit einer Methode deiner Wahl.
   a) 126,20 €   b) 14,10 €   c) 256,44 €   d) 1 028,78 €   e) 3 256,90 €   f) 37,40 €

9. Ina ist 13 Jahre alt. Sie bekommt 15 € Taschengeld im Monat. Ihre Eltern haben ihr versprochen, dass sie ihr Taschengeld nach jeweils einem Jahr um 20 % erhöhen wollen. Wie alt ist Ina, wenn ihr Taschengeld erstmals mehr als 30 € beträgt?

98 5 Prozent- und Zinsrechnung

LVL 10. Entwickelt in der Gruppe ein Lernplakat, wie man bei einer Preissenkung den verminderten Grundwert auf zwei Weisen berechnen kann. Erklärt am Beispiel die beiden Rechenwege. Präsentiert das Ergebnis euren Mitschülerinnen und Mitschülern.

11. Ein Computer kostet 999 €. Der Preis wird um 25 % gesenkt. Stelle zwei Fragen und rechne dann.

12. Um wie viel Euro vermindert sich der alte Preis? Berechne auch den neuen Preis.
   a) Alter Preis: 235 €   b) Alter Preis: 4 800 €   c) Alter Preis: 122,45 €
      Preissenkung: 4 %   Preissenkung: 9 %   Preissenkung: 6 %

LVL 13. Erfindet in Partnerarbeit zu je einem Paar (Minderung/alter Preis) zwei Rechengeschichten. Löst sie danach. Stellt eine Rechengeschichte euren Mitschülerinnen und Mitschülern vor und erklärt ihnen den Lösungsweg.

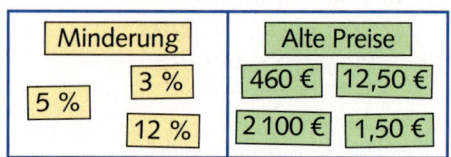

LVL 14. Im Sportgeschäft „Allround" kostet der Superski KR-23 XL 380 €. Zu Beginn der Skisaison wird der Preis um 15 % erhöht. Am Ende der Saison wird der neue Preis wieder um 15 % gesenkt. Kira meint, dass sie nicht rechnen müsse, denn dann kostet der Ski wieder 380 €. Hat Kira recht? Diskutiere mit anderen und überprüfe Kiras Meinung durch Rechnung.

15. Berechne den neuen Preis mit dem Prozentfaktor.
   a) Alter Preis: 3,80 €   b) Alter Preis: 1 100 €   c) Alter Preis: 4,26 €
      Preissenkung: 6 %   Preissenkung: 10 %   Preissenkung: 12 %
   d) Alter Preis: 12,80 €   e) Alter Preis: 23,50 €   f) Alter Preis: 6,20 €
      Preissenkung: 4,2 %   Preissenkung: 6 %   Preissenkung: 30 %

LVL 16. Mike raucht immer noch. Jeden Tag sind es 24 Zigaretten. Dafür muss er täglich 6,60 € aufbringen. Da sich der Zigarettenpreis um 25 % erhöhen soll, beschließt Mike, das Rauchen um 25 % zu reduzieren, dann bezahlt er genau so viel wie vorher. Hat Mike recht? Diskutiere das Problem in der Gruppe. Erarbeitet auf einem DIN-A3-Blatt einen nachvollziehbaren Rechenansatz und präsentiert ihn in der Klasse.

17. Ein Preis wird um den vorgegebenen Bruchteil reduziert. Gib den zugehörigen Prozentsatz an.
   a) $\frac{1}{4}$ b) $\frac{1}{2}$ c) $\frac{1}{5}$ d) $\frac{3}{10}$ e) $\frac{3}{4}$ f) $\frac{3}{5}$ g) $\frac{1}{3}$

18. Berechne den neuen Preis. Wie gehst du vor?
   a) Ein Schrank kostet 1 200 €. Frau Ehlert findet den gleichen Schrank auf dem Schnäppchenmarkt um $\frac{1}{4}$ billiger.
   b) Der Eintrittspreis für eine Ausstellung betrug bisher 8 €. Der Preis wird um $\frac{1}{5}$ erhöht.

33

5 Prozent- und Zinsrechnung

Vermischte Aufgaben

1. Lars hat zum vermehrten bzw. verminderten Grundwert sechs Hausaufgaben zu lösen. Er soll den alten Preis, den neuen Preis, den Prozentsatz der Erhöhung oder Minderung in einer Tabelle notieren. Außerdem muss er noch entscheiden, ob es sich um eine Preiserhöhung oder einen Preisnachlass handelt. Besprich die Aufgaben mit deiner Nachbarin, deinem Nachbarn und führt dann die Aufgabe für Lars aus.

① 49,95 € · 0,6 =
② 20,50 € · 1,2 =
③ 420 € − 4,2 € · 4 =
④ alter Preis · 1,05 = 210 €
⑤ $\frac{140 € · 5}{100}$ + 140 € =
⑥ 60 € − 6,00 € =

2. Berechne die Beträge der Preisminderung und die neuen Preise.

	A	B	C	D	E	F	G
1	alter Preis (€)	49,95	175,00	112,90	155,99	29,75	12,95
2	Minderung	40%	25%	5%	20%	14%	6%
3	Betrag (€)						
4	neuer Preis (€)						
5							

3. Ein Paar Schuhe kostet 50 €. Der Preis wird um 10 % erhöht. Zum Schlussverkauf wird der neue Preis um 10 % gesenkt.
a) Wie viel Euro kosten die Schuhe nach der Preiserhöhung?
b) Wie teuer sind die Schuhe im Schlussverkauf?

50 € →(+ 10 % von 50 €)→ ■ €
● € ←(− 10 % von ■ €)←

4. Bestimme den Prozentfaktor.
a) Erhöhung um 7 %   b) Minderung um 9,5 %   c) Erhöhung um 1,5 %   d) Minderung um 30,8 %

5. Berechne mit dem Prozentfaktor den neuen Preis.
a) 2 560 €, Erhöhung um 12 %   b) 875 €, Minderung um 5 %   c) 4 870 €, Minderung um 15 %
d) 750 €, Erhöhung um 25 %   e) 412 €, Erhöhung um 20 %   f) 21 000 €, Minderung um 18 %

6. Berechne den Preis vor der Erhöhung.

	a)	b)	c)	d)
neuer Preis	90,20 €	17,55 €	131,67 €	6,24 €
Erhöhung	10 %	8 %	4,5 %	140 %

Preiserhöhung 10 %
alter Preis 150 € —· 1,1→ neuer Preis 165 €
← : 1,1

7. Die Differenz zweier Prozentsätze wird in Prozentpunkten angegeben. Besprecht in der Gruppe, weshalb eine Erhöhung von 2 % um einen Prozentpunkt auf 3 % einer Steigerung von 50 % entspricht.

Steigt ein Prozentsatz von 2 % auf 3 %, dann sagt man, er wurde um einen **Prozentpunkt** erhöht. Prozentual gesehen beträgt die Steigerung 50 %.

8. Partnerarbeit: Lest Euch die Mitteilung der Schülerzeitung i-Punkt genau durch. Ist es korrekt, dass Ben sein Ergebnis um 9 % verbessern konnte? Berichtigt den Artikel. Um wie viele Prozentpunkte hat er sein Ergebnis verbessern können?

Aus der Schülerzeitung i-Punkt: „Der Schulsprecher Ben Mahlke wurde mit 60 % wiedergewählt. Im letzten Jahr erhielt er 51 % aller Stimmen. Wir gratulieren zur Steigerung um 9 % der Stimmen."

9. Der Lohn von Alex ist um 100 % gestiegen, der von Birgit um 50 % gefallen. Jetzt verdienen sie gleich viel. Stelle eine Frage und beantworte sie.

5 Prozent- und Zinsrechnung

Brutto – Netto

1. Gruppenarbeit: Nando hat diesen Text im Internet gefunden. Lest ihn genau durch und erklärt ihn z. B. mit einer Grafik.

> Der Begriff **Brutto** stammt aus dem Italienischen und bedeutet etwa: mit Verpackung, ohne Abzug der Kosten.
> **Netto** bedeutet: ohne Verpackung, ohne Kosten
> Bei verpackter Ware nennt man die Differenz zwischen Brutto und Netto **Tara**.
>
> Ein Netto-Gehalt ist das um Steuern und Sozialabgaben verminderte Bruttogehalt.
> (Netto = Brutto – Steuern – Sozialabgaben).

2. a) Bestimme das Bruttogewicht, das Nettogewicht und die Tara für ein Paket, das versandfertig 12 kg wiegt. Die Verpackung beträgt 12 % vom Gesamtgewicht.

b) Jens verdient 1 368,47 €. Davon werden 28,5 % gesetzliche Abzüge einbehalten. Gebt den Bruttolohn und den Nettolohn an. Wie hoch sind die Abzüge?

3. Berechne die Nettolöhne.

	A	B	C	D	E	F	G
1	Bruttolohn (€)	926,50	1.371,86	522,30	2.050,72	2.528,50	1.676,80
2	Abzüge	26,2%	33,0%	21,0%	40,1%	42,6%	36,7%
3	Nettolohn (€)						
4							

4. Mike bekommt als Maurer einen Bruttolohn von 1 678 € für 148 Arbeitsstunden im Monat. Nach Abzug von Steuern und Sozialabgaben werden als Nettolohn 1 125,23 € ausgezahlt.
a) Wie viel Prozent des Bruttolohns betragen die Abzüge?
b) Wie hoch ist der Bruttostundenlohn?
c) Wie hoch ist der Nettostundenlohn?

5. Von den Einnahmen bei einem Schulbasar verbleiben nach Abzug aller Kosten (Getränke, Speisen, Dekorationsmaterial, usw.) 6 468,48 €. Das sind 64 % der Bruttoeinnahmen. Wie viel Euro wurden auf dem Schulbasar eingenommen?

6. Übertrage die Tabelle ins Heft und berechne die fehlende Größe. Der Prozentsatz gibt den Anteil des Nettobetrages am Bruttobetrag an.

	a)	b)	c)	d)
Brutto	520 €	1 645 €		3 560 €
Netto	468 €		2 750 €	1 990 €
Anteil		85 %	75 %	

7. Ein Werkstück wird in eine Holzkiste verpackt. Die Holzkiste mit dem Werkstück hat ein Bruttogewicht von 135 kg. Der Anteil der Verpackung beträgt 16 %. Wie schwer ist das Werkstück und wie viel Kilogramm wiegt die Verpackung?

8. Der Kraftfahrzeugschein zeigt das Leergewicht und das zulässige Gesamtgewicht. Wie viel Prozent des Gesamtgewichtes beträgt die erlaubte Zuladung?

9. Ein Paket wiegt 8 kg. Die Verpackung wiegt genau 320 g und soll nicht mehr als 6 % vom Bruttogewicht betragen. Stelle zwei Fragen und berechne die Lösungen.

5 Prozent- und Zinsrechnung

Grafische Darstellung

LVL 1. Die Oberfläche unserer Erde besteht zu ca. 33 % aus Land, der Rest ist Wasser. Veranschauliche den Sachverhalt grafisch und präsentiere ihn deinen Mitschülerinnen und Mitschülern.

2. Abgebildet sind Essgewohnheiten. Pause das Kreisdiagramm ab und prüfe, ob die Person sich an die Empfehlungen von Dr. Kühn-Schmidt hält.
   a) Frau Wienand, Hochschullehrerin
   b) Frau Bergener, Bankangestellte und Marathonläuferin

> **Ärztlicher Rat**
> Frau Dr. Kühn-Schmidt ist Chefärztin am städt. Krankenhaus. Sie rät: Nährstoffanteile in der Ernährung sollen ausgewogen sein. Die tägliche Kost sollte enthalten:
>
> Kohlenhydrate 50 %–60 %
> Eiweiße 12 %–15 %
> Fette 25 %–35 %
>
> Das gilt für eine Person mit leichter körperlicher Tätigkeit.
>
> Ausdauersportler sollten mehr Kohlenhydrate und Eiweiß zu sich nehmen.

   c) Herr Winkelmann, Sekretär
   d) Herr Hauptmann, Unternehmer

3. So ist in der Klasse 8b (30 Schülerinnen und Schüler) die Klassensprecherwahl ausgegangen (1 mm für 1 %).
   a) Wie viel Prozent der Stimmen haben die vier Kandidatinnen und Kandidaten jeweils bekommen?
   b) Berechne die Stimmen, die die vier Kandidatinnen und Kandidaten jeweils bekommen haben.
   c) Zeichne ein Kreisdiagramm zur Stimmverteilung.

4. Wasser sparen ist möglich.
   a) Wie viel Liter Wasser werden durchschnittlich bei B benötigt?
   b) Um wie viel Prozent verringert sich der durchschnittliche Wasserbedarf bei C gegenüber A?
   c) Berechne die jährliche Ersparnis von C gegenüber A bei einem Wasserpreis von 1,88 €/m³ und 2,24 €/m³ Abwassergebühr.

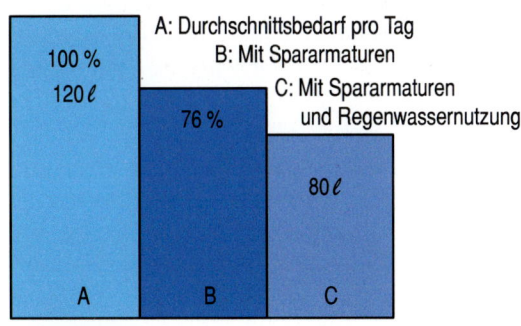

5. Der Grafik kannst du entnehmen, wozu die durchschnittliche Verbrauchsmenge von 120 l Wasser pro Tag und Einwohner genutzt wird.
   a) Stimmt das: Nur ca. 2 % der Tagesmenge werden zum Kochen und Trinken verwendet?
   b) Wie viel Liter Wasser werden täglich nur zum Entfernen von „Schmutz" verwendet? Wie viel Prozent sind das von der Tagesmenge?
   c) Berechne die Prozentanteile für alle Angaben und stelle den Sachverhalt in einem Kreisdiagramm dar.

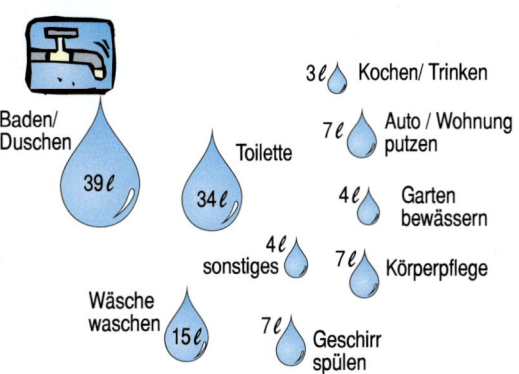

6. In dem Kreisdiagramm sind die Steuereinnahmen Deutschlands von Bund, Ländern und Gemeinden abgebildet.
  a) Wie hoch war das Steueraufkommen im Jahr 2010 insgesamt?
  b) Berechne den prozentualen Anteil der einzelnen Steuergruppen am gesamten Steueraufkommen.
  c) Berechne die zu den Prozentsätzen gehörenden Winkel im Kreisdiagramm.

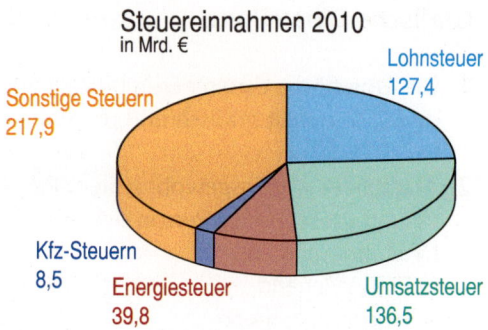

7. Wie viel Prozent des Kreises sind etwa eingefärbt?

a) 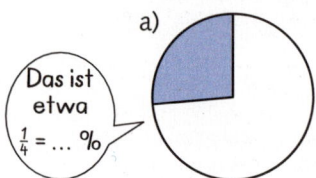   b) 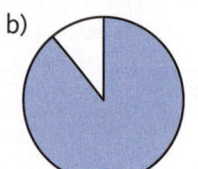   c) 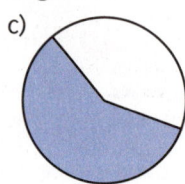   d) 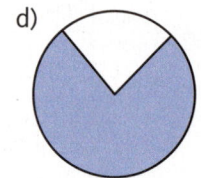   e)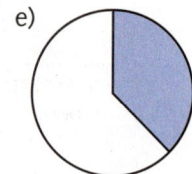

Das ist etwa $\frac{1}{4}$ = ... %

8. Diese Länder versorgten Deutschland 2010 mit Erdgas.
  a) Miss die entsprechenden Winkel im Kreisdiagramm. Notiere sie in einer Tabelle und ordne den Winkeln die Prozentzahlen zu. Ergibt die Winkelsumme 360°?
  b) 2010 wurden in Deutschland 13,6 Mrd. m³ Erdgas gefördert. Wie hoch sind die gesamten Erdgaslieferungen in Deutschland?
  c) Wie viel Kubikmeter Erdgas wurde von den einzelnen Ländern an uns geliefert?

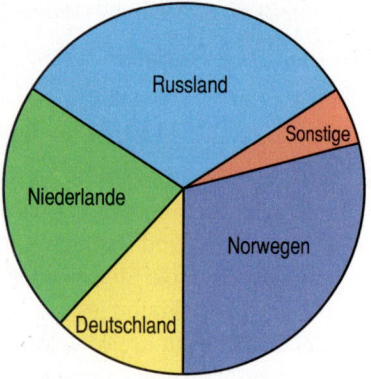

9. Zeichne 5 Kreise mit einem Radius von 3 cm. Von jedem Kreis soll ein anderer Anteil eingefärbt werden. Beginne an beliebiger Stelle mit einem Radius. Berechne zuvor für jeden Anteil den zugehörigen Winkel. Färbe den angegebenen Anteil.
  1. Kreis: 10 %   2. Kreis: 25 %   3. Kreis: 50 %   4. Kreis: 75 %   5. Kreis: 80 %

10. In dem Streifendiagramm ist die prozentuale Altersverteilung in Deutschland dargestellt.

| unter 20 Jahre | 20 – 59 Jahre | über 59 Jahre |

  a) Miss die Länge des ganzen Streifens. Wie viel Prozent der Bevölkerung entfallen auf die angegebenen Altersabschnitte?
  b) Zeichne einen Kreis mit dem Radius 4 cm und stelle den Sachverhalt in einem Kreisdiagramm dar. Färbe ein und beschrifte.
  c) In Deutschland leben rund 83 Mio. Menschen. Stelle mindestens zwei Fragen hierzu und beantworte sie.

11. Auf der Einstiegsseite dieses Kapitels findest du die Mitgliederzahlen der Ballspielgruppe der Sportgemeinschaft TSC.
  a) Berechne die prozentuale Verteilung der Mitgliederzahlen und stelle sie anschließend in einem Streifendiagramm dar.
  b) Wie viele Mitglieder hat die Ballspielgruppe des TSC insgesamt?

5 Prozent- und Zinsrechnung

Grafische Darstellung mit Tabellenkalkulation

1. Die Klasse 8a hat an der Frankfurter Straße (4-spurig, Radweg) 30 Minuten lang den Verkehr gezählt. Das Ergebnis steht im Kasten rechts.
Die Daten werden im Computerraum mit einem Tabellenkalkulationsprogramm erfasst und grafisch dargestellt.
Versuche mit anderen, dem Weg von ① bis ⑫ zu folgen und die Grafik in der Mitte zu erzeugen.

Pkw	344
Lkw	108
Busse	19
Krafträder	57
Fahrräder	86

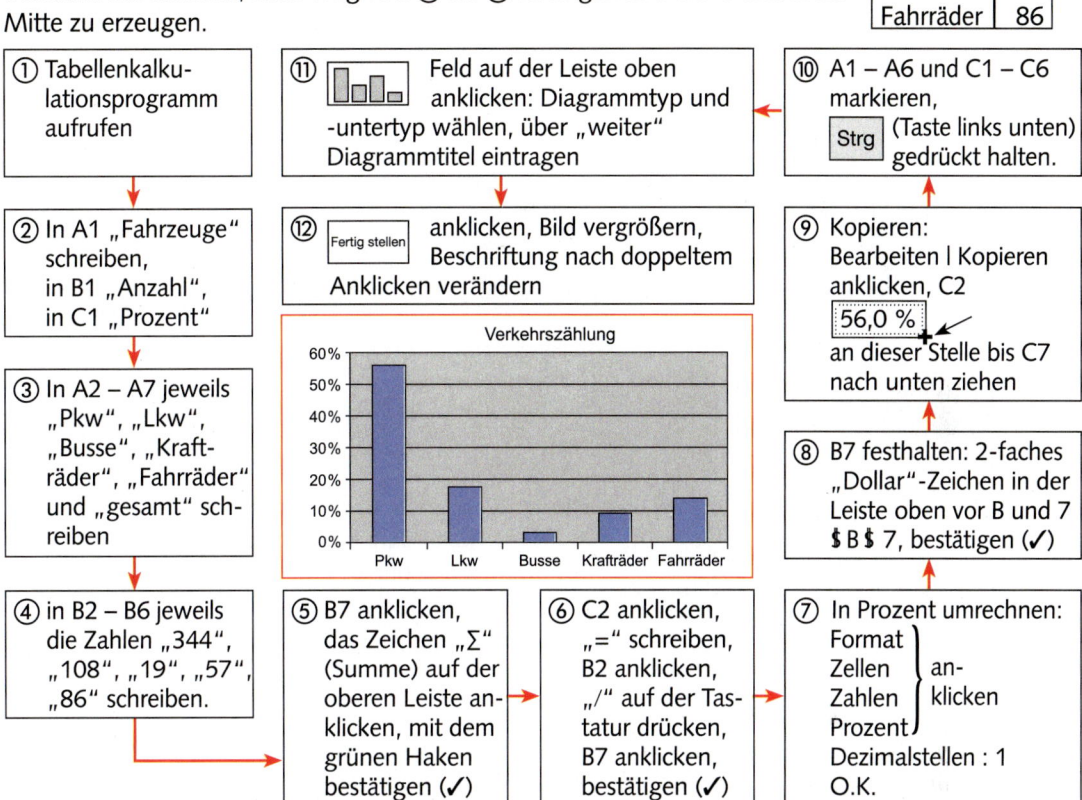

2. An einer Schule ergibt sich unter den Schülerinnen und Schülern folgende Altersverteilung:
284 Schülerinnen und Schüler sind Kinder (unter 14 Jahren),
102 Schülerinnen und Schüler sind Jugendliche unter 16 Jahren,
 80 Schülerinnen und Schüler sind Jugendliche über 16 Jahren,
 34 Schülerinnen und Schüler sind Erwachsene (über 18 Jahre).
Stelle den Sachverhalt dar in einem a) Balkendiagramm; b) Streifendiagramm; c) Kreisdiagramm.

3. Im Jahresmittel stehen Deutschland durch Niederschlag und Wasserzufluss ca. 164 Mrd. m³ Wasser zur Verfügung. Aus der Tabelle kannst du die Anteile entnehmen, die dem Wasserkreislauf entnommen und dann wieder zugeführt werden.
 a) Wie viel Prozent der verfügbaren Wassermenge werden insgesamt genutzt?
 b) Bestimme den prozentualen Anteil, den die angegebenen Wassernutzer an der verfügbaren Wassermenge haben und stelle den Sachverhalt in einem Kreisdiagramm dar.

Wassernutzer
Wärmekraftwerke: 28,8 Mrd. m³
Bergbau und verarbeitendes Gewerbe: 11,1 Mrd. m³
Öffentliche Wasserversorgung: 5,8 Mrd. m³
Landwirtschaft: 1,7 Mrd. m³

5 Prozent- und Zinsrechnung

An der Lessing-Schule

Das ist die Lessing-Schule.
Vor dem Eingang steht der Hausmeister Martin Schmidt, und außerdem ist die Schulsekretärin Martina Schwabbauer zu sehen. Sie sind neben den Lehrkräften die einzigen Beschäftigten der Schule.

1. Von den in der Schule tätigen Personen sind 92,4 % Schülerinnen und Schüler sowie 7,2 % Lehrkräfte einschließlich der Schulleitung.
   Wie viele Schülerinnen und Schüler und wie viele Lehrkräfte gibt es an der Lessing-Schule?

2. Im nächsten Jahr werden an der Lessing-Schule zwölf Schülerinnen und Schüler mehr und zwei Lehrkräfte weniger sein.

3. Vergleiche das Zahlenverhältnis „Lehrkräfte zu Schülern" an der Lessing-Schule in diesem und im nächsten Jahr mit dem entsprechenden Verhältnis an deiner Schule.

4. In diesem Schuljahr werden an der Lessing-Schule für den 8. Jahrgang neue Mathematikbücher zum Preis von 18,95 € pro Stück benötigt. Du wirst gebeten, eine Kalkulation über die ungefähren Kosten zu erstellen. Berücksichtige dabei einen Preisnachlass von 4 % bei Barzahlung.

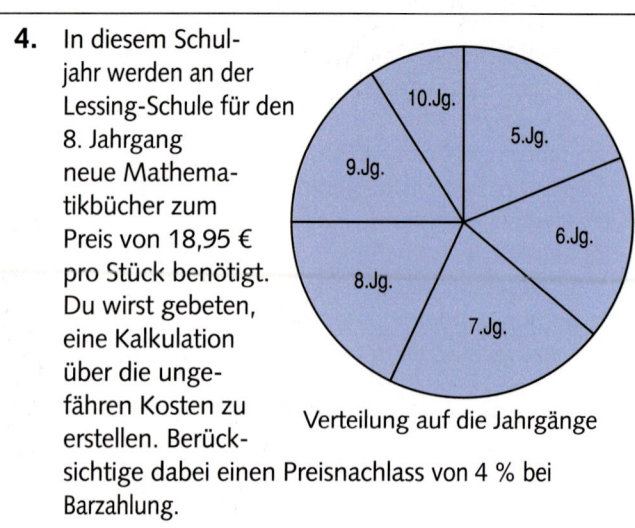

Verteilung auf die Jahrgänge

BLEIB FIT!

Die Ergebnisse der Aufgaben sind auf den Britischen Inseln.

1. Berechne den fehlenden Winkel im
   a) Dreieck: α = 47°, β = 54°, γ = ■°
   b) gleichschenkligen Dreieck:
      γ = 124°, α = β = ■°
   c) Viereck: α = 100°, β = ■°, γ = 85°, δ = 65°

2. a) Ist 3 Teiler von 123 456 789 000?   ja (17) nein (55)
   b) Ist 4 Teiler von 123 000 456 798   ja (37) nein (57)
   c) Ist 5 Teiler von 112 358 138 190?   ja (54) nein (64)

3. a) 30 Umzugskartons kosten 22,50 €. Wie viel Euro kosten 50 Stück derselben Sorte?
   b) Für 12 Pferde reicht ein Futtervorrat 15 Tage. Wie viele Tage reicht für 10 Pferde ein doppelt so großer Vorrat?
   c) Für 200 € erhielt Herr May im Jahr 2008 noch 306 sfr. Wie viel sfr erhielt er für 500 € im Jahr 2012, als der Wechselkurs um 20 % ungünstiger war?

4. a) 3,5 t – 785 kg = ■ t
   b) 1 h 47 min + 38 min = ■ min
   c) 7 dm – 47 cm + 2 m = ■ m

5. a) Ein Drittel von 150 kg plus die Hälfte von 50 kg
   b) $\frac{2}{3}$ · 2,4 m – 20 cm

6. Welche der Geraden sind senkrecht zueinander?
   a) c⊥d wahr (12); falsch (23)
   b) a⊥d wahr (18); falsch (56)
   c) a⊥b wahr (45); falsch (32)

7. Berechne den Flächeninhalt.
   a) Dreieck: g = 8,4 cm, h = 3,5 cm, A = ■ cm²
   b) Rechtwinkliges Dreieck: a = 50 cm, b = 81 cm, γ = 90°, A = ■ cm²

8. a) 2x + 25 = 100 – 3x   x = ■
   b) 5 (x – 97) = 515   x = ■
   c) (x + 15) – (2x + 95) = –115   x = ■

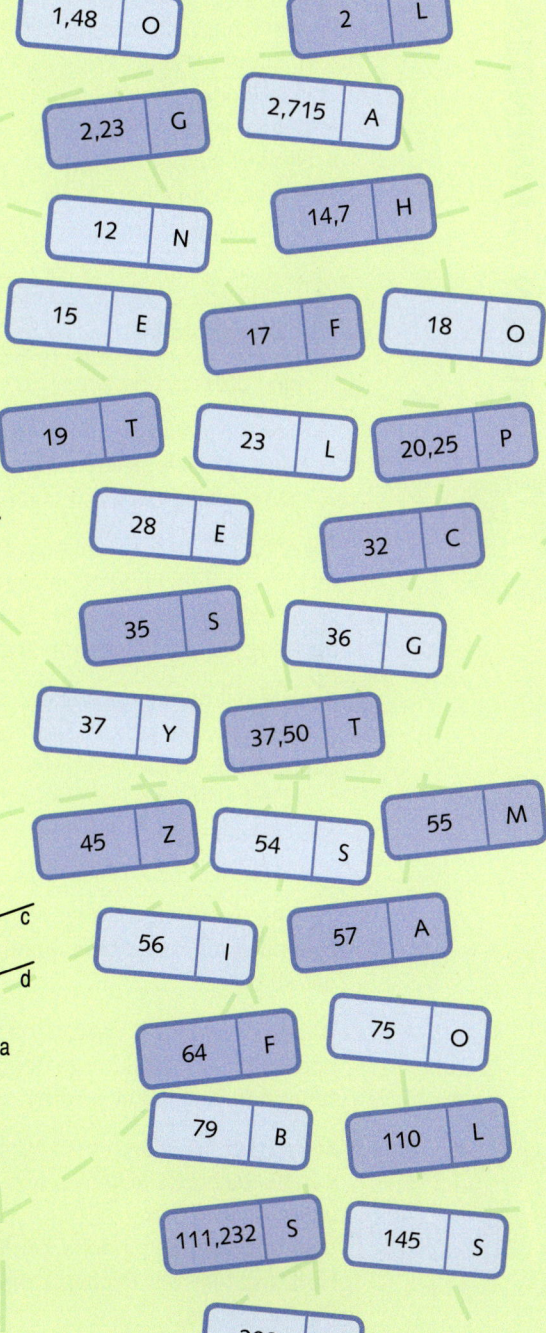

1. Entdeckungen mit Pentominos

Ein Pentomino ist eine Figur aus fünf Einheitsquadraten, die Seite an Seite aneinander gelegt sind. Es gibt genau zwölf solche Pentominos. Sie werden mit Buchstaben bezeichnet. Pentominos decken auf dem Hunderterfeld mit entsprechender Rasterung genau 5 Zahlen ab.

a) Pia berechnet die Summe der vom **X** abdeckten Zahlen auf dem abgebildeten Hunderterfeld. Dann verschiebt sie das **X** um ein Feld nach rechts, addiert wiederum die fünf Zahlen und so weiter.
   - Wie lauten ihre Ergebnisse?
   - Um ihre Beobachtungen zu verallgemeinern, notiert sie Folgendes in einer Tabelle. Dabei nennt sie die abgedeckten Zahlen a, b, c, d und e.

	Summe
Ausgangslage	a + b + c + d + e
ein Feld nach rechts	(a + 1) + ...

Vervollständige den Term in der Tabelle.
   - Zeige mit Hilfe der Terme, dass die Summe der 5 Zahlen bei Verschiebung von **X** um ein Feld nach rechts stets um den gleichen Wert zunimmt.

b) Pia entdeckt, dass in der Ausgangslage die Summe der 5 Zahlen im **X** gleich dem Fünffachen der Zahl im Symmetriezentrum der Figur ist. Beschreibe diesen Zusammenhang zwischen den abgedeckten Zahlen durch einen geeigneten Term und zeige, dass Pias Entdeckung für alle Lagen von **X** gilt.

c) Arbeite mit dem Pentomino **I**.
   - Überlege, wie sich die Summe der 5 Zahlen verändert, wenn das **I** um ein Feld nach unten verschoben wird. Notiere wie Pia deine Beobachtung in einer Tabelle und weise sie mit Hilfe von Termen nach.
   - Untersuche auch den Zusammenhang der Summe der vom **I** abgedeckten Zahlen mit der jeweils in der Mitte liegenden Zahl. Gehe dabei wie bei b) vor.

d) Pia untersucht die anderen Pentominos in gleicher Weise. Sie verschiebt das **V** um ein Feld nach oben und berechnet, dass sich die Summe der 5 Zahlen um 12 verändert. Kann das stimmen?

e) Wähle ein weiteres Pentomino und überlege, wie sich Verschiebungen nach rechts, oben und unten auf die Summe der abgedeckten Zahlen auswirken. Notiere deine Beobachtungen mit Hilfe von Termen.

f) Mit Pentominos kann man zum Beispiel ein 4 × 15-Rechteck lückenlos und ohne Überlappung ausfüllen.
Übertrage die begonnene Zeichnung in dein Heft und fülle das Rechteck mit den übrigen Pentominos aus.

2. Wanderreise

Charlotte unternimmt mit ihrer Pfadfindergruppe eine Wanderreise. Samstags startet die Wanderung um 10:00 Uhr in Schmallenberg. Nach einer Übernachtung im Zelt bei Kühhude geht es sonntags weiter bis nach Bad Berleburg und von dort wieder mit dem Bus zurück nach Hause.

a) Wie lang ist der in der Karte eingezeichnete Wanderweg?
b) Wie viel % der Gesamtstrecke legt die Pfadfindergruppe am Samstag zurück? Runde sinnvoll.
c) Wie viel km beträgt die durchschnittliche Entfernung zwischen den acht in der Wanderkarte gekennzeichneten Stationen?
d) Neben jeder Station ist in der Karte ihre Höhenlage angegeben.
Erstelle aus den Höhenangaben ein Diagramm, aus dem die Höhenunterschiede zwischen den markierten Stationen abgelesen werden können.

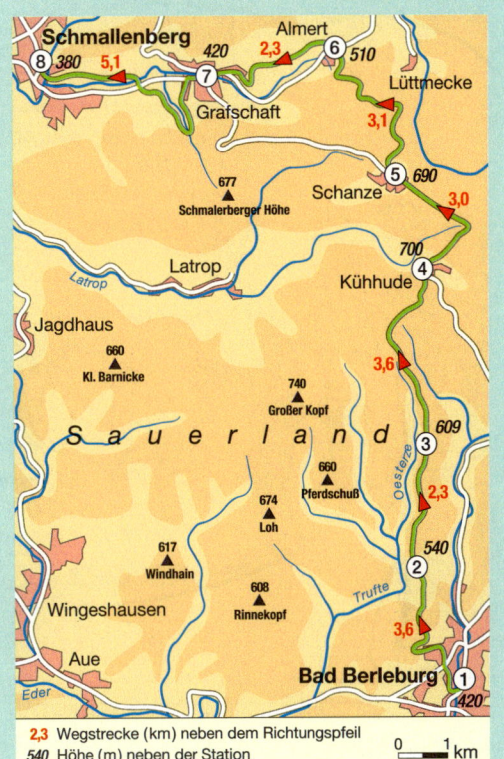

2,3 Wegstrecke (km) neben dem Richtungspfeil
540 Höhe (m) neben der Station

3. Vielecke auf dem Geobrett

Lisa und Laura beschäftigen sich mit dem Flächeninhalt von Vielecken auf einem 6×6-Geobrett. Sie wissen, dass das kleinste Quadrat auf dem Geobrett den Flächeninhalt 1 cm² besitzt.

a) Bestimme den Flächeninhalt der rot umrandeten Vierecke und Dreiecke.
b) Lisa überlegt, wie groß der Flächeninhalt des grün umrandeten Dreiecks ABC ist.
Sie sagt: „Wenn ich Grundseite und Höhe geschickt wähle, kann ich den Flächeninhalt sofort angeben." Wie will Lisa vorgehen? Skizziere.
c) Laura hat den Flächeninhalt des grünen Dreiecks auf andere Weise berechnet.
Sie fertigt die nebenstehende Skizze an und notiert:
2 cm² – 1 cm² – 0,5 cm² = 0,5 cm²
Welche Figuren hat Laura betrachtet? Notiere Lauras Überlegungen so ausführlich, dass sie leicht nachzuvollziehen sind.
d) Findest du verschiedene Möglichkeiten, auf dem Geobrett
• ein Dreieck mit dem Flächeninhalt 3 cm²,
• ein Viereck mit dem Flächeninhalt 5 cm² zu spannen?
e) Auf dem 6×6-Geobrett können auch solche Figuren dargestellt werden.
• Wie groß ist der Flächeninhalt der abgebildeten Figur?
• Welche Zahlbeträge können bei der Berechnung des Flächeninhalts von beliebigen Vielecken auf dem 6×6-Geobrett auftauchen?

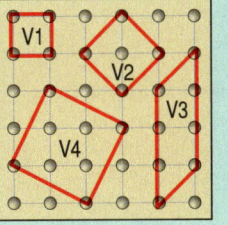
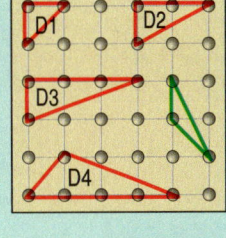
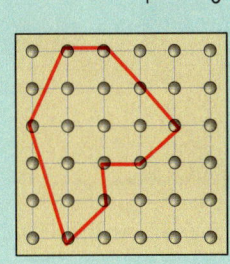

5 Prozent- und Zinsrechnung

Sabrinas und Sebastians Träume und Albträume

1. Welchen Betrag muss Sabrina an Zinsen auszahlen, wenn sie die Spargelder einen Monat lang in der angegebenen Höhe verwaltet?

2. Welchen Betrag nimmt Sebastian an Zinsen ein, wenn die von ihm verwalteten Leihgelder einen Monat lang verliehen sind?

3. Wie viel Geld verdienen Sabrina und Sebastian mit ihrer kleinen „Bank" in einem Jahr, wenn das Geschäft so läuft wie oben dargestellt?

4. Was kann man Sabrina und Sebastian in den geträumten Extremfällen raten?

5 Prozent- und Zinsrechnung

Kapital, Zinssatz und Zinsen

1. Gruppenarbeit mit Linas Text zur Zinsrechnung:
   a) Lest euch den Text genau durch. Erklärt euch Fragen gegenseitig und besprecht das Beispiel.
   b) Schreibt eine Formel zur Berechnung der Zinsen für ein Jahr mit den neuen Abkürzungen K, Z und p % auf.

2. Pascal hat 440 € auf seinem Sparkonto. Die Bank zahlt 1,8 % Zinsen. Wie viel Zinsen erhält er nach einem Jahr?

3. Herr Fels leiht 5 000 € bei der Bank zu einem Zinssatz von 11 %. Wie hoch sind die Zinsen für ein Jahr?

4. Herr Marx leiht 3 000 € bei der Bank zu einem Zinssatz von 11 % pro Jahr. Auf dem Sparbuch bekommt er 2 % Zinsen für ein Jahr. Stelle Fragen dazu und antworte.

> **Die Zinsrechnung**
>
> Zinsrechnung ist angewandte Prozentrechnung. Gespartes oder geliehenes Geld heißt **Kapital**.
>
> Für das Kapital zahlt oder bekommt die Bank **Zinsen**.
> Der **Zinssatz** gibt an, wie viel Prozent des Kapitals man in einem Jahr (Jahreszinsen) erhält oder zahlt.
>
> Bei der Zinsrechnung entspricht das **Kapital K** dem Grundwert G, der **Zinssatz p %** dem Prozentsatz p % und die **Zinsen Z** dem Prozentwert W.
>
> Beispiel: Wie viel Zinsen bringt ein Kapital von 500 €, wenn es bei einem Zinssatz von 2 % ein Jahr lang verzinst wird?
>
> Antwort: 500 € Kapital ergeben bei 2 % Zinssatz jährlich 10 € Zinsen.

5. Der Zinssatz für Spareinlagen beträgt 2 %, für Kredite beträgt der Zinssatz 9 %.
   a) Lina hat 300 € gespart. Wie viel Zinsen erhält Lina für ihren Sparbetrag nach einem Jahr?
   b) Lars leiht sich bei der Bank 300 €. Wie viel Zinsen bezahlt er nach einem Jahr?
   c) Überlege mit anderen, unter welchen Bedingungen Lina doppelt so viel Zinsen bekäme.

6. Stelle zu jedem Bild eine Frage, dann rechne.

7. Sparst du dein Geld auf einer Bank, bekommst du dafür Zinsen von der Bank. Überlegt gemeinsam, weshalb der Zinssatz für Spareinlagen geringer ist als für Kredite. Berechnet, welche Ausgaben bzw. Einnahmen die Spar- und Kreditkasse hat. Präsentiert eure Überlegungen und Berechnungen den anderen.

Spar- und Kreditkasse	
Spareinlagen gesamt:	70 000 000 €
Zinssatz:	3 %
Kredite gesamt:	60 000 000 €
Zinssatz:	11 %

8. Im Wirtschaftsteil vieler Zeitungen kannst du dir einen Überblick über aktuelle Zinsen für Kredite verschaffen. Wie viel Euro Zinsen müsste man mindestens, wie viel höchstens an Zinsen in einem Jahr bezahlen? Wie viel Zinsen insgesamt?

Geld und Kapital	
Kreditsumme:	5 000 €
3 Jahre	5,5 % bis 12,4 %

110 5 Prozent- und Zinsrechnung

Berechnung von Kapital und Zinssatz

LVL 1. Entwickelt in der Gruppe ein Lernplakat, wie man das Kapital und den Zinssatz mit unterschiedlichen Methoden berechnen kann. Erklärt am Beispiel der oberen Aufgabe die Rechenwege. Präsentiert das Ergebnis euren Mitschülerinnen und Mitschülern.

2. Herr Knab bekommt am Ende des Jahres bei einem Zinssatz von 3 % genau 284 € Zinsen. Welcher Betrag wurde ein Jahr lang verzinst?

3. Berechne das Kapital. Wie gehst du vor?
   a) Zinssatz: 4 %
      Jahreszinsen: 580 €
   b) Zinssatz: 6 %
      Jahreszinsen: 300 €
   c) Zinssatz: 3,2 %
      Jahreszinsen: 398,40 €

4. Vergleiche die Angebote. Bei welcher Bank ist das Sparen am vorteilhaftesten?

   ① **Sparen Sie bei uns!**
   Für 5 000 € erhalten Sie im Jahr 275 € Zinsen

   ② **Kapital gut angelegt!**
   195 € im Jahr für nur 3 000 €

   ③ **Neues Angebot:**
   5 % Zinsen für Anlagen ab 2 000 €

5. Julian hat sein Sparkonto bei der KKF-Bank. Nach einem Jahr bekam er bei einem Zinssatz von 2,5 % genau 10 € Zinsen. Katja hatte ein Jahr lang 600 € auf ihrem Konto und erhielt 12 € Jahreszinsen. Stelle Fragen und berechne sie. Sollte Julian die Bank wechseln?

LVL 6. Partnerarbeit: Herr Sorglos spielt Lotto und träumt davon, nicht mehr arbeiten zu müssen. Ihm würden 2 000 € im Monat genügen. Seine Hausbank bietet bei Spareinlagen ab 20 000 € einen Jahreszinssatz von 2,5 %. Bei welcher Gewinnhöhe könnte sich sein Traum erfüllen?

7. Werbung eines Fotogeschäfts: „Kaufen Sie jetzt, zahlen Sie in einem Jahr." Wenn man eine Kamera „Digipix 9" kauft, muss man entweder sofort 395 € zahlen oder 415 € in einem Jahr. Die Bank auf der anderen Straßenseite bietet Kleinkredite an. Bis zu welchem Zinssatz wäre ihr Angebot günstiger als das Angebot des Fotogeschäfts?

8. Herr Ricke hat eine Kreditkarte, die zu einem Konto gehört, auf dem er das ganze Jahr über ungefähr 3 500 € Guthaben hat. Für die Kreditkarte zahlt er 49 € als Jahresgebühr. Bei welchem Zinssatz bekäme er so viel Zinsen, wie die Gebühr kostet?

LVL 9. Frau Hirt hat 82 000 € geerbt und überlegt, wie sie das Geld anlegen soll. Sie kann es auf einem Konto anlegen, so dass jährlich Zinsen anfallen. Sie kann dafür aber auch eine kleine Wohnung kaufen und diese für jährlich 4 200 € vermieten.
Überlegt in Partnerarbeit, welche Entscheidung für Frau Hirt vorteilhafter ist, und stellt eure Überlegungen und Berechnungen in der Klasse vor.

5 Prozent- und Zinsrechnung

Monatszinsen und Tageszinsen

LVL 1. a) Überlegt in Partnerarbeit einen Rechenweg zur Berechnung der Zinsen im oberen Bild. Präsentiert eure Überlegungen der Klasse.
b) Wie viel Zinsen würden anfallen, wenn 6000 € nur 145 Tage geliehen worden wären?

Zinsen für m Monate:
$Z = \text{Jahreszins} \cdot \frac{m}{12}$
$Z = K \cdot \frac{p}{100} \cdot \frac{m}{12}$

Zinsen für t Tage:
$Z = \text{Jahreszins} \cdot \frac{t}{360}$
$Z = K \cdot \frac{p}{100} \cdot \frac{t}{360}$

Für einen Bruchteil eines Jahres gibt es auch nur den entsprechenden Bruchteil der Jahreszinsen. Für die Zinsrechnung gilt:
1 Monat = 30 Tage,
1 Jahr = 12 Monate = 360 Tage

---

2. Herbert hat 1000 € auf einem Sparkonto mit 3 % Jahreszinssatz. Wie viel Zinsen gibt es
a) nach 1 Jahr, b) nach 6 Monaten, c) nach 1 Monat,
d) nach 70 Tagen, e) nach 200 Tagen, f) nach 1 Tag,
g) vom 1. März bis zum 1. Juni eines Jahres?

> 8000 € werden 140 Tage zu 7 % verzinst.
> Zinsen: $Z = 8000 \cdot \frac{7}{100} \cdot \frac{140}{360}$
> Antwort: Es sind 217,78 € Zinsen.

3. Berechne die Zinsen für die angegebene Zeit, runde auf Cent.
a) 560 € zu 5 % für 3 Monate
b) 1350 € zu 3,5 % für 7 Monate
c) 2500 € zu 7 % für 5 Monate
d) 3000 € zu 6,5 % für 1 Monat
e) 500 € zu 4,5 % für 10 Tage
f) 1750 € zu 11 % für 25 Tage
g) 1295 € zu 9 % für 5 Tage
h) 827,50 € zu 11 % für 20 Tage

4. Hannah hat seit dem 1. April ein Sparkonto mit 1200 €, das mit 2,5 % verzinst wird. Wie viel Euro Zinsen werden ihr am Jahresende gutgeschrieben?

5. Marc besitzt ein Sparkonto mit 1455,70 € Guthaben, der Zinssatz beträgt 3 %. Weil er und seine Eltern umziehen, löst er das Konto zum 30. Juni auf. Wie viel Euro Zinsen bekommt er?

LVL 6. Herr Schallbruch hat sich einen Kleiderschrank für 1800 € ausgesucht. Wenn er sofort kauft, kommt er in den Genuss einer Sonderaktion mit 5 % Preisnachlass. Er hat aber nur noch 1000 € auf dem Konto, das nächste Monatsgehalt kommt in 10 Tagen. Und wenn er mehr ausgibt, als er auf dem Konto hat, kostet ihn das 13 % Zinsen im Jahr. Soll er sofort kaufen oder 10 Tage warten? Berate dich mit anderen aus deiner Klasse und stelle mit ihnen gemeinsam euer Ergebnis vor.

LVL 7. Bernd braucht dringend 100 €. Ein Freund leiht sie ihm. Aber nach einem Monat will der das Geld zurück und zusätzlich als „Dankeschön" einen 5-Euro-Schein. Ist das fair unter Freunden oder schon Wucher?

> **TIPP**
> Als **Wucher** gelten Zinssätze, die doppelt so hoch (oder höher) sind wie allgemein üblich.
> Bundesgerichtshof 1988

5 Prozent- und Zinsrechnung

8. Berechne das Ergebnis im Kopf.
   a) Zinsen auf 2 000 € zu 10 % für $\frac{1}{2}$ Jahr.
   b) Zinsen für $\frac{1}{3}$ Jahr auf 3 000 € bei einem Zinssatz von 5 %
   c) Zinsen für 3 Monate auf 8 000 € mit 4 % Verzinsung
   d) Zinsen auf 20 000 € pro Monat bei einem Zinssatz von 6 %
   e) Zinsen für 36 Tage bei 3 % Verzinsung von 12 200 €

> Zinsen auf 8 000 € zu 5 % für $\frac{1}{4}$ Jahr.
>
> *Rechnung:*
> 5 % von 8 000 € = 400 €
> Zinsen für $\frac{1}{4}$ Jahr: 400 € : 4 = 100 €

LVL 9. Ein Kapital K = 600 € soll mit p % = 5 % für t = 230 Tage verzinst werden. Mit welcher Tastenfolge kannst du die Zinsen Z mit deinem Taschenrechner berechnen? Prüfe die Rechenwege. Welchen Rechenweg findest du am besten? Begründe deine Entscheidung.
   ① 600 × 5 ÷ 100 × 230 ÷ 360 =
   ② 600 × 0,05 × 360 ÷ 230 =
   ③ 600 × 0,05 × 230 ÷ 360 =
   ④ 600 × 0,05 × 230 × 360 =

10. Berechne die Zinsen Z. Runde das Ergebnis sinnvoll.
    a) K = 2 000 €, p % = 8,5 %, t = 175 Tage
    b) 2 Mio. € mit 3,5 % für 100 Tage
    c) K = 850 €, p % = 14 %, t = 24 Tage
    d) 456,80 € mit 18,5 % für 76 Tage

11. Bestimme die Anzahl der Zinstage. Beachte das Bankjahr.
    a) 7 Monate   b) 1$\frac{1}{2}$ Monate   c) 4$\frac{1}{3}$ Monate   d) 2 Monate   e) $\frac{1}{4}$ von einem Jahr

12. Berechne die Zinsen.
    a) 1 800 € zu 6 % für $\frac{1}{3}$ Jahr
    b) 2 500 € zu 7,5 % für 175 Tage
    c) 350,80 € zu 3,75 % für 3 Monate
    d) 456,80 € zu 3$\frac{1}{2}$ % für $\frac{3}{4}$ Jahr

13. Dieter hat sein Konto für 25 Tage um 720 € überzogen. Dafür verlangt die Bank Zinsen. Der Zinssatz beträgt 14,5 % pro Jahr. Wie viel Euro Zinsen muss Dieter bezahlen?

14. Welcher Betrag muss insgesamt zurückgezahlt werden?
    a) 15 000 € Kredit, 5 % Zinssatz im Jahr, nach 1 Jahr
    b) 26 000 € Kredit, 7 % Zinssatz im Jahr, nach $\frac{1}{2}$ Jahr
    c) 18 500 € Kredit, 6 % Zinssatz im Jahr, nach 4 Monaten
    d) 21 000 € Kredit, 5,5 % Zinssatz im Jahr, nach $\frac{3}{4}$ Jahr

> Kredit
> + Zinsen
> ―――――――
> Rückzahlung

LVL 15. Herr Berger möchte sich das Auto kaufen, 7 500 € hat er. Den Rest kann er sich zu 7,5 % für 10 Monate leihen.
    a) Wie viel € leiht sich Herr Berger?
    b) Berechne die Zinsen für das geliehene Geld und den Rückzahlungsbetrag.

16. Am 27. April zahlt Frau Volz 25 000 € auf ein Sonderkonto ein. Nach 5 Monaten erhält sie das Geld einschließlich 7,5 % Zinsen zurück. Berechne die Zinsen und den gesamten Rückzahlungsbetrag.

17. Frau Drewes erwartet in genau 3 Monaten und 18 Tagen einen größeren Betrag aus einem Sparvertrag. Das gebrauchte Motorrad zum Preis von 12 500 € möchte sie schon heute kaufen. Die Bank bietet ihr einen Kredit zu 6,9 %. Wie teuer ist das Motorrad für Frau Drewes?

33

5 Prozent- und Zinsrechnung

Wechselnde Kontostände mit Tabellenkalkulation

Bei Sparkonten werden die Zinsen am Ende des *Kalenderjahres* gutgeschrieben. (Ausnahme: Bei vorzeitiger Auflösung des Kontos werden die Zinsen zum Zeitpunkt der Auflösung berechnet). Während des Jahres kann sich der Kontostand durch Ein- und Auszahlungen ändern. Für jeden Kontostand ist aus den Kalenderdaten (Tag, Monat) die Anzahl der jeweiligen Zinstage zu berechnen. Es kann auch sein, dass die Bank oder Sparkasse während des Jahres den Zinssatz ändert. Auch das ist bei der Zinsberechnung am Jahresende zu berücksichtigen.

Jeder Zinsmonat hat 30 Tage, während Kalendermonate auch 28, 29 oder 31 Tage haben. Das hat Konsequenzen:
vom 28.2. bis zum 1.3. sind es 3 Zinstage
vom 30.3. bis zum 1.4. ist es 1 Zinstag
vom 31.3. bis zum 1.4. ist es 1 Zinstag

Berechnung der Zinstage
vom 23.5. bis zum 12.9.:
vom 23.5. bis Monatsende: 7 Tage
Juni, Juli, August: 90 Tage
vom 1. bis 12.9.: 12 Tage
gesamt: 109 Tage

1. Berechne die Anzahl der Zinstage. Die Kalenderdaten sind alle aus einem Kalenderjahr.
   a) vom 5.2. bis zum 20.7.
   b) vom 23.3. bis zum 8.10.
   Kontrolliere deine Ergebnisse mit einem *Tabellenkalkulationsprogramm*.

	A	B	C	D
1	Datum	Zinstage	(bis zur nächsten	
2	05.02.2011		Buchung)	
3	20.07.2011			
4				
5				

=TAGE360(A2;A3;WAHR) *

	A	B	C	D	E	F
1	Konto Nr.	999 888 007		Anna Busch		
2						
3	Datum	Ab-/Zugang	Konto	Zinstage	Zinssatz	Zinsen
4	31.12.2010		217,55	74	3,00%	1,34
5	14.03.2011	60,00	277,55	141	3,00%	3,26
6	05.08.2011	-75,00	202,55	56	3,00%	0,95
7	01.10.2011	0,00	202,55	86	2,50%	1,21
8	27.12.2011	150,00	352,55	3	2,50%	0,07
9	31.12.2011	Abschluss:	359,38	360		6,83

C9 fx =C8+F9

=C4+B5   =C5+B6

=TAGE360(A5;A6;WAHR)

=TAGE360(A4;A5;WAHR)

=C5*D5/360*E5

=C8+F9

=C7*D7/360*E7

=SUMME(F4:F8)

2. Die Tabelle zeigt die Jahresabrechnung für Annas Sparkonto.
   a) Welches Guthaben hatte Anna am Ende des Vorjahres?
   b) Was geschah am 14. März, am 5. August und am 27. Dezember mit ihrem Konto?
   c) Was geschah am 1. Oktober mit Annas Konto?

3. Ordne jedem Befehl die richtige Zelle zu.

4. Denke dir ein eigenes Sparkonto aus und mache die Jahresabrechnung mit einer selbst angelegten Tabellenkalkulation.

---

* Ohne den Zusatz „WAHR" wird bei manchen Programmversionen der 1. Tag mitgezählt.

5 Prozent- und Zinsrechnung

Kredite vergleichen

1. Herr Kirsch braucht für eine neue Kücheneinrichtung 10 000 €. Welches Angebot ist günstiger? Vergleiche dazu
   a) die Zinsen, b) die Zinssätze.

2. Wo sind die Zinsen niedriger?
   a) Kredit   5 000 € für 1 Monat: Zinssatz 9 % oder 40 € Zinsen
   b) Kredit 18 000 € für 5 Monate: Zinssatz $9\frac{1}{2}$ % oder 450 € Zinsen

3. Vergleiche die Angebote. Welches ist günstiger?
   a) Kredit   5 000 € für $\frac{1}{4}$ Jahr: Zinssatz 13 % oder 175 € Zinsen
   b) Kredit 15 000 € für 1 Jahr: 2 000 € Zinsen oder 15 % Zinsen

4. Berechne die Gesamtkosten für die drei Kredite. Welches Angebot ist am günstigsten? Die Rückzahlung erfolgt nach einem Jahr.

Barkredit	**Sofortkredit**	**Super-Kredit für Sie!**
sofort 20 000,– €	20 000,– €	20 000,– €
Sie zahlen 300 € Zinsen p. Monat und 4 % (vom Kredit) einmalig.	zu 13 % Zinsen.	einmalige Zahlung 500,– € monatliche Zinsen 375,– €

5. Eine Firma muss für eine Maschine 120 000,– € innerhalb von 30 Tagen zahlen. Bei sofortiger Zahlung verringert sich dieser Betrag um 2 % (Skonto). Diesen geringeren Betrag müsste sich die Firma aber für 30 Tage bei einer Bank zu 12 % leihen. Lohnt sich das?

6. Frau Baum braucht dringend 21 Tage vor der nächsten Gehaltszahlung 1 500 €. Bei der Bank würde sie dafür 15 % zahlen. Ein Bekannter will ihr das Geld für 25 € Zinsen leihen. Was rätst du ihr?

   Girokonto: giro (italienisch) Kreis, Rundstreckenrennen; bei Banken Konto für regelmäßigen Zahlungsverkehr.

7. 5 000 € werden zu einem Zinssatz von 8,5 % pro Jahr geliehen. Berechne mit einem Tabellenkalkulationsprogramm die fälligen Zinsen für die angegebenen Laufzeiten. Drucke das Ergebnis aus und vergleiche mit Mitschülerinnen und Mitschülern.
   Laufzeiten: 8; 12; 16; 20; …; 84 Tage

8. Max hat Moni 10 Tage lang 5 € geliehen. Als Zinsen gibt ihm Moni dafür eine Tafel Schokolade. Wie viel darf die Schokolade kosten, ohne dass hier ein Wucherzins gezahlt wird? Üblich sind 15 %.

9. Herr Anders zahlt in 3 Monaten so viel Zinsen wie Frau Bauer in einem halben Jahr. Zusammen haben sie 3 000 € Schulden. Die Zinssätze sind für beide gleich. Wie hoch sind die Schulden von Herrn Anders und von Frau Bauer?

5 Prozent- und Zinsrechnung

1. a) 12 % von 260 € b) 62 % von 920 €
   c) 9 % von 1 260 m d) 200 % von 38 m

2. Von den 624 Besuchern der Ebert-Schule kommen 46 % mit dem Bus, 22 % kommen zu Fuß zur Schule. Wie viele Besucher sind das jeweils?

3. a) 26 € von 520 € b) 7 m von 56 m
   c) 35 kg von 90 kg d) 2 € von 25,50 €

4. Für einen Aufnahmetest haben von 75 Bewerbern 52 Bewerber den Test bestanden. Wie viel Prozent sind das? Runde.

5. a) 5 % sind 45 €. b) 3 % sind 27 €.
   c) 8 % sind 24 kg. d) 200 % sind 64 m.

6. Zur Nachmittagsvorstellung war das Kino mit 357 Zuschauern zu 75 % belegt. Wie viele Zuschauer fasst das Kino insgesamt?

7. Um wie viel Euro ändert sich der alte Preis? Berechne dann den neuen Preis.
   a) alter Preis: 264 €   b) alter Preis: 140 €
      Preiserhöhung: 4 %   Preissenkung: 8 %
   c) alter Preis: 34 €   d) alter Preis: 16 €
      Preiserhöhung: 12 %   Preissenkung: 4,5 %

8. Alle Preise werden um 6 % gesenkt. Neuer Preis?
   a) 85 €   b) 45,80 €   c) 124,50 €   d) 12,90 €

9. Berechne die Jahreszinsen.
   a) Kapital 800 €, Zinssatz 6 %
   b) Kapital 1 250 €, Zinssatz 8,5 %

10. Eine Bank verlangt 11 % Zinsen für Kredite. Frau Moser leiht sich 2 500 € für ein ganzes Jahr. Berechne die Jahreszinsen.

11. Berechne die Zinsen für 8 Monate.
    a) Kapital 3 400 €, Zinssatz 9,5 %
    b) Kapital 15 800 €, Zinssatz $11\frac{1}{2}$ %

12. Berechne die Zinsen für die angegebene Zeit.
    a) Memet hat für ein Vierteljahr 650 € auf seinem Konto. Er bekommt 1,2 % Zinsen.
    b) Sebastian hatte 5 Monate 350 € auf seinem Konto. Der Zinssatz betrug 3,5 %.
    c) Sabrina bekommt $4\frac{1}{2}$ % Zinsen. Auf ihrem Konto stehen 470 € vom 1. Februar bis zum 31. Dezember.

Prozentrechnung

$G \xrightarrow{\cdot\, p\,\%} W$ $W = G \cdot \frac{p}{100}$

Grundwert Prozentsatz Prozentwert

Berechnung des Prozentwertes W
$G = 120,\ p\,\% = 5\,\%,\ W = ?$
$W = G \cdot \frac{p}{100}$ $W = 120 \cdot 0{,}05 = 6$

Berechnung des Prozentsatzes p %
$G = 200,\ W = 40,\ p\,\% = ?$
$W = G \cdot \frac{p}{100}$ $40 = 200 \cdot \frac{p}{100}\ |:200$
$p\,\% = \frac{40}{200} = 0{,}20 = 20\,\%$

Berechnung des Grundwertes G
$W = 30,\ p\,\% = 25\,\%,\ G = ?$
$W = G \cdot \frac{p}{100}$ $30 = G \cdot 0{,}25\ |:0{,}25$
$G = 120$

Vermehrter, verminderter Grundwert

Der Preis von 200 € wird um 15 % *erhöht*. Der neue Preis ist dann 115 % des alten Preises.
neuer Preis:
200 € · 1,15 = 230 €

Der Preis von 200 € wird um 15 % *gesenkt*. Der neue Preis ist dann 85 % des alten Preises
neuer Preis:
200 € · 0,85 = 170 €

Zinsrechnung

Das **Kapital** ist gespartes oder geliehenes Geld. Der **Zinssatz** gibt an, wie viel Prozent des Kapitals für 1 Jahr an **Zinsen** zu zahlen sind. ($p\,\% = \frac{p}{100}$)
Zinsen für 1 Jahr: $Z = K \cdot \frac{p}{100}$

Zinsen für weniger als 1 Jahr
= Jahreszinsen · Bruchteil des Jahres
Zinsen für m Monate:
$Z = K \cdot \frac{p}{100} \cdot \frac{m}{12}$
Zinsen für t Tage:
$Z = K \cdot \frac{p}{100} \cdot \frac{t}{360}$

Beispiel:
$K = 2\,000\,€;\ p\,\% = 3\,\%;\ t = 68$ Tage
$Z = 2\,000\,€ \cdot \frac{3}{100} \cdot \frac{68}{360} \approx 11{,}33\,€$

TÜV · TESTEN · ÜBEN · VERGLEICHEN

5 Prozent- und Zinsrechnung

Grundaufgaben

1. Bei der industriellen Verarbeitung von Tomaten bleiben 40 % der Masse als Abfall. Wie viel Kilogramm sind das, wenn 5000 kg Tomaten verarbeitet werden?

2. Von den etwa 80 Mio. Einwohnern Deutschlands leiden etwa 10 Mio. an der Zuckerkrankheit (Diabetes). Sind das 8 %, 10 % oder $12\frac{1}{2}$ % der Bevölkerung?

3. Vollmilchschokolade besteht zu etwa 12 % aus Kakaomasse. Wie viel Kilogramm Vollmilchschokolade kann man mit 60 kg Kakaomasse produzieren?

4. Karin hat ein Jahr lang 450 € auf ihrem Sparkonto mit 3 % Zinssatz. Wie viel Euro Zinsen bekommt sie am Jahresende?

5. Die KKF-Bank bietet Kredite zu 6,5 % Jahreszinssatz an. Frau Schallbruch leiht 3000 € für 3 Monate. Wie viel Euro Zinsen kostet sie das?

Erweiterungsaufgaben

1. In Deutschland (2009) ist das durchschnittliche Monatsbruttogehalt eines Arbeiters 2257 €. Das sind etwa 67 % des Betrags, den ein Angestellter durchschnittlich pro Monat verdient. Wie hoch ist das durchschnittliche Monatsgehalt eines Angestellten?

2. Die Schülerbücherei der Schiller-Schule wurde nach Gebieten geordnet, und die Bücher wurden gezählt. Bestimme die prozentualen Anteile der einzelnen Gebiete und stelle sie in einem Kreisdiagramm dar.

Sachbücher	132
Jugendromane	56
Kriminalromane	32
Klassische Werke	30

3. Im Jahre 2010 kamen rund 678000 Neugeborene in Deutschland lebend zur Welt. Das waren 2 % mehr als im Jahr 2009. Wie viele Geburten gab es demnach etwa im Jahr 2009? Wie viel Prozent der Gesamtbevölkerung von ca. 81,8 Mio. waren 2010 Neugeborene?

4. Wenn in einem Mietvertrag die Wohnfläche nicht genau, sondern nur „ungefähr" angegeben ist, dann darf die angegebene Quadratmeterzahl um maximal 10 % vom genauen Wert abweichen. Wie groß darf eine Wohnung sein, deren Fläche mit „circa 150 m²" angegeben ist?

5. Julia träumt von einem Lottogewinn. Sie würde ihn auf ein Konto einzahlen mit 5 % Zinssatz und dann von 60000 € jährlichen Zinsen leben. Wie hoch ist der Lottogewinn in Julias Traum?

6. Berechne die Rückzahlung nach einem Jahr.

   Kredit A: 8000 € zu 13 % einmalige Gebühr nur 400 €

   Kredit B: 10000 € zu 14 % 5000 € zu 16 % keine Gebühren

   Kredit C: 20000 € zu 13 % 10000 € zu 15 % 450 € Gebühren

7. Für eine dringende Reparatur in seiner Wohnung muss Herr Thiel 1500 € mehr ausgeben, als er auf seinem Konto hat. Das kostet 14 % Jahreszinssatz. Das neue Gehalt kommt in 15 Tagen. Wie viel Euro Zinsen hat Herr Thiel zu zahlen?

Körper zeichnen und berechnen

Das Klassenzimmer soll so hoch sein, dass alle 24 Schülerinnen und Schüler jeweils 5 m³ Luft haben.

Reicht ein Karton-Papier von der Größe eines DIN-A4-Blattes zur Herstellung der Verpackung?

Fasst die Konservendose 1 Liter Inhalt?

LVL

Im Schwimmbad

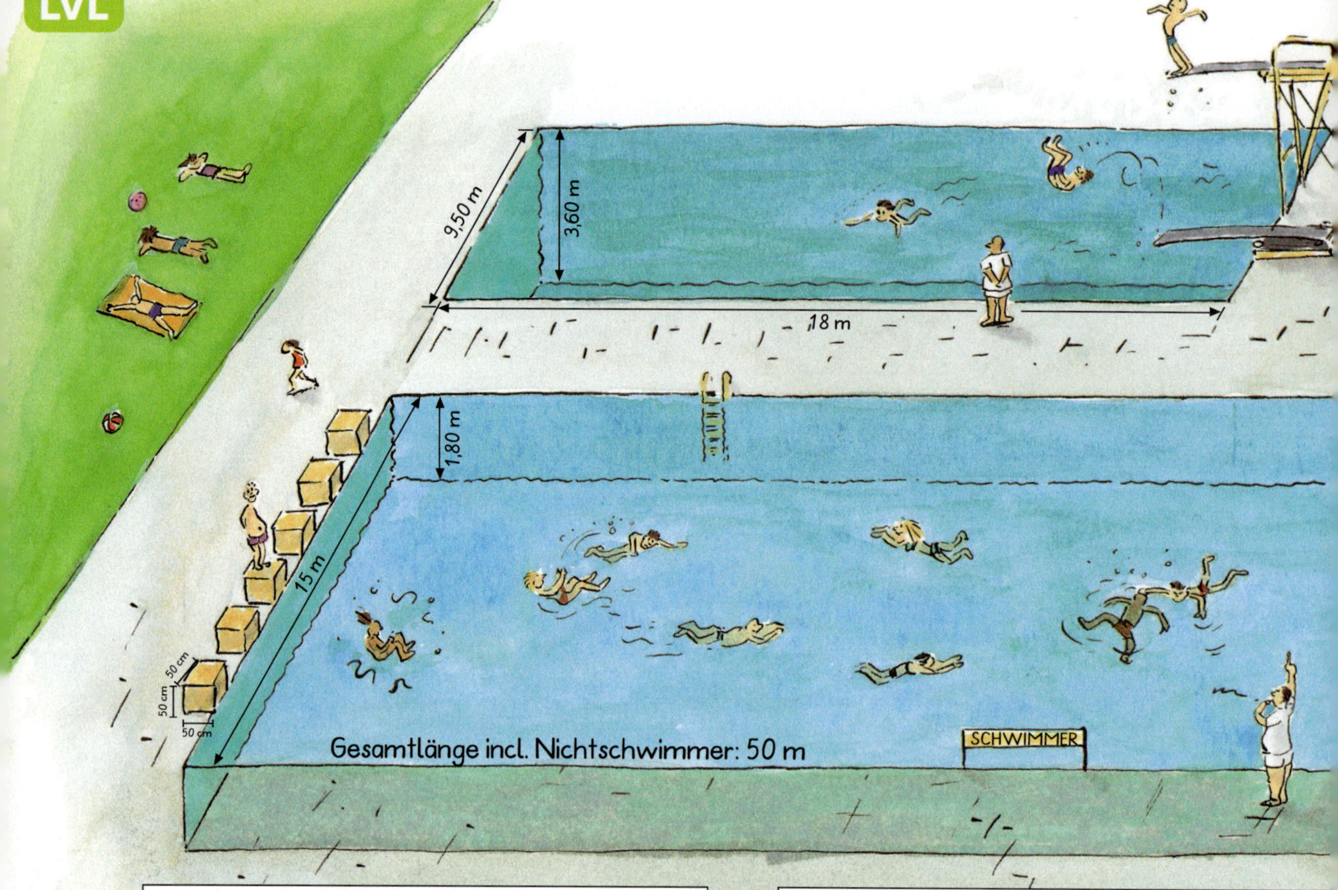
9,50 m
3,60 m
18 m
1,80 m
15 m
50 cm
50 cm
50 cm
Gesamtlänge incl. Nichtschwimmer: 50 m
SCHWIMMER

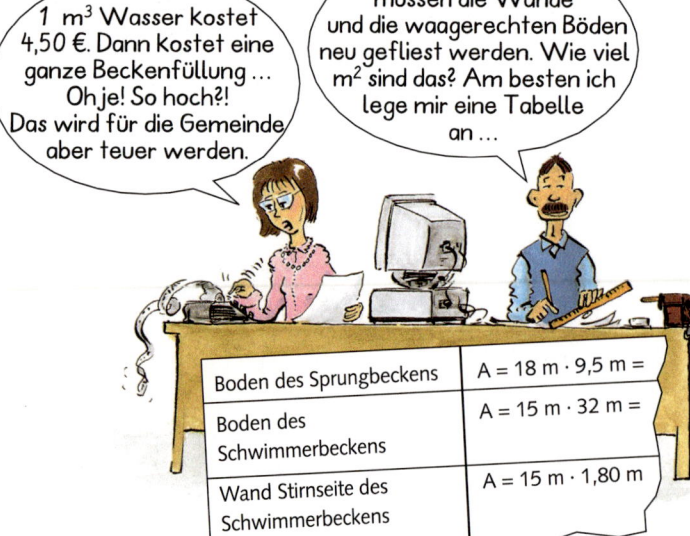

1. Die Startblöcke sind aus Beton gegossen. Berechne das Volumen und die Masse von einem Startblock. 1 cm^3 Beton wiegt 2,4 g.

1 m³ Wasser kostet 4,50 €. Dann kostet eine ganze Beckenfüllung … Oh je! So hoch?! Das wird für die Gemeinde aber teuer werden.
Außerdem müssen die Wände und die waagerechten Böden neu gefliest werden. Wie viel m² sind das? Am besten ich lege mir eine Tabelle an …

Boden des Sprungbeckens	A = 18 m · 9,5 m =
Boden des Schwimmerbeckens	A = 15 m · 32 m =
Wand Stirnseite des Schwimmerbeckens	A = 15 m · 1,80 m

2. Das Schwimmbecken ist in drei Bereiche unterteilt: Nichtschwimmer-, Schwimmer- ur Sprungbecken.
a) Berechne das Volumen des Sprungbecken
b) Das Nichtschwimmerbecken ist auf einer Länge von 15 m ansteigend. Berechne das Volumen für dieses Becken.
c) Berechne das Volumen des Schwimmerbeckens. Dazu gehört auch der schräge Übergang zum Nichtschwimmerbecken. Hier verringert sich die Wassertiefe von 1,80 m auf 1,20 m.

3. Pro m^2 berechnet der Sachbearbeiter bei der Gemeinde 32 Fliesen zum Preis von 20 €.
a) Wie viele Fliesen wurden insgesamt verbaut?
b) Gib die Kosten für die Fliesen an.

6 Körper zeichnen und berechnen

4. Der Boden im Nichtschwimmer- und der Boden im Übergang zum Schwimmerbecken sind schräg, darum auch aus Kunststoff. Wie groß ist die Kunststofffläche insgesamt?

5. a) Überprüfe, ob wirklich so viel Wasser wie vom Bademeister angegeben in das Babybecken passt.
   b) Berechne die Wasserkosten, die durch das Babybecken in einer Badesaison (4 Monate) verursacht werden.

6 Körper zeichnen und berechnen

Quader und Würfel

1. Partnerarbeit: Sammelt Informationen zu Quader und Würfel. Fertigt dazu eine Zusammenfassung im Heft an mit folgenden Teilüberschriften: Zeichnen von Netz und Schrägbild, Berechnen von Oberfläche und Volumen.

2. Zeichne das Schrägbild des Quaders.

a) 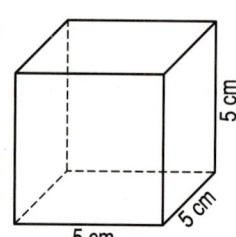 b)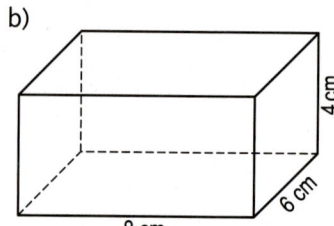

3. Berechne Oberfläche und Volumen des Würfels mit
a) a = 5 cm,   b) a = 37 mm,
c) G = 16 cm²   d) G = 20,25 m².

4. Berechne Oberfläche und Volumen des Quaders mit
a) a = 4,8 cm; b = 5,2 cm; c = 3,4 cm,
c) a = 60 mm; b = 8 cm; c = 1 dm,
b) a = 8,3 dm; b = 7,5 dm; c = 5,1 dm,
d) a = 75 mm; b = 6,8 cm; c = 2 dm.

5. Berechne die Oberfläche des abgebildeten Gegenstandes (Längen in mm).

a)    b)    c)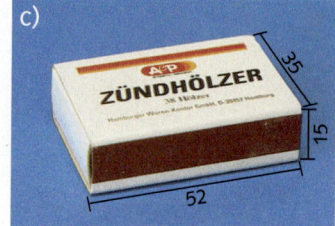

6. a) V = ☐   b) V = ☐   c) V = ☐

7. Ein Quader hat 48 cm³ Volumen. Finde drei verschiedene Möglichkeiten für seine Kantenlängen.

8. Von einem Quader sind das Volumen und zwei Kantenlängen gegeben. Berechne die dritte.
a) V = 72 cm³; a = 3 cm; b = 6 cm   b) V = 3024 cm³; a = 12 cm; c = 18 cm

9. Von einem Quader sind die Oberfläche und zwei Kantenlängen gegeben. Berechne die dritte.
a) O = 52 cm²; a = 3 cm; b = 2 cm   b) O = 125,5 cm²; a = 4,5 cm; c = 3,8 cm

10. Ermittle die Kantenlänge des Würfels durch systematisches Probieren.
a) O = 150 cm²   b) O = 384 cm²   c) V = 27000 mm³   d) V = 216 cm³

11. Bei einem Quader ist die Höhe das Doppelte der Breite und die Länge das Doppelte der Höhe. Er hat dasselbe Volumen wie der Würfel mit a = 12 cm. Welche Oberfläche hat der Quader?

6 Körper zeichnen und berechnen 121

Prisma

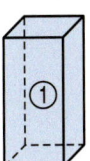  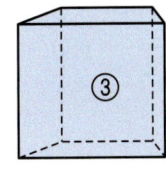 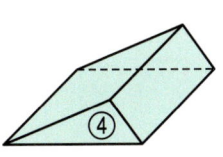 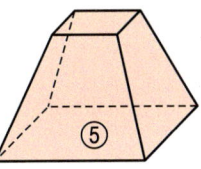 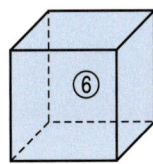

LVL 1. Welche Eigenschaften haben die Körper? Welcher Körper passt nicht dazu?

> Ein **Prisma** ist ein Körper mit zwei parallelen, kongruenten Vielecken als Grund- und Deckfläche (G).
> Der **Mantel** besteht aus Rechtecken.
> Der Abstand zwischen Grund- und Deckfläche ist die **Körperhöhe** h.
>
> Netz   Schrägbild
>
>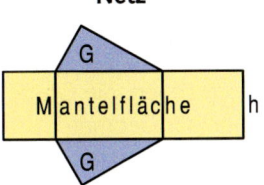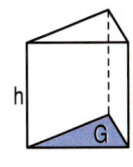
>
> Grundfläche   Grundfläche
> vorne   unten

LVL 2. Welche der abgebildeten Körper sind Prismen? Begründe deine Antwort.

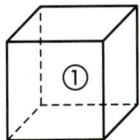 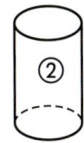 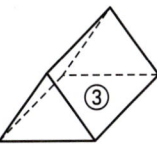 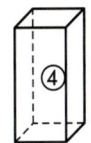 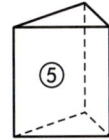 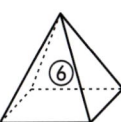

3. Zeichne das Netz des Prismas.

a) 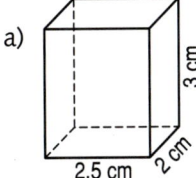   b) 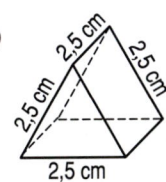   c) 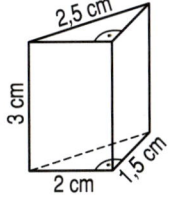   d)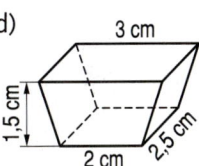

4. Zeichne das Netz, schneide es aus und falte es zu einem Prisma.

a) 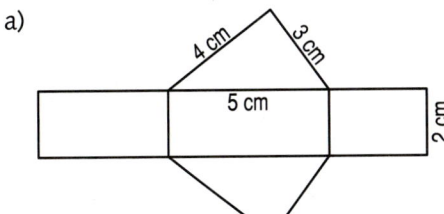   b)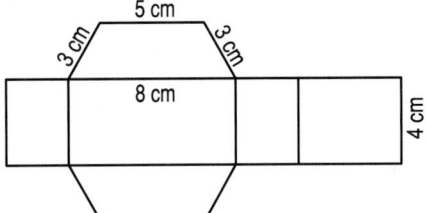

5. Gib die Anzahl der Ecken, Kanten und Flächen des Prismas an.

a) 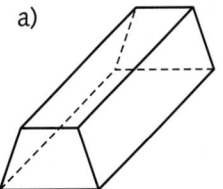   b)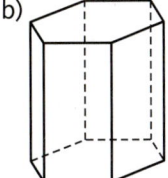

6. Gibt es so ein Prisma? Wie viele Kanten und Flächen hat es?
   a) Axel: Mein Prisma hat 6 Ecken.
   b) Bea: Mein Prisma hat 9 Ecken.
   c) Seven: Mein Prisma hat 12 Ecken.

6 Körper zeichnen und berechnen

Schrägbilder des Prismas

① 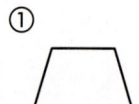 Grundfläche zeichnen	②  Senkrecht nach hinten laufende Kanten in halber Länge unter 45° zeichnen.	③ 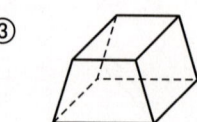 Fehlende Kanten zeichnen; unsichtbare Kanten gestrichelt.

1. Ein Quader hat die Maße $a = 4{,}4$ cm, $b = 5{,}6$ cm und $c = 6{,}5$ cm. Zeichne zwei Schrägbilder dieses Quaders mit unterschiedlichen Vorderflächen.

2. Die Körperhöhe des Prismas ist angegeben, die Grundfläche ist skizziert. Zeichne ein Schrägbild.
(1) mit dem Geodreieck   (2) mit einer Geometriesoftware (z. B. Geonext)

Körperhöhe	a) $h = 8$ cm	b) $h = 5$ cm	c) $h = 7{,}4$ cm
Grundfläche			

3. Skizziere zu dem Körper auf dem Foto ein Schrägbild. Du kannst dazu auch eine Geometriesoftware (z. B. Geonext) benutzen.

a) 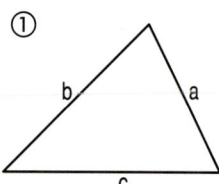   b) 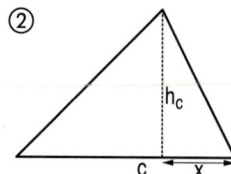   c)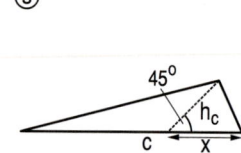

4. Das Dreieckprisma mit den Grundflächenmaßen $a = 4$ cm, $b = 5{,}6$ cm, $c = 6{,}0$ cm und der Körperhöhe $h = 4$ cm soll auf seiner Grundfläche stehen. Zeichne das Schrägbild. Gehe dabei schrittweise vor.

①	②	③	④
Dreiecksgrundfläche konstruieren.	Höhe h_c zeichnen, Teilstrecke x und Höhe h_c messen.	*Schrägbild der Grundfläche:* c zeichnen, x abtragen, h_c in halber Länge unter 45° zeichnen.	In den Eckpunkten die senkrecht und oben laufenden Kanten zeichnen und die Endpunkte zur Deckfläche verbinden.

6 Körper zeichnen und berechnen

Oberfläche des Prismas

1. Bearbeitet die angegebenen Aufgaben in Gruppen. Stellt danach eure Ergebnisse der Klasse vor.
- Wählt eines der drei Prismen aus und zeichnet das Netz mit den angegebenen Maßen.
- Berechnet die Oberfläche des Prismas. Entnehmt fehlende Maße eurer Zeichnung.
- Beschreibt, wie ihr vorgeht, um die Oberfläche eines Prismas zu berechnen.

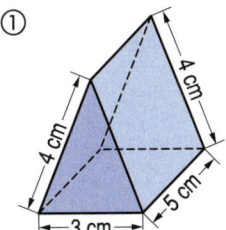
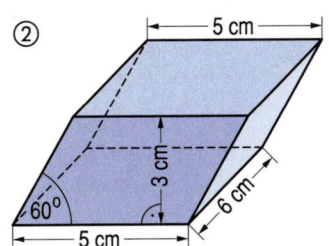
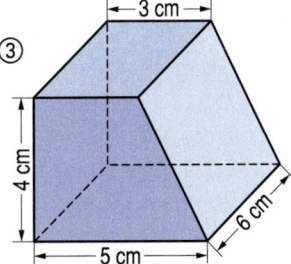

Oberfläche = 2 · Grundfläche + Mantelfläche $O = 2 \cdot G + M$

2. Berechne von dem abgebildeten Prisma nacheinander den Umfang u der Grundfläche, die Mantelfläche M, die Grundfläche G und die Oberfläche O.

a) 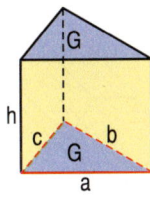   b) 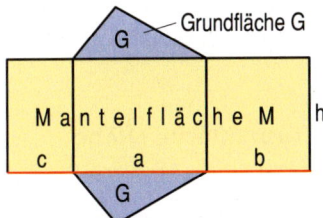   c) 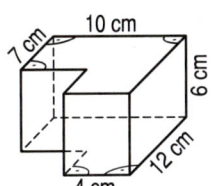   d)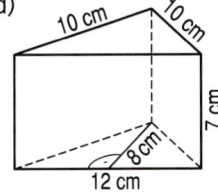

3. Berechne die Mantelfläche und die Oberfläche des Prismas.
a) $G = 24\ cm^2$ $h = 3\ cm$ $u = 18\ cm$
b) $G = 12,5\ mm^2$ $h = 8,6\ mm$ $u = 1,5\ cm$

4. Bei einem Prisma sind G die Grundfläche, u deren Umfang, h die Körperhöhe, M die Mantelfläche und O die Oberfläche. Berechne die beiden fehlenden Stücke.
a) $u = 18\ cm$
   $h = 7\ cm$
   $G = 24\ cm^2$
b) $h = 7\ cm$
   $M = 98\ cm^2$
   $G = 12\ cm^2$
c) $u = 15\ cm$
   $h = 8\ cm$
   $O = 125\ cm^2$
d) $u = 40\ mm$
   $G = 100\ mm^2$
   $O = 500\ mm^2$

5. Als Verpackung für Lebkuchen verwendet eine Firma Schachteln mit der Form eines Hauses.
a) Zeichne das Netz der Verpackung mit 1 cm breiten Klebelaschen.
b) Berechne den Bedarf an Pappe für eine Schachtel, wenn für Verschnitt und Klebelaschen 15 % zusätzlich gerechnet werden.
c) Stelle die Verpackung aus Pappe her.

6 Körper zeichnen und berechnen

Volumen und Masse des Prismas

1.

   Löst die Aufgaben in Partnerarbeit.
   a) Erklärt die Bildfolge und gebt an, wie das Volumen des Prismas berechnet wird.
   b) Stellt eine Formel zur Berechnung des Volumens von Prismen auf.
   c) Besorgt euch Modelle von Prismen aus der Lehrmittelsammlung der Schule und überprüft durch Schüttversuche mit Wasser und Messungen die Richtigkeit der Formel.

   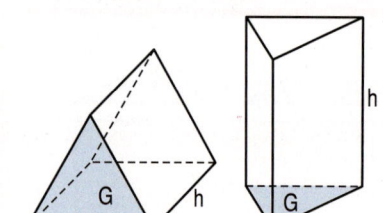 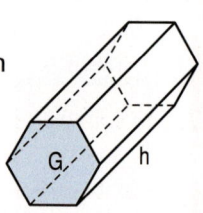

   Das Volumen eines Prismas wird aus der Grundfläche G und der Körperhöhe h berechnet.

   Volumen = Grundfläche · Höhe
   $V = G \cdot h$

2. Berechne das Volumen des Prismas mit der abgebildeten Grundfläche und der gegebenen Höhe.
   a) h = 5 cm
   b) h = 8 cm
   c) h = 3 cm

   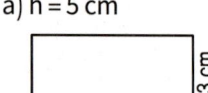 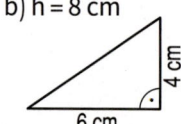 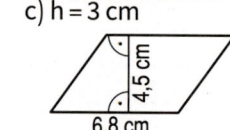

   TIPP
   Beachte: Die Höhe der Grundfläche ist **nicht** die Höhe des Körpers.

3. Berechne das Volumen des abgebildeten Prismas.
   a) 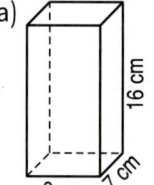 b) 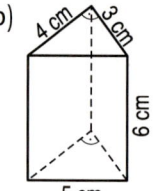 c) 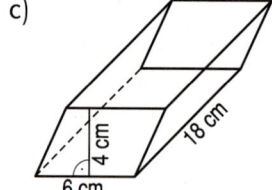 d)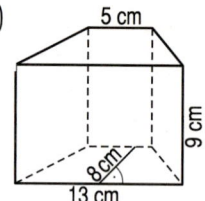

4. Berechne die Masse des Prismas. Dichten verschiedener Stoffe findest du im Anhang dieses Buches.
   a) Quader mit a = 12 cm, b = 9 cm und c = 5 cm aus Silber.
   b) Das Prisma aus Stahl ist 8 cm hoch und hat als Grundfläche ein Trapez mit a = 6 cm, c = 4 cm und h_a = 3 cm.

5. Berechne die Masse des 5 cm hohen Prismas. Ermittle fehlende Angaben, indem du die Grundfläche konstruierst und Messungen vornimmst.
   a) Prisma aus Holz, Grundfläche ist ein gleichseitiges Dreieck mit a = 6 cm.
   b) Prisma aus Kupfer, Grundfläche ist ein Parallelogramm mit a = 5,5 cm, b = 4 cm, α = 60°.
   c) Prisma aus Eisen, Grundfläche ist ein gleichschenkliges Trapez mit a ∥ c und a = 8 cm, b = 4,5 cm, c = 3 cm.

6 Körper zeichnen und berechnen

Vermischte Aufgaben

1. Berechne das Volumen des Prismas mit der abgebildeten Grundfläche und der Körperhöhe h = 10 cm.

a) 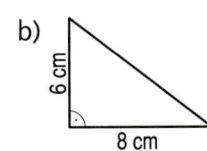   b) 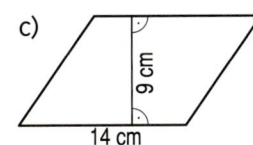   c) 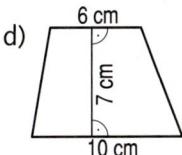   d) (6 cm / 7 cm / 10 cm)

2. Wie viel wiegt das Prisma? Alle Längen sind in cm angegeben.

a) Holz 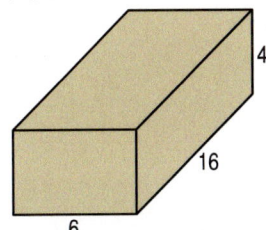   b) Aluminium 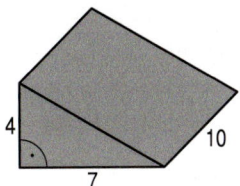   c) Eisen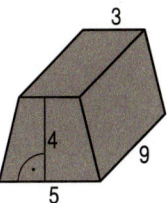

3. Die Spanplatte für eine Eisenbahnanlage ist 2 m lang und 1,30 m breit. Die Platte ist 2 cm dick. Wie schwer ist die Spanplatte (Dichte 0,8 $\frac{g}{cm^3}$)?

4. Berechne die Masse des Eisenträgers, der im Querschnitt dargestellt ist (Maßangaben in cm).

a) Länge 80 cm 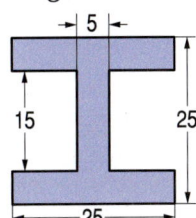   b) Länge 2,5 m   c) Länge 3,5 m 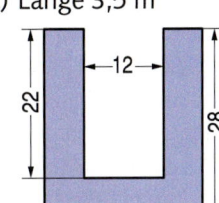   d) Länge 3,8 m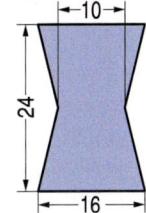

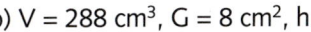

5. Berechne die gesuchte Größe des Prismas.
  a) V = 56 cm³, h = 4 cm, G = ▇   b) V = 288 cm³, G = 8 cm², h = ▇   c) V = 1,2 l, h = 20 cm, G = ▇

6. Berechne Volumen und Oberfläche des Körpers.

a) 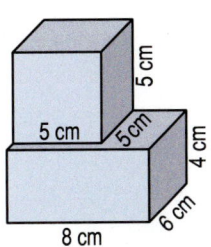   b) 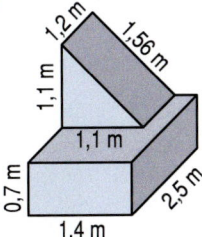   c)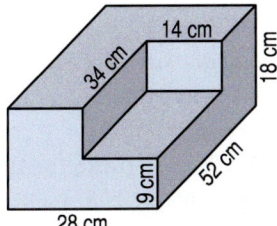

7. Eine Gärtnerei plant ein neues Gewächshaus.
  a) Berechne die Bodenfläche des Gewächshauses, die mit Steinplatten ausgelegt werden soll.
  b) Berechne die Wand- und Dachflächen, die aus Glas hergestellt werden.
  c) Welches Volumen hat der Innenraum des Gewächshauses?

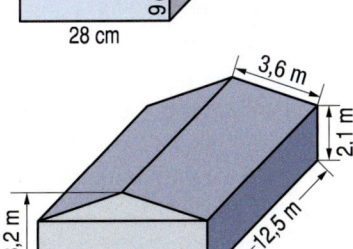

6 Körper zeichnen und berechnen

8. Aus Beton werden Blumenkübel hergestellt.
   a) Wie viel Liter Erde passen in einen Kübel?
   b) Berechne das Volumen des Betons für einen Kübel.
   c) Berechne die Betonmasse eines Blumenkübels.
   d) Wie schwer ist der mit Erde (Dichte 1,5 $\frac{g}{cm^3}$) gefüllte Kübel?

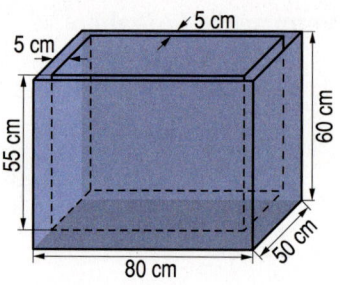

9. Wie viel kg wiegt etwa ein Holzbalken mit den Kantenlängen 28 cm, 22 cm und 440 cm?

10. Aus welchem Material ist das Prisma?
    a) Es wiegt 560 g und hat ein Volumen von 800 cm³.
    b) Es wiegt 540 g, hat eine Grundfläche von 25 cm² und ist 8 cm hoch.
    c) Es wiegt 118,5 g, hat ein rechtwinkliges Dreieck mit den Seitenlängen 3 cm, 4 cm und 5 cm als Grundfläche und ist 2,5 cm hoch.
    d) Es wiegt 173,7 g und hat die Form eines Quaders mit den Kantenlängen 2 cm, 1,5 cm und 3 cm.

11. Ein Eisenträger hat den abgebildeten Querschnitt und ist 280 cm lang.
    a) Der Eisenträger soll mit Rostschutzfarbe gestrichen werden. Wie groß ist die zu streichende Oberfläche?
    b) Berechne das Volumen des Eisenträgers.
    c) Berechne die Masse des Eisenträgers. Runde auf Kilogramm.

12. Berechne die Oberfläche des abgebildeten Sechseck-Prismas. Runde auf cm².
    Anleitung: Die Grundfläche besteht aus einem regelmäßigen Sechseck, welches sich in 6 gleichseitige Dreiecke aufteilen lässt. Zeichne das gleichseitige Dreieck. Miss die Höhe h_a des gleichseitigen Dreiecks und berechne seinen Flächeninhalt. Berechne jetzt die Grundfläche, die Mantelfläche und die Oberfläche des Prismas.

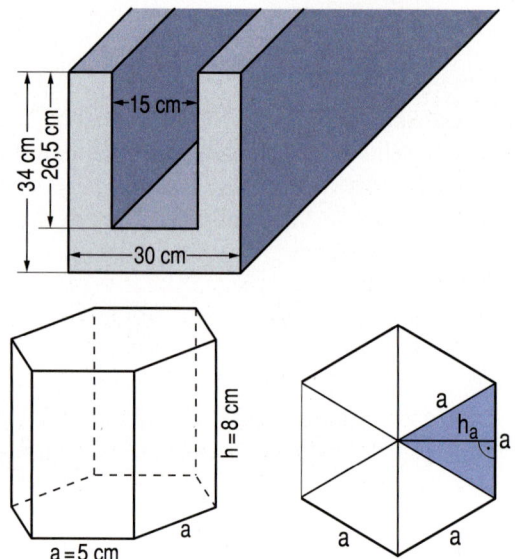

13. Herr Rieker hat sich einen Unterstand für die Terrasse gebaut und ihn an allen sichtbaren Seiten mit Schieferplatten versehen.
    a) Wie viel m² wurden mit den Schieferplatten bedeckt?
    b) Die Schieferplatten kosten im Einkauf 10 € für 1 m². Da Herr Rieker einen Restposten erstanden hat, zahlt er 15 % weniger.

LVL 14. Ein Quader aus Eisen hat eine quadratische Grundfläche, ist 12 cm hoch und wiegt 2,37 kg.
    a) Wie groß ist seine Oberfläche?
    b) Ein Kupferwürfel wiegt dasselbe wie der Eisenquader. Berechne seine Oberfläche.

LVL 15. Überlegt in Partner- oder Gruppenarbeit: Wie ändern sich Oberfläche und Volumen eines Quaders, wenn man die Länge jeder Kante verdoppelt (verdreifacht)?

BLEIB FIT!

Die Ergebnisse der Aufgaben gehören zu Frankreich.

1. Schreibe das Ergebnis als Dezimalzahl.
   a) 1 + 2%   b) 1 + 12%   c) 1 + 120%   d) 1 − 20%

2. a) Wie groß ist der Flächeninhalt der symmetrischen Figur?
   A = ▊ cm²
   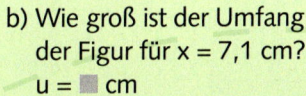
   b) Wie groß ist der Umfang der Figur für x = 7,1 cm?
   u = ▊ cm
   c) Der Term für den Umfang einer ähnlichen Figur ist u = 4 · x + 84. Bestimme x für den Umfang 123,6 cm.
   x = ▊ cm

3. Wenn ich zu einer Zahl 7 addiere und die Summe verdopple, erhalte ich das Dreifache der Zahl vermindert um 40.

4. In einer Handball-Liga spielen 15 Vereinsmannschaften. Wie viele Spiele (Hin- und Rückspiel) müssen insgesamt ausgetragen werden?

5. Vergleiche die angegebenen Streckenlängen beim Würfel. Welche der vier Angaben ist richtig?
   $\overline{AB} > \overline{GH} > \overline{BH}$ (66)
   $\overline{AB} < \overline{BD} < \overline{BH}$ (75)
   $\overline{AB} > \overline{CD} < \overline{CH}$ (81)
   $\overline{HC} < \overline{BE} < \overline{GH}$ (92)
   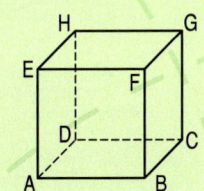

6. Die 100-m-Zeiten einer Staffel-Mannschaft sind: 10,42 s, 10,85 s, 11,02 s und 10,91 s. Wie groß ist ihre 100-m-Zeit im Durchschnitt in s?

7. a) Frau Wilms zahlte 2010 für eine Tankfüllung 62,50 €. Der Preis war 2012 um 25 % höher. Wie viel Euro kostet eine Tankfüllung?
   b) Der Preis für 3 000 l Heizöl stieg um 10 % auf 1 375 €. Wie viel Euro kostete diese Menge Heizöl vorher?
   c) Herr Simon konnte den Benzinverbrauch seines Pkw von 7,5 auf 6,6 l je 100 km senken. Der Verbrauch sank damit um ▊ %.

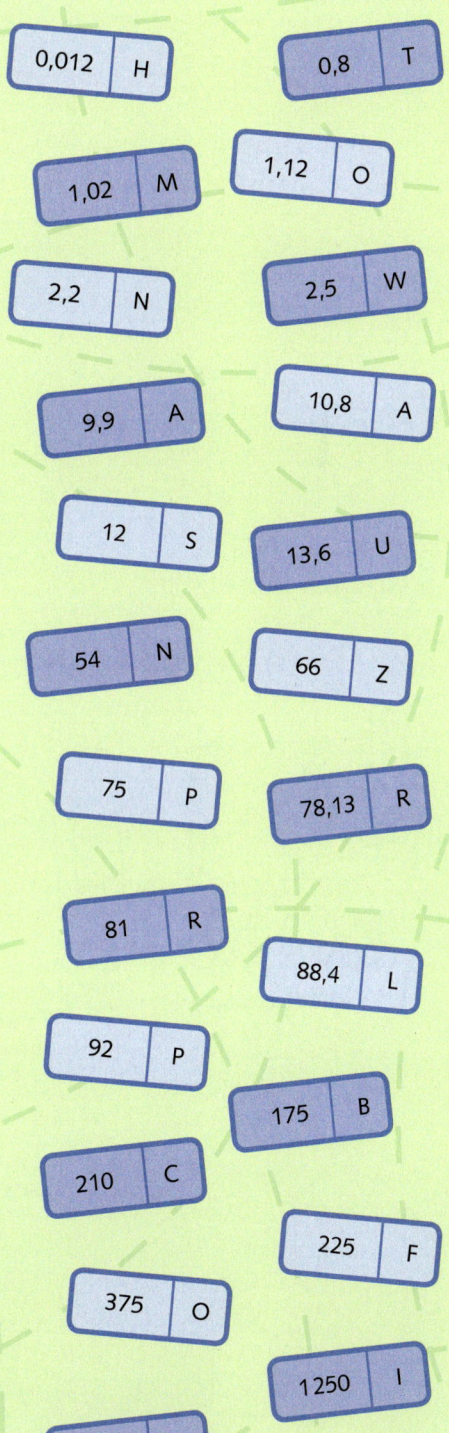

6 Körper zeichnen und berechnen

Zylinder: Netze, Modelle, Schrägbilder

Bearbeitet die Aufgaben in Partnerarbeit.

1. Formt mit einem DIN-A5-Blatt zwei verschiedene Zylindermäntel.

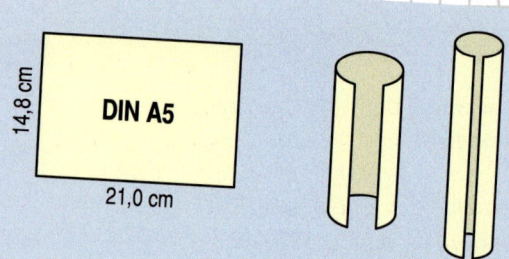

2. Stellt aus Karton oder Papier zu den beiden Zylindermänteln die zugehörige kreisförmige Grund- und Deckfläche her.

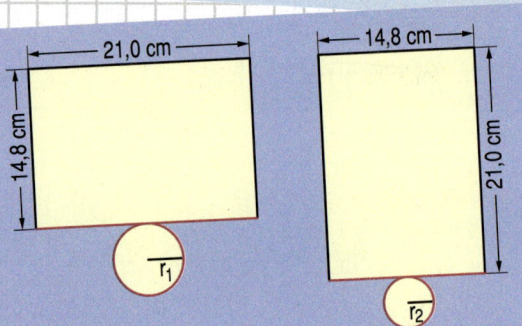

3. Baut die Zylindermodelle mit Tesafilm zusammen.

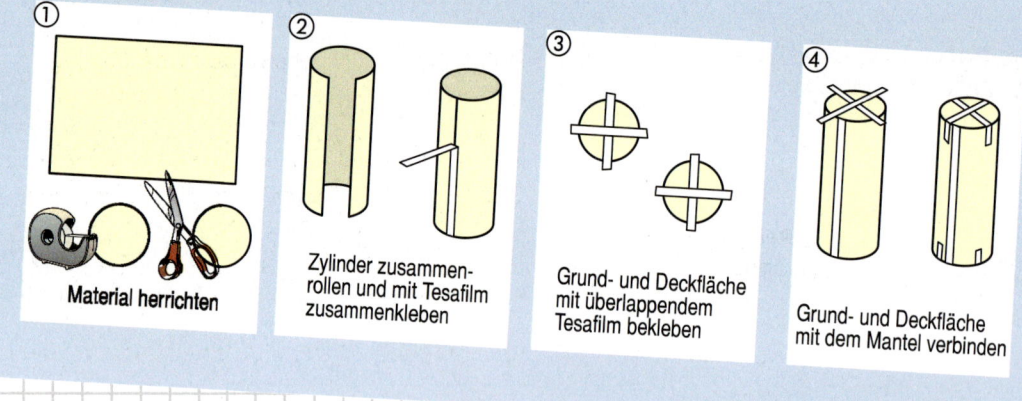

① Material herrichten
② Zylinder zusammenrollen und mit Tesafilm zusammenkleben
③ Grund- und Deckfläche mit überlappendem Tesafilm bekleben
④ Grund- und Deckfläche mit dem Mantel verbinden

4. Lässt sich aus dem abgebildeten Netz ein Zylinder bauen? Begründet eure Antwort.

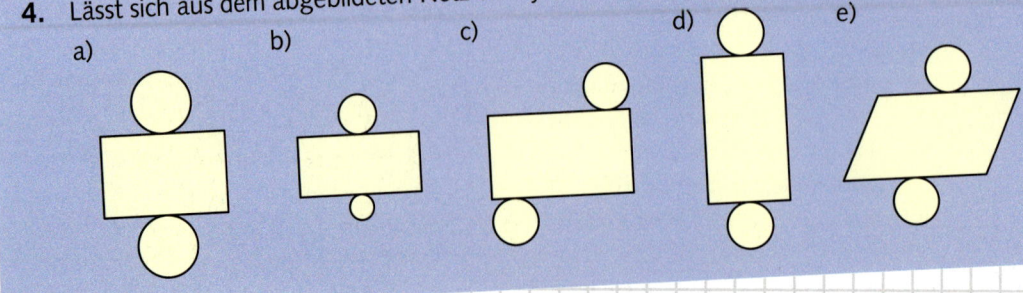

a)   b)   c)   d)   e)

6 Körper zeichnen und berechnen

LVL

5.
a) Erklärt die nebenstehenden Abbildungen, die zwei Möglichkeiten zum Zeichnen eines Zylinderschrägbildes zeigen.
b) Worin unterscheiden sich Schrägbilder von Zylindern und von Prismen?
c) Fertigt ein Schrägbild eines Zylinders mit 6 cm Durchmesser und 10 cm Höhe an.

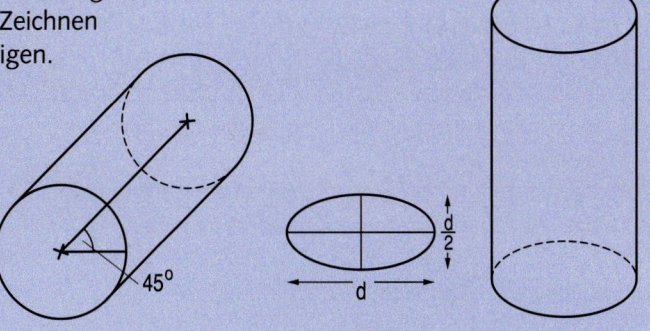

6. Zeichnet das Zylinderschrägbild mit den angegebenen Maßen in euer Heft.

a) 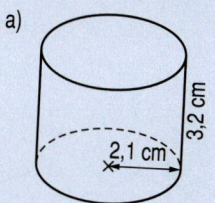   b) 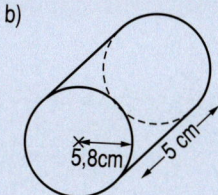   c) 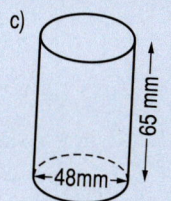   d)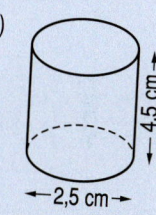

7.
a) Skizziert freihändig ohne genaue Maße und ohne Lineal fünf Schrägbilder von Zylindern, die auf der Grundfläche stehen.
b) Skizziert freihändig drei Zylinderschrägbilder mit der Grundfläche als Vorderfläche.
c) Sucht Zylinder und aus Zylindern zusammengesetzte Körper und skizziert davon freihändig Schrägbilder.

8. Skizziert das Schrägbild des Zylinders, dessen Netz hier abgebildet ist.

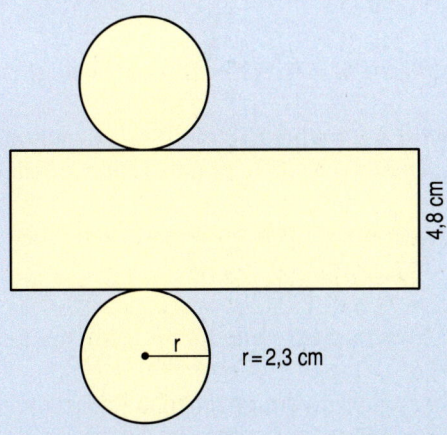

9. Beschreibt den zusammengesetzten Körper in Worten und skizziert ein Schrägbild.

a)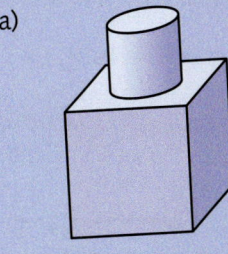

b)

6 Körper zeichnen und berechnen

Oberfläche des Zylinders

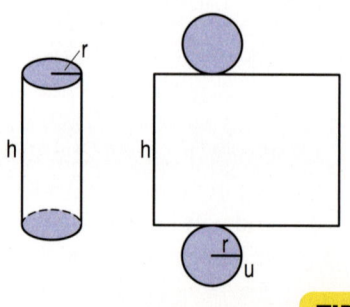

LVL 1. a) Skizziere ein Netz des Zylinders und bezeichne den Mantel mit M und die Grundfläche mit G.
b) Beim Prisma kennst du die Formeln M = u · h für die Mantelfläche sowie O = 2 · G + M für die Oberfläche. Beschreibe, wie man die Oberfläche des Zylinders berechnen kann.
Kannst du eine allgemeine Formel für die Mantelfläche und die Oberfläche eines Zylinders angeben?

TIPP
Endergebnisse immer sinnvoll runden!

2. Berechne die Oberfläche des Zylinders.
   a) r = 3,3 cm, h = 4,5 cm   b) d = 7,4 cm, h = 8,3 cm

3. Berechne die Mantelfläche M und die Oberfläche O des Zylinders.
   a) 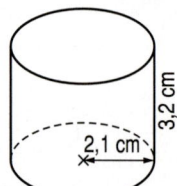 b) 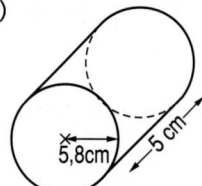 c) 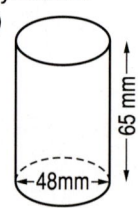 d)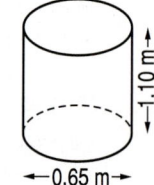

4. Berechne den Materialbedarf des Kriechtunnels für Kinder (maximale Länge 280 cm; d = 53 cm)
   a) an Stoff,   b) an Draht zur Stabilisierung des Tunnels (Abstände der Drahtringe: 20 cm).

5. Berechne die gesuchte Größe des Zylinders.
   a) O = 78,5 cm²   b) M = 27,8 cm²   c) M = 234,5 cm²   d) O = 345,8 cm²
      r = 2,3 cm   h = 2,1 cm   G = 64,2 cm²   M = 234,3 cm²
      h =   r =   h =   r =

6. Ein Zylinder hat den Radius r = 5,5 cm und die Oberfläche O = 418,15 cm². Wie hoch ist er?

7. Ein Zylinder hat eine Oberfläche von 135,7 cm² und ist 3,5 cm hoch. Ermittle den Radius auf Millimeter gerundet. Du kannst probieren und dabei auch mit einer Tabellenkalkulation arbeiten.

8. Ein Zylinder hat einen Radius und eine Höhe von jeweils 10 cm. Wie viel Prozent des Oberflächeninhalts entfällt auf die Grundfläche?

9. "Doppelter Radius bedeutet doppelte Oberfläche." Stimmt dies? Prüfe für r = 3 cm, h = 5 cm.

10. Wie muss man bei einem Zylinder die Höhe h in Abhängigkeit vom gegebenen Radius r wählen, damit die Mantelfläche so groß ist wie Grund- und Deckfläche zusammen?

11. Aus einem Holzwürfel mit 6 cm Kantenlänge wird ein größtmöglicher Zylinder herausgearbeitet. Um wie viel Prozent ist die Oberfläche des Zylinders kleiner als die des Würfels?

6 Körper zeichnen und berechnen

Volumen des Zylinders

LVL 1. Bearbeitet die Aufgabe in Gruppen:
  a) Stellt euch den Zylinder wie oben in sehr viele Sektoren geschnitten und neu zusammengesetzt vor. Welche Form hat der neu zusammengesetzte Körper ungefähr, und mit welcher Formel könnte man sein Volumen berechnen?
  b) Welche Schlussfolgerungen für das Volumen der Zylinder können aus dem im Comic dargestellten Umschüttversuch getroffen werden?
  c) Beim Prisma kennt ihr die Volumenformel $V = G \cdot h$. Stellt die Volumenformel für den Zylinder auf und verwendet dabei die Bezeichnungen V, h, r sowie die Zahl π.

2. Berechne das Volumen des Zylinders mit der Grundfläche G und der Körperhöhe h.
  a) $G = 23\ cm^2$; $h = 5\ cm$
  b) $G = 45{,}8\ cm^2$; $h = 7{,}3\ cm$
  c) $G = 135{,}4\ cm^2$; $h = 2{,}5\ dm$

3. Berechne das Volumen des Zylinders.
  a) $r = 4\ cm$; $h = 6\ cm$
  b) $r = 4{,}9\ cm$; $h = 6{,}3\ cm$
  c) $d = 9{,}0\ cm$; $h = 4{,}5\ cm$
  d) $d = 2\ m$; $h = 0{,}9\ m$
  e) $d = 8{,}2\ m$; $h = 7{,}7\ m$
  f) $d = 3{,}9\ cm$; $h = 2\ dm$
  g) $r = 2{,}0\ m$; $h = 85\ cm$
  h) $r = h = 50\ cm$
  i) $d = h = 2\ m$

4. a) 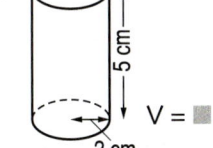   b) 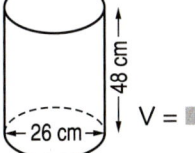   c)   d)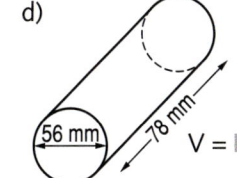

LVL 5. Aus einem DIN-A4-Blatt als Mantel können zwei verschiedene Zylinder geformt werden. Haben sie gleiches oder verschiedenes Volumen? Schätze, dann rechne aus.

6. Berechne das Volumen
  a) eines Rundbalkens mit 32 cm Durchmesser und einer Länge von 6,8 m;
  b) eines Kupferdrahts mit 25 m Länge und 2 mm Durchmesser;
  c) einer 1-€-Münze mit 23 mm Durchmesser und 2 mm Höhe.

7. Ulla und Bernd bestimmen das Volumen einer Getränkedose durch Ausmessen des Umfangs und der Höhe.
  a) Berechne den Radius der Dose.
  b) Berechne das Volumen der Dose.
  c) Der Dosenhersteller spricht von 0,33 l Doseninhalt. Prüfe.

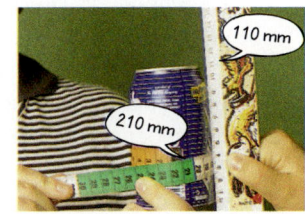

6 Körper zeichnen und berechnen

Berechnungen am Zylinder

LVL 1. Partnerarbeit: Begründet euch gegenseitig die Formeln im Kasten.

2. Zeichne das Netz und das Schrägbild eines Zylinders mit r = 2 cm und h = 3 cm. Beschrifte r und h und berechne die Oberfläche, die Mantelfläche und das Volumen des Zylinders.

3. Berechne die Oberfläche und das Volumen des Zylinders.
   a) d = 9,2 cm   h = 8,5 cm
   b) M = 1 256 cm² h = 25 cm
   c) G = 314 cm²   h = 35 cm

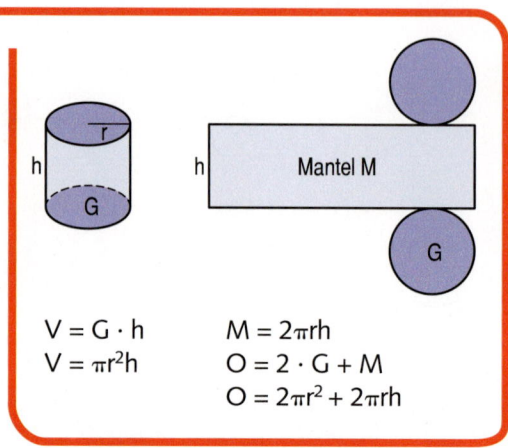

$V = G \cdot h$ $M = 2\pi rh$
$V = \pi r^2 h$ $O = 2 \cdot G + M$
                    $O = 2\pi r^2 + 2\pi rh$

LVL 4. Besorge dir drei verschieden große zylinderförmige Dosen und bestimme durch Messen und anschließendes Berechnen das Volumen und die Oberfläche der Dosen.

5. Berechne das Volumen und den Materialbedarf des zylinderförmigen Gegenstandes in cm².

 a) r = 15 cm h = 18 cm

 b) d = 11,5 cm h = 13,4 cm

 c) d = 68 cm h = 90 cm

 d) d = 14 cm h = 20 cm

6. Berechne den Hubraum für ein Auto mit 4 gleich großen Zylindern. Der Durchmesser eines Zylinders ist d = 8,2 cm, die vom Kolben im Zylinder durchlaufene Höhe (= Hub) 9 cm. Üblicherweise wird der Hubraum in der Einheit Liter angegeben.

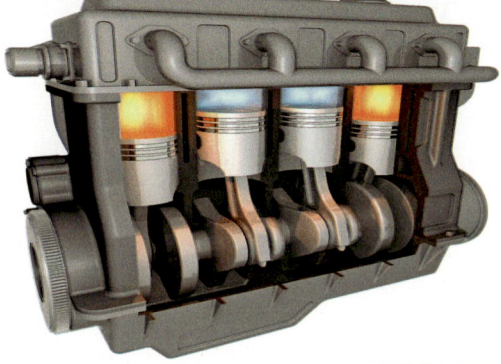

7. Eine Fahrradpumpe hat einen inneren Durchmesser von 2,6 cm und einen Kolbenhub von 28 cm.
Wie viel cm³ Luft wird mit jedem Hub gepumpt?

8. a) Berechne die Innenwandfläche eines zylinderförmigen Getreidesilos mit 18 m Höhe und 7,5 m innerem Durchmesser.
   b) Wie viel m³ Getreide können maximal in dem Silo gelagert werden?

9. Berechne die Masse eines zylinderförmigen Gegenstandes aus dem angegebenen Material und den gegebenen Maßen.
   a) Eisen: r = 2 cm   h = 15 cm   b) Aluminium: r = 7,5 cm   h = 65 cm
   c) Silber: d = 12 mm   h = 27 mm   d) Beton: d = 1,4 m   h = 8,6 m

6 Körper zeichnen und berechnen   133

10. In einem Wohnhaus ist die Warmwasserleitung vom Boiler bis ins Bad 8,2 m lang. Der Innendurchmesser der Leitung beträgt 21 mm. Wie viel Liter Wasser laufen durch die Leitung, bis das erste Wasser aus dem Boiler im Bad ankommt?

11. Berechne das Volumen und die Masse eines Kupferdrahtes mit 30 m Länge und einem Durchmesser von 3 mm. Wandle zunächst in eine gemeinsame Einheit um (z. B. in cm).

12. Zeichne ein Netz und berechne die Mantel- und Oberfläche des Zylinders.
 a) r = 2 cm; h = 3 cm   b) r = 3 cm; h = 4 cm   c) d = 5 cm; h = 5 cm   d) d = 4 cm; h = 8 cm

13. Eine Fabrik soll 10 000 Dosen mit 8 cm Durchmesser und einer Höhe von 12 cm herstellen.
 a) Berechne den Materialbedarf für eine Dose in cm².
 b) Berechne den gesamten Materialbedarf in m², wenn mit 6 % Verschnitt gerechnet wird.

LVL 14. Partnerarbeit: Schätzt mit Hilfe der Vergleichsgröße die Längen von Radius und Höhe des zylinderförmigen Objekts. Stellt Fragen und berechnet die Lösungen.

a)    b)    c)

15. Berechne von den Größen r, d, h, V, M und O des Zylinders die jeweils fehlenden.
 a) r = 4,5 cm   b) V = 176 cm³   c) r = 2,8 cm   d) h = 4,8 m   e) r = 5,1 cm
    h = 5,2 cm   r = 4,5 cm   M = 77 cm²   M = 152 cm²   O = 420 cm²

16. Eine Dose soll 11,5 cm Durchmesser und 1 l Volumen haben. Welche Höhe hat sie dann?

17. Wie verändern sich M und V eines Zylinders, wenn man den Radius verdoppelt?

18. In welcher Höhe muss der Eichstrich für 0,2 l bei einem zylinderförmigen Glas mit dem Innendurchmesser d = 5,4 cm angebracht werden?

19. In Stefans Formelsammlung steht für die Zylinderoberfläche die Formel O = 2πr (r + h). Stimmt sie mit der Formel O = 2πr² + 2πrh überein?

20. Ein Messzylinder aus Glas hat einen Innendurchmesser von 4 cm. Welchen Abstand haben zwei Markierungen auf der Zylinderwand, die einem Volumen von 50 cm³ und 100 cm³ entsprechen?

6 Körper zeichnen und berechnen

Zusammengesetzte und ausgehöhlte Körper

LVL 1. Partnerarbeit:
Überlegt gemeinsam, wie das Volumen und die Oberfläche der beiden abgebildeten Gesamtkörper berechnet werden kann. Notiert euer Ergebnis in Worten.

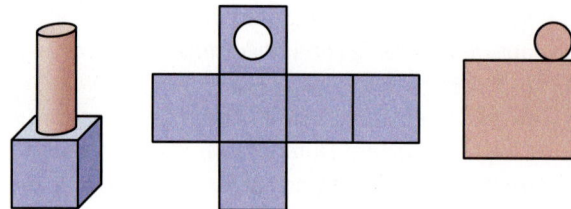

LVL 2. Partnerarbeit:
Jeder skizziert freihand drei verschiedene zusammengesetzte oder ausgehöhlte Körper als Schrägbild. Die Tischnachbarn erklären sich gegenseitig in Worten, wie das Volumen und die Oberfläche berechnet werden.

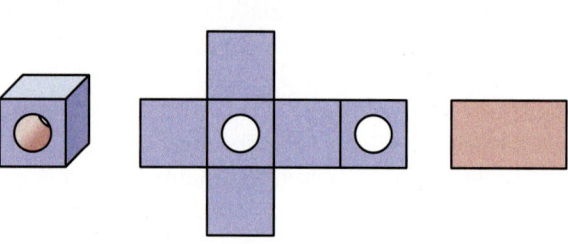

3. Berechne Volumen und Oberfläche des abgebildeten Körpers (Maße in mm).

a) 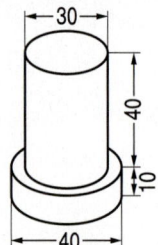   b) 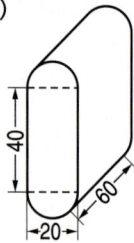   c) 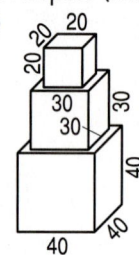   d)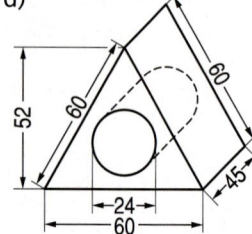

LVL 4. Partnerarbeit:
a) Entwickelt Formeln für das Volumen und die Oberfläche des Stahlringes.
b) Berechnet das Volumen und die Oberfläche des Stahlringes.
   (1) $r_1 = 6$ cm $r_2 = 4$ cm $h = 2$ cm
   (2) $d_1 = 22$ mm $d_2 = 16$ mm $h = 8$ mm

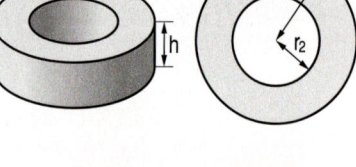

5. Die Abbildung zeigt den Querschnitt des Stefanstunnels. Er hat die Form eines Rechtecks mit aufgesetztem Halbkreis.
a) Die Innenwand des Tunnels soll einen neuen Schutzanstrich bekommen. Berechne die zu streichende Fläche.
b) Wie groß ist das Luftvolumen im Tunnel?

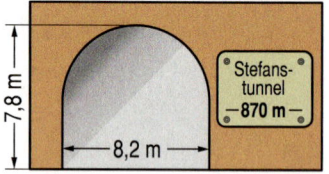

6. Die Abwasserrohre haben 60 cm Innendurchmesser und 70 mm Wandstärke. Das Rohrsystem im Wohngebiet ist insgesamt 2,4 km lang.
a) Wie viel m³ Abwasser kann das Rohrsystem insgesamt maximal aufnehmen?
b) Wie viel m³ Beton werden benötigt, um alle erforderlichen Rohre anzufertigen?
c) 1 m³ Beton wiegt 2,4 t. Wie viele Fahrten mit einem Tieflader (Zuladung 20 t) sind nötig, um die Rohre in das Neubaugebiet zu transportieren?

6 Körper zeichnen und berechnen

1. Berechne Oberfläche und Volumen des Würfels.
 a) a = 7 cm   b) a = 3,6 cm

2. Berechne Oberfläche und Volumen des Quaders.
 a) a = 8 cm   b = 6 cm   c = 4 cm
 b) a = 56 cm   b = 4,5 dm c = 0,3 m

3. Die Grundfläche eines Quaders ist ein Quadrat mit 5 cm Seitenlänge, sein Volumen beträgt 1 Liter. Wie hoch ist der Quader?

4. Berechne die Oberfläche des Prismas mit der abgebildeten Grundfläche. Die Körperhöhe beträgt 10 cm.
 a) 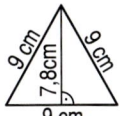   b)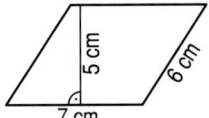

5. Berechne das Volumen des Prismas mit der Grundfläche G und der Höhe h.
 a) G = 65 cm²; h = 7 cm
 b) G = 1,2 dm²; h = 8 cm

6. Berechne Oberfläche und Volumen des Prismas.
 a) 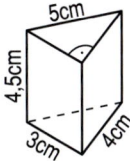   b)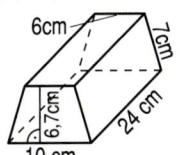

7. Berechne das Volumen des Zylinders.
 a) r = 2 cm; h = 5 cm   b) r = 4,2 cm; h = 6,1 cm

8. Zeichne Netz und Schrägbild des Zylinders.
 a) r = 2 cm; h = 7 cm   b) d = 5 cm; h = 4 cm

9. Berechne Mantel und Oberfläche des Zylinders.
 a) r = 11 cm; h = 9 cm   b) r = 2,1 cm; h = 3,7 cm

10. Berechne Volumen und Oberfläche des Zylinders.
 a) 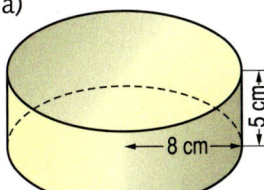   b)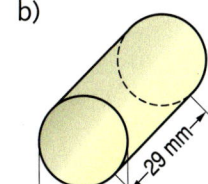

11. Berechne die Höhe des Zylinders
 a) V = 47,0 cm³; r = 2,4 cm
 b) O = 75,4 cm²; r = 3 cm

Quader und Würfel

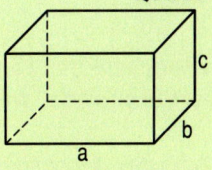 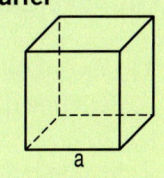

$O = 2 \cdot a \cdot b + 2 \cdot a \cdot c + 2 \cdot b \cdot c$ $O = 6 \cdot a^2$
$V = a \cdot b \cdot c$ $V = a^3$

Oberfläche des Prismas

Oberfläche = 2 · Grundfläche + Mantelfläche

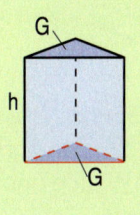 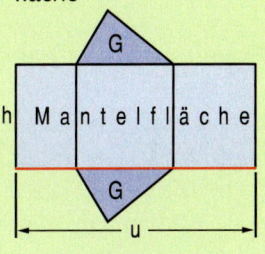

$M = u \cdot h$ $O = 2 \cdot G + M$

Volumen des Prismas

Volumen = Grundfläche · Körperhöhe

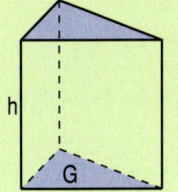

$V = G \cdot h$

Volumen und Oberfläche des Zylinders

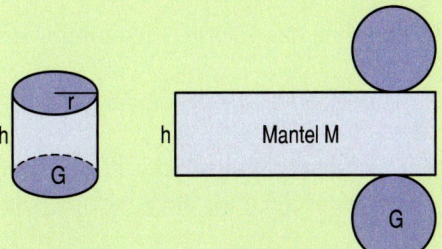

$V = G \cdot h$ $M = 2\pi r h$
$V = \pi r^2 h$ $O = 2 \cdot G + M$
             $O = 2\pi r^2 + 2\pi r h$

TESTEN · ÜBEN · VERGLEICHEN

TÜV

6 Körper zeichnen und berechnen

Grundaufgaben

1. Eine quaderförmige Eisenplatte ist 125 cm lang, 60 cm breit und 1 cm dick. Berechne die Masse der Eisenplatte, wenn 1 cm³ Eisen 7,9 g wiegt.

2. Berechne die Oberfläche des abgebildeten Prismas.

3. Berechne das Volumen des abgebildeten Prismas.

4. Berechne das Volumen des abgebildeten Zylinders.

5. Berechne die Mantel- und die Oberfläche des Zylinders.

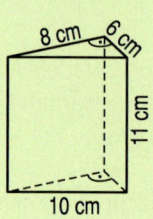
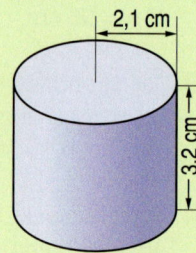

Erweiterungsaufgaben

1. Sebastian renoviert sein Zimmer. Es ist 4,50 m lang, 3,90 m breit und 2,50 m hoch.
   a) Wie viel m² Teppichboden benötigt er?
   b) Wie viel m² Tapete für Wände und Decke müssen besorgt werden? Für Fenster und Türen werden 5 m² abgezogen.

2. Berechne vom abgebildeten Gewächshaus
   a) die gesamte verglaste Fläche;
   b) das Volumen des Innenraumes.

3. Ein Quader hat eine Oberfläche von 88 cm². Er ist doppelt so lang wie breit. Er ist so hoch wie Breite und Länge zusammen. Welche Kantenlänge besitzt er?

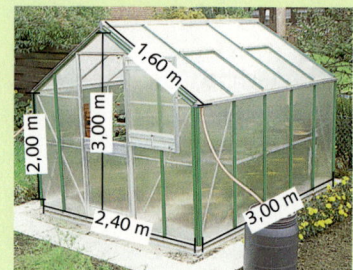

4. a) Wie verändert sich die Oberfläche eines Zylinders, wenn man die Höhe und den Radius verdoppelt?
   b) Wie ändert sich das Volumen eines Zylinders, wenn man Höhe und Radius verdreifacht?

5. Eine zylinderförmige Konservendose hat den Radius r = 4,1 cm und die Höhe h = 8,3 cm.
   a) Wie viel cm² Blech benötigt man zur Herstellung der Dose?
   b) Wie groß ist das Fassungsvermögen der Dose?

6. Berechne das Volumen des zusammengesetzten Körpers.

7. Berechne die Oberfläche des zusammengesetzten Körpers.

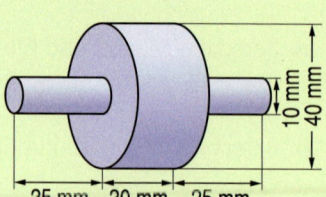

8. Eine zylinderförmige Schachtel hat den Radius 3,5 cm. Welche Höhe muss die Schachtel haben, damit das Volumen 1 l beträgt?

9. Eine 2-Euro-Münze hat einen Durchmesser von 26 mm und ist 2 mm hoch. Wie viel wiegt ein 5 cm hoher Stapel von 2-€-Münzen, wenn 1 cm³ des verwendeten Metalls 8,9 g wiegt?

10. Berechne die Oberfläche des Zylinders mit V = 124,5 cm³ und r = 3,1 cm.

11. Ein Zylinder mit Radius r = 6,3 cm hat die Oberfläche O = 468,0 cm². Berechne sein Volumen.

Daten und Zufall

Wintersportregion Hochalm

Warum haben Sie heute unsere Homepage besucht?
(Mehrfachnennungen sind möglich)

☐ Ich interessiere mich allgemein für Wintersport.
☐ Zur Entscheidungshilfe bei der Suche nach einem Urlaubsquartier.
☐ Zur Vorbereitung meines Urlaubs (habe schon gebucht).
☐ Ich wollte sehen, was es Neues bei Ihnen gibt (war schon Gast).
☐ Ich besuche diese Seite regelmäßig.
☐ Ich bin zufällig beim Surfen auf diese Seite gekommen.
☐ Bekannte haben mir von dieser Region erzählt.
☐ Sonstige Gründe, nämlich:

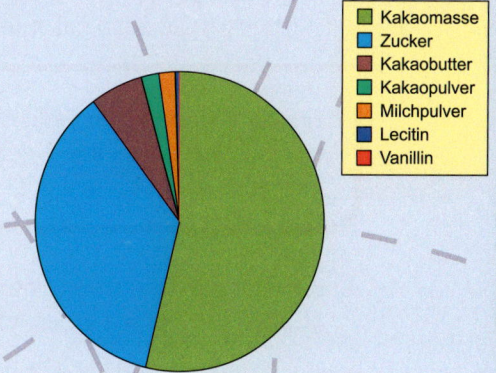

	A	B	C
1	Schwarze Herrenschokolade		
2		Prozent	Gramm
3	Kakaomasse	53,70	1074,0
4	Zucker	36,08	721,6
5	Kakaobutter	5,90	118,0
6	Kakaopulver	2,00	40,0
7	Milchpulver	1,80	36,0
8	Lecithin	0,50	10,0
9	Vanillin	0,02	0,4
10	Quelle: Schokoladenmuseum Köln		

Für wie viele Tafeln?

50 Cent Einsatz

„2 Sonnen" wäre der Hauptgewinn gewesen.

Stichproben

1. a) Erkläre die Begriffe „Stichprobe" und „repräsentativ". Suche dazu im Lexikon oder Internet.
b) Warum sind Fatimas und Martins Stichproben nicht repräsentativ?
c) In der Stadt wohnen 18 % der Vierzehnjährigen wie Martin und 39 % wie Fatima, die übrigen in einer mittleren Wohnlage. Außerdem sind 51 % der Vierzehnjährigen Mädchen.
Wie würdest du eine repräsentative Stichprobe von 300 Vierzehnjährigen zusammenstellen?
d) Die Befragung einer Stichprobe, die unter den in c) genannten Bedingungen repräsentativ ist, ergab eines der folgenden Ergebnisse für das durchschnittliche wöchentliche Taschengeld von Vierzehnjährigen in der Stadt: 9,10 € – 10,10 € – 11,10 € – 12,10 € – 13,10 €.
Finde im Gespräch mit anderen heraus, welches Ergebnis zutreffen könnte.

> Eine **Stichprobe** ist der Teil aus der Gesamtheit, der befragt oder untersucht wird. Sie ist **repräsentativ**, wenn ihre Ergebnisse auf die Gesamtheit übertragbar sind. Dazu muss sie genügend groß sein und ungefähr so zusammengesetzt sein wie die Gesamtheit.

2. Bei einer repräsentativen Untersuchung griffen 750 von 5000 Testpersonen zum Waschmittel „Colorsoft". Mit wie vielen Käufern bei 30 Millionen möglichen Kunden ist etwa zu rechnen?

3. Ein Großhändler erhält eine Lieferung von 1000 Kisten, jede mit 5 kg Erdbeeren. Er kontrolliert 5 Kisten und findet in ihnen insgesamt 500 g faule Früchte.
a) Angenommen, diese Stichprobe ist repräsentativ, wie viel kg faule Früchte sind in der gesamten Lieferung?
b) Worauf muss der Großhändler bei der Auswahl der 5 Kisten achten, damit diese Stichprobe ihn nicht täuscht? Erkläre Mitschülerinnen und Mitschülern deine Überlegungen.

4. In einem Teich werden 200 Fische gefangen, markiert und wieder in den Teich gesetzt. Ein paar Tage danach entnimmt man dem Teich eine Stichprobe von 50 Fischen, unter ihnen sind 5 markierte.
a) Angenommen, diese Stichprobe ist repräsentativ. Wie viele Fische sind dann ungefähr im Teich?
b) Warum muss man auf jeden Fall ein paar Tage warten, bis man die Stichprobe fängt?

7 Daten und Zufall

Mittelwert, Median und Modus

Mittelwert (Durchschnitt)	Median (Zentralwert)	Modus (Modalwert)	Summe aller Datenwerte dividiert durch ihre Anzahl
In der Mitte der Rangliste (nach Größe geordnete Daten)	Datenwert mit der größten Häufigkeit		

Zahlenkarten: 5 | 5,8 | 6 | 7

Punkte im Test

3	3	4	4	5
5	5	6	6	7
7	7	8	8	9

LVL 1. a) Partnerarbeit: Mittelwert und Median kennt ihr gewiss. Vielleicht erinnert ihr euch auch an den Modus (oder Modalwert), zu ihm gehören die Text- und die Zahlenkarte, die nicht zu den beiden anderen Begriffen passen. Ordnet richtig zu.

b) Erfindet Daten, die mehr als einen Modalwert besitzen. Prüft auch, ob es Daten mit mehr als einem Mittelwert oder mehr als einem Median geben kann. Präsentiert eure Lösung.

LVL 2. a) Partnerarbeit: Überprüft anhand der „Hilfe" des Tabellenkalkulationsprogramms die angegebenen Befehle, insbesondere ob sie leere Zellen in einem rechteckigen Tabellenbereich tatsächlich ignorieren. Kontrolliert mit eigener Rechnung.

b) Untersucht den Befehl zum Modus an Daten, bei denen zwei oder mehr Werte mit gleicher maximaler Häufigkeit auftreten.

	A	B	C	D	E	F
1	Punkte im Test					
2	10	3	8	13	6	2
3	20	8	4	10	5	6
4	4	20	16	2	18	9
5	6	16	3	14	9	
6						
7	Mittelwert			Median		Modalwert
8						
9						
10	=MITTELWERT (A2:F5)			=MEDIAN (A2:F5)		=MODALWERT (A2:F5)

3. Bestimme Mittelwert, Median und Modus für die Werte in der Tabelle.

5	16	8	5	14	3	12	17	15	20	15	18
8	2	12	18	10	13	15	8	7	12	8	12

4. Die Gartenbaufirma „Gaba" besteht aus dem Firmenchef und vier Mitarbeitern. Angegeben sind die Jahresgehälter der vier Mitarbeiter; der Verdienst des Firmenchefs ist geheim.
Ein Mitarbeiter hatte aber dann erfahren, dass der Mittelwert der Gehälter 30 720 Euro beträgt. Jetzt konnte er das Geheimnis seines Chefs lüften. Wie hat er das geschafft, und wie lautet das Ergebnis?

Firmenchef	▨▨▨▨▨
Meister	31 200 €
Gärtner	21 600 €
Gehilfe	15 600 €
Angestellte	14 400 €

5. Ein Reiseveranstalter hat Hotels einer Urlaubsregion bewertet.
a) Berechne die relativen Häufigkeiten in Prozent. Stelle sie grafisch dar.
b) Wie viel Prozent der Hotels sind bestenfalls „mittel"?
LVL c) Kannst du eine Durchschnittsbewertung berechnen? Erkläre deine Überlegung.

sehr gut							
gut										
mittel					
schlecht						

6. An der Rheinstrecke Köln – Freiburg wohnen 15 Verwandte, die ein Familientreffen planen. Die Gesamtzahl gefahrener Bahnkilometer soll minimal sein. In welcher Stadt treffen sie sich?

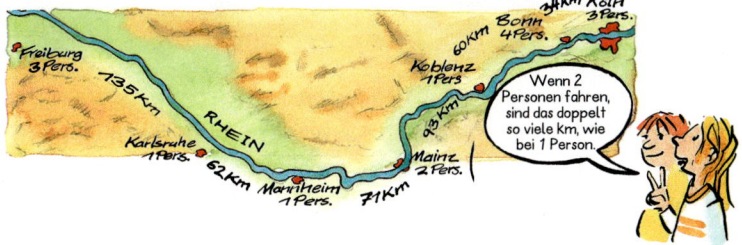

7 Daten und Zufall

Spannweite

- Wie ist der Test in den beiden Klassen ausgefallen?
- Im Mittel ziemlich gleich.
- Aber mit deutlich verschiedenen Spannweiten

8A	2	5	6	8
9	10	11	11	12
12	12	13	13	14
14	14	15	15	16
16	17	18	20	20

8B	8	8	9	9
10	10	10	11	12
12	12	12	13	13
14	14	14	14	15
15	15	16	16	16

LVL 1. Partnerarbeit: Vergleicht die beiden Testergebnisse und klärt dabei, was die Personen mit „im Mittel gleich" und mit „verschiedenen Spannweiten" wohl meinen.

LVL 2. Partnerarbeit: Berechnet die Spannweite mit einer Tabellenkalkulation. Verwendet dazu die Befehle =MAX(A1:E2) und =MIN(A1:E2). Prüft die Richtigkeit der Befehle anhand der „Hilfe" des Programms.

	A	B	C	D	E
1	4	8	3	9	7
2	5	6	5	7	4

> Die **Spannweite** einer Datenmenge ist die Differenz zwischen größtem und kleinstem Wert.

3. In zwei Gruppen wurde derselbe Test geschrieben. Vergleiche die Ergebnisse beider Gruppen mit Mittelwert, Median, Modus sowie Spannweite und stelle die Daten auch grafisch dar.

Gruppe I								
7	15	11	13	5	14	12	15	8	13
9	6	13	12	10	13	6	14	9	13

Gruppe II								
2	18	13	4	20	0	11	18	3	20
13	6	16	9	13	1	10	20	8	13

4. Der neunte Datenwert fehlt in der Tabelle, aber eine andere Kenngröße zu den Daten ist bekannt. Bestimme daraus den fehlenden Wert, es kann verschiedene Lösungen geben.
a) Spannweite = 10   b) Modus = 11   c) Median = 8   d) Mittelwert = 9.

13	5	12
6	?	4
14	8	11

5.

S: unter 53 g	M: 53 g bis unter 63 g	L: 63 g bis unter 73 g	XL: 73 g und mehr

55	74	66	47	62	58	70	68	79	72	60	58	71	80	69
48	53	59	68	68	75	64	61	57	56	65	71	60	56	48
59	56	52	45	59	55	65	69	78	67	61	58	62	69	51
68	57	70	50	76	54	66	61	49	81	58	67	46	62	70

GRAMM

Preis in € pro Ei	S	0,15
	M	0,17
	L	0,19
	XL	0,23

In der Europäischen Union (EU) werden Hühnereier in vier Gewichtsklassen eingeteilt.
a) Bestimme für die 60 Eier eines Legetages den Durchschnitt, den Median und die Spannweite.
b) Sortiere die Eier nach Gewichtsklassen und stelle die prozentualen Anteile grafisch dar.
c) Wie viel Euro werden beim Verkauf der Eier eingenommen?

7 Daten und Zufall

Klasseneinteilung

Die Kurse $8E_1$, $8E_2$ und $8E_3$ haben denselben Mathematiktest geschrieben. Die Tabelle rechts enthält die Punktzahlen der einzelnen Schülerinnen und Schüler.
Bildet Arbeitsgruppen, jede soll zunächst die Daten eines Kurses bearbeiten. Achtet darauf, dass jeder Kurs von etwa gleich vielen Gruppen bearbeitet wird.

1. Erstellt eine Häufigkeitstabelle für „euren" Kurs.
   a) Bestimmt Mittelwert, Median, Modus und Spannweite der Daten.
   b) Stellt die Häufigkeiten grafisch dar mit einem Säulen- oder Balkendiagramm.

Kurs	
Punkte	Anzahl
0	
1	

2. Verwendet die Ergebnisse aus Aufgabe 1, um die drei Kurse miteinander zu vergleichen.

3.

   Einfacher und übersichtlicher wäre es, wenn man ...

   ... die Punkte in Klassen einteilt: 0–6, 7–12, ...

   Teilt die Punkte wie von Mia und Yussuf vorgeschlagen in Klassen ein. Legt dann eine Häufigkeitstabelle für „euren" Kurs an und stellt die Häufigkeiten grafisch dar. Präsentiert eure Ergebnisse.

Kurs	
Punkte	Anzahl
0–6	
7–12	

4. Verwendet die in Aufgabe 3 präsentierten Ergebnisse zum Vergleich der drei Kurse. Überlegt dabei auch, ob ihr den Vergleich mit Klasseneinteilung der Punkte besser und übersichtlicher findet als ohne Klasseneinteilung.

5. In der Schule sind Punktwerte häufig Grundlage für Zensuren von 1 bis 6. Warum ist die Klasseneinteilung in Aufgabe 3 dafür nicht gut geeignet? Überlegt euch eine neue Klasseneinteilung der Punktwerte, die für eine anschließende Zensurenvergabe besser geeignet ist. Verteilt dann die Zensuren in „eurem" Kurs.

6. Ist Toms Meinung richtig? Begründet eure Antwort mit einer entsprechenden Klasseneinteilung.

7. Nehmt die Daten der drei Kurse zusammen und stellt sie so dar, wie es euch am besten erscheint.

Mit nur 2 oder 3 Klassen wäre alles noch viel übersichtlicher.

Kurs $8E_1$		Kurs $8E_2$		Kurs $8E_3$	
①	21	①	21	①	10
②	28	②	14	②	30
③	8	③	16	③	12
④	21	④	9	④	15
⑤	7	⑤	19	⑤	27
⑥	4	⑥	29	⑥	11
⑦	29	⑦	14	⑦	8
⑧	7	⑧	17	⑧	4
⑨	21	⑨	18	⑨	13
⑩	5	⑩	8	⑩	12
⑪	17	⑪	15	⑪	5
⑫	27	⑫	28	⑫	11
⑬	18	⑬	3	⑬	18
⑭	8	⑭	18	⑭	2
⑮	5	⑮	13	⑮	6
⑯	28	⑯	6	⑯	25
⑰	29	⑰	17	⑰	11
⑱	11	⑱	8	⑱	17
⑲	16	⑲	23	⑲	11
⑳	27	⑳	4	⑳	26
㉑	25	㉑	17	㉑	15
㉒	20	㉒	9	㉒	3
㉓	28	㉓	14	㉓	14
㉔	12	㉔	24	㉔	9
㉕	20	㉕	19	㉕	29
㉖	27	㉖	5	㉖	16
㉗	6	㉗	15	㉗	9
㉘	11	㉘	13	㉘	3
		㉙	16	㉙	10
		㉚	25	㉚	8

7 Daten und Zufall

Mittelwert bei Klasseneinteilung

100-m-Lauf, Sekunden				
12,0 bis unter 12,5	12,5 bis unter 13,0	13,0 bis unter 13,5	13,5 bis unter 14,0	14,0 bis unter 14,5
4	2	10	8	6

LVL 1. Partnerarbeit: Rechts ist der Zettel mit den Einzeldaten. Berechnet den Mittelwert über die Klassenmitten und genau. Stellt eure Ergebnisse vor und vergleicht.

100-m-Lauf, Sekunden:
12,0 13,4 13,9 14,0 12,3 13,8 13,2 14,0 13,7 12,6
12,4 13,3 13,1 14,4 13,7 13,1 14,1 12,8 13,4 13,2
13,4 14,4 13,0 13,5 14,3 12,2 13,6 13,1 13,9 13,5

Sind die Daten in Klassen eingeteilt, berechnet man den Mittelwert mit den Klassenmitten.
Beispiel: Punkte im Test

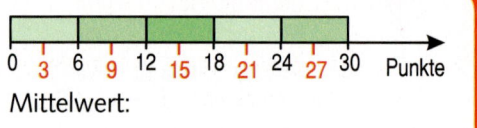

Punkte	unter 6	6 bis unter 12	12 bis unter 18	18 bis unter 24	24–30
Anzahl	2	3	5	6	4

Mittelwert:
$$\frac{2 \cdot 3 + 3 \cdot 9 + 5 \cdot 15 + 6 \cdot 21 + 4 \cdot 27}{20}$$
$$= \frac{342}{20} = 17{,}1 \approx 17$$

Klassenmitten: 3, 9, 15, 21 und 27.

---

2. Berechne den Mittelwert der Testergebnisse.

a)
Punkte	unter 10	10 bis unter 20	20 bis unter 30	30 bis unter 40	40–50
Anzahl	5	15	21	28	11

b)
Punkte	unter 5	5 bis unter 10	10 bis unter 15	15 bis unter 20	20–25
Anzahl	13	18	33	34	22

3. Eine Imbisskette hat untersucht, wie viele Gäste sich wie lange im Restaurant aufhalten. Berechne die durchschnittliche Aufenthaltsdauer.

unter 10 min: 32   10–20 min: 67   20–30 min: 43   30–40 min: 8

4. a) Eine Ladung Post-Pakete wird gewogen. Wie viel wiegt ein Paket durchschnittlich?
b) Wie viel würde die ganze Ladung wiegen, wenn jedes Paket das Durchschnittsgewicht hätte?
c) Wie viel wiegt die gesamte Ladung sicher mindestens, wie viel höchstens?

kg	unter 2	2–4	4–6	6–8	8–10	10–12	12–14	14–16	16–18	18–20
Anzahl	63	78	47	18	10	23	15	27	15	4

7 Daten und Zufall

Diagramme

„Welche Note hattest du in deinem letzten Jahreszeugnis im Fach Mathematik?"

12	35	33	17	3
1 = sehr gut	2 = gut	3 = befriedigend	4 = ausreichend	5 = mangelhaft

Angaben in Prozent
Basis: Schüler ab Klassenstufe 5 (n = 1.333).

Quelle: Studie „Rechnen in Deutschland 2009"

LVL 1. Im Jahr 2009 veröffentlichte die *Stiftung Rechnen* Ergebnisse ihrer Untersuchung über Mathematikkenntnisse in Deutschland. Die Grafik zeigt die Verteilung der Abschlussnoten in Mathematik im vergangenen Schuljahr.
  a) Überlegt in Partnerarbeit, warum in der Grafik oben die Note „6 = ungenügend" fehlt.
  b) Stellt die Notenanteile mit einem Säulendiagramm dar und vergleicht es mit der Grafik oben. Mit welchen Maßen der Säulen oder Figuren werden die Prozentsätze dargestellt?
  c) Stellt die Notenverteilung in einem Streifen- und einem Kreisdiagramm dar. Vergleicht sie mit dem Säulen- und dem obigen „Figurendiagramm". Welche erscheinen euch am übersichtlichsten?
  d) Bestimmt den Median der Schulnoten sowie die Durchschnittsnote.

2. a) Hylia sagt: „Jeder fünfte hatte eine Vier oder sogar eine schlechtere Note." Stimmt das?
  b) Man kann die Schulnoten auch in drei Klassen einteilen: Noten 1–2, Note 3, Noten 4–6. Stelle dafür die Anteile in einem Streifen- oder Kreisdiagramm dar.

3. Oben ist die gesamte Notenverteilung dargestellt. Die Notenverteilungen unterscheiden sich aber in den einzelnen Klassenstufen. Stelle sie grafisch dar, so dass die Unterschiede möglichst gut sichtbar sind.

Klassen	5–6	7–8	9–10	11–13
Note 1–2	48 %	39 %	47 %	57 %
Note 3	35 %	36 %	28 %	25 %
Noten 4–6	17 %	25 %	25 %	18 %

4. „Beschäftigst du dich zu Hause auch unabhängig von deinem Mathematikunterricht mit den Themen Rechnen und Mathematik?" Das Kreisdiagramm zeigt die Anteile der Antworten auf diese Frage.
  a) Wie viel Prozent der Befragten haben die Frage nicht beantwortet?
  b) Die Antworten auf die gestellte Frage wurden auch für Jungen und Mädchen getrennt erfasst. Stelle sie grafisch dar.

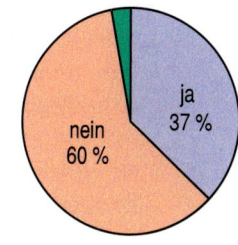

	ja	nein
Jungen	38 %	59 %
Mädchen	36 %	60 %

5. Mathematik nennen als eines der drei wichtigsten Fächer: 68 % aller Befragten, 56 % der Mädchen, 78 % der Jungen. Stelle diese Daten grafisch dar.

6. Auch Erwachsene (18–65 Jahre) wurden befragt, hier die Prozentsätze einiger Antworten. Stelle diese Daten übersichtlich grafisch dar.

Ich finde Mathematik als Fach heute wichtiger als während meiner Schulzeit.	53 %
Für meine Ausbildung hätte ich in der Schule mehr Mathematik lernen sollen.	28 %
Mathematik interessiert mich heute mehr als in der Schulzeit.	33 %

Quartile und Boxplots

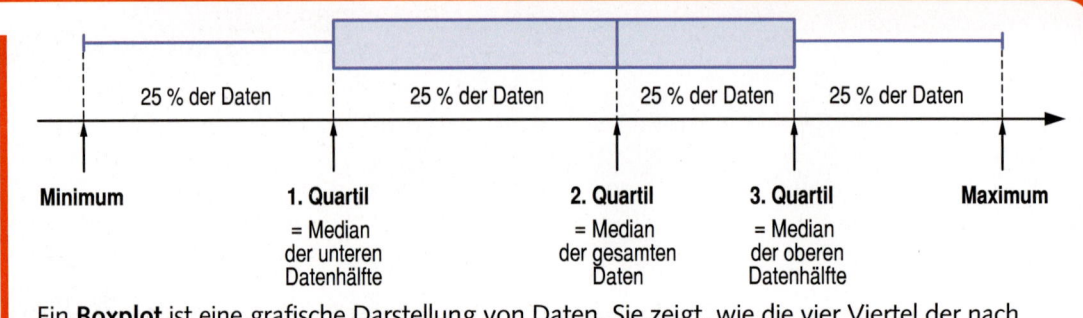

Ein **Boxplot** ist eine grafische Darstellung von Daten. Sie zeigt, wie die vier Viertel der nach Größe geordneten Daten zwischen Minimum und Maximum verteilt sind. Die beiden mittleren Datenviertel sind durch eine Box hervorgehoben.

LVL 1. Partnerarbeit: Die Tabelle gibt an, in welcher Entfernung von der Schule die Schülerinnen und Schüler der Klasse 8a wohnen (Angaben in km, gerundet auf 100 m).
   a) Ordnet die Daten der Größe nach (Rangliste) und bestimmt den kleinsten und größten Wert.
   b) Bestimmt den Median (Zentralwert) der Entfernungen.
   c) Der Median teilt die Daten in eine untere und eine obere Hälfte. Bestimmt von beiden Hälften den jeweiligen Median (1. und 3. Quartil).
   d) Wählt als Einheit 2 cm für 1 km und zeichnet einen Boxplot zu den Entfernungsdaten.

1	2	3	4	5	6	7	8	9
0,8	1,5	2,3	0,9	3,7	1,8	5,2	2,4	2,6
10	11	12	13	14	15	16	17	18
0,6	1,3	4,2	3,9	1,9	2,7	3,4	1,1	2,6
19	20	21	22	23	24	25	26	27
5,4	4,2	0,7	1,4	2,8	1,8	4,1	3,2	3,0

2. Auch bei den Parallelklassen 8b, 8c und 8d wurde die Wohnentfernung der Schüler ermittelt. Dazu gehören die drei abgebildeten Boxplots und die unten zu lesenden Beschreibungen. Ordne zu.
   I Niemand wohnt wirklich nah bei der Schule, 25 % wohnen fast 7 km von der Schule entfernt.
   II Die meisten wohnen ähnlich weit von der Schule entfernt.
   III Viele wohnen recht nah bei der Schule, viele aber auch weit entfernt von ihr.

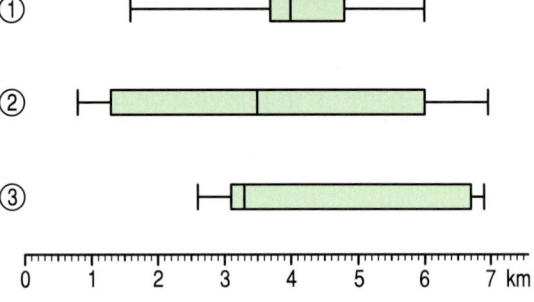

3. Drei Sportvereine A, B, C einer Stadt veranstalten einen Crosslauf im Stadtwald. Jeder Verein schickt 15 Teilnehmer. Die Tabelle zeigt, welche Platzierungen auf die einzelnen Vereine entfielen.
   a) Erstelle für jeden einzelnen Verein eine Rangliste der erreichten Plätze.
   b) Zeichne für jeden Verein einen Boxplot.
   c) Vergleiche die Vereine und notiere dein Ergebnis mit wenigen kurzen Sätzen.

Platz	1	2	3	4	5	6	7	8	9
Verein	A	C	B	B	C	B	C	B	A
	10	11	12	13	14	15	16	17	18
	C	A	B	C	A	A	B	C	A
	19	20	21	22	23	24	25	26	27
	B	C	C	A	C	C	A	A	C
	28	29	30	31	32	33	34	35	36
	A	B	A	A	B	C	A	B	A
	37	38	39	40	41	42	43	44	45
	B	A	C	B	B	C	B	C	B

7 Daten und Zufall

Boxplots

Ⓐ Eine Gruppe von 6 jungen Frauen und Männern mit Mountainbikes ist vom Bodensee aus über Österreich und die Schweiz nach Oberitalien an den Lago Maggiore und von dort bis Venedig geradelt. Sie war täglich unterwegs.
Anstrengend waren die Bergetappen im Schritttempo, angenehm dagegen die Etappen von über 100 km mit langen Abfahrten.

Ⓑ Tatjana und Cornelia sind in den letzten großen Ferien 40 Tage lang geradelt, und zwar von Kiefersfelden bis nach Flensburg. Insgesamt haben sie sich 9 Ruhetage gegönnt, dafür haben sie an zwei Tagen „Mammutstrecken" zurückgelegt. Ansonsten sind sie mäßig, aber regelmäßig geradelt.
Es ist schon toll, Deutschland in seiner ganzen Länge mit dem Rad „geschafft" zu haben.

Ⓒ Mirco ist mit seinen Eltern von Passau nach Wien an der Donau entlang geradelt. Das Wetter war ideal: nicht zu heiß und vor allem trocken.
Mirco hätte es gern etwas rasanter gehabt, aber seine Eltern zogen es vor, tägliche Etappen zu fahren, die sie weder langweilten noch zu sehr anstrengten.

Ⓓ Mydia und ihr Freund Michael sind in Frankreich entlang der Loire bis zum Meer geradelt. Ursprünglich wollten sie die Tour in gleich langen Etappen machen, aber das Wetter spielte nicht mit. In der ersten Woche hat es viel geregnet, so dass sie immer früh „die Nase voll" hatten. Dafür mussten sie in der zweiten Woche kräftig in die Pedale treten, bis sie ihren Rückstand aufgeholt hatten. Die dritte und letzte Woche war dann wieder gemütlich.

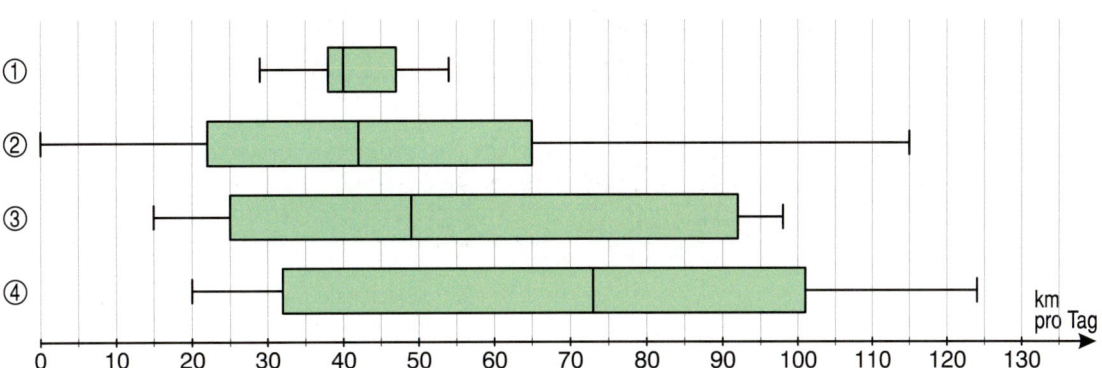

Gruppenarbeit:

1. Ordnet den Radtouren Ⓐ, Ⓑ, Ⓒ und Ⓓ die Boxplots ①, ②, ③ und ④ zu. Begründet eure Entscheidung gegenüber den anderen Arbeitsgruppen.

2. Schreibt zu Ⓑ die Längen von 40 Tagesetappen auf, die zum Boxplot und zur Beschreibung der Radtour passen. Sucht dazu die Städte Kiefersfelden und Flensburg auf einer Deutschlandkarte und ermittelt, wie viel Kilometer Tatjana und Cornelia ungefähr insgesamt geradelt sind.

3. Mydia hat zu ihrer Tour Ⓓ den Mittelwert berechnet, der bei 59,2 km liegt. Findet eine Begründung, warum er sich vom Median unterscheidet.

4. Erfindet selbst eine „Radtour-Geschichte" und zeichnet dazu vier Boxplots – einen richtigen und drei falsche – auf eine OH-Folie. Präsentiert Geschichte und Boxplots der Klasse und lasst eure Mitschülerinnen und Mitschüler den richtigen Boxplot finden.

7 Daten und Zufall

Grafische Darstellungen

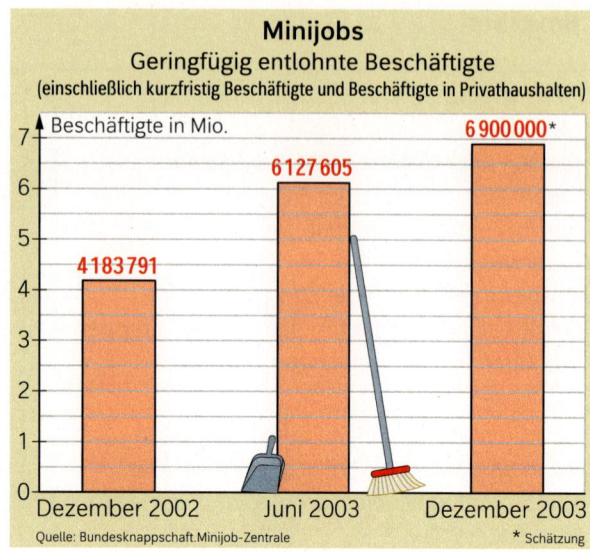

1. *Minijobs:*
   Passen die Säulen des Diagramms zu den dargestellten Zahlen? Das heißt: Nehmen ihre Längen in derselben Weise zu wie die Zahlen?

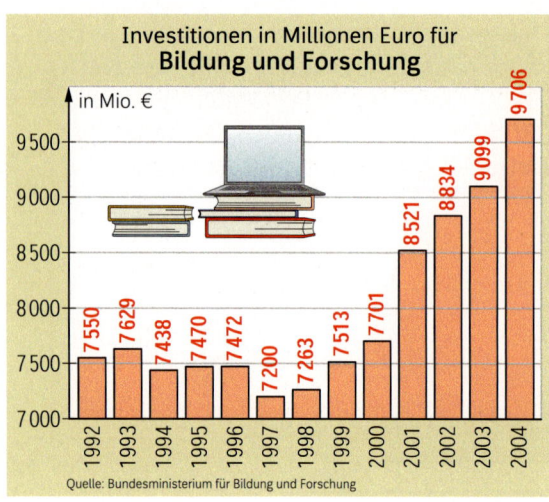

2. *Bildung und Forschung:*
   a) Vergleiche die Zu- oder Abnahme der Säulenlängen mit der Zu- oder Abnahme der Zahlen.
   b) Zeichne ein Säulendiagramm zu denselben Zahlen, bei dem die Hochachse bei Null (!) beginnt.
   c) Vergleiche beide Diagramme und beschreibe den Unterschied.

3. Zeichne ein Diagramm zu den *Minijobs,* das die Zunahme bewusst übertrieben darstellt.

7 Daten und Zufall

Vermischte Aufgaben

1. In der Klasse 8b sind 18 Mädchen und 12 Jungen. Angenommen, diese Klasse ist repräsentativ für die ganze Schule mit insgesamt 450 Schülerinnen und Schülern: Wie viele Mädchen und wie viele Jungen sind dann ungefähr an der Schule?

2. Bei zwei Wanderreisen wurden die Rucksäcke der Teilnehmer gewogen (in kg).

I	Männer	7,8	8,3	10,6	7,3
		8,6	6,8	8,2	8,8
	Frauen	8,3	10,6	9,8	12,2
		9,6	15,2	7,9	9,0

II	Männer	7,5	10,8	8,0	7,3
		7,3	7,8	7,2	8,4
	Frauen	8,2	13,5	8,8	6,4
		9,6	7,8	10,4	8,4

a) Bestimme für beide Gruppen Spannweite, Median und Mittelwert und vergleiche.
b) Vergleiche die Daten der Männer und der Frauen aus beiden Gruppen miteinander.

3. Wähle – falls möglich – den vierten Wert in der Datenmenge 1, 2, 5, ☐ so, dass
a) Mittelwert = 5,   b) Median = 5,   c) Mittelwert = 1 002,   d) Median = 1 002.

4. Bei einem Mathematikwettbewerb haben Julian und Maria 98 und 97 Punkte von maximal 100 möglichen Punkten bekommen. Wie viele Punkte benötigen Franka und Jan, damit die vier Freunde einen Durchschnitt von mindestens 95 Punkten erreichen?

5. Kann der Mittelwert von fünf Klassenarbeiten 3,0 sein, obwohl keine mit 3,0 bewertet wurde?

6. Ein Reisebüro führt eine Statistik über die Dauer der verkauften Reisen.

Tage	<5	5–9	10–14	15–19	20–24	25–29
Anzahl	24	96	47	18	10	5

a) Berechne die durchschnittliche Reisedauer (mit den Klassenmitten).
b) Berechne die relativen Häufigkeiten und stelle sie mit einem Säulendiagramm dar.

7. Das Kreisdiagramm stellt die Orte der 2006/07 gemeldeten Kletterunfälle anteilig dar. Schätze die jeweiligen Prozentsätze und stelle sie in einem Streifendiagramm dar.

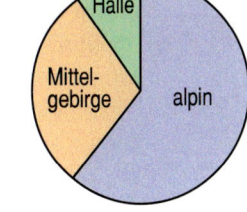

8. Im Jahre 2003 setzte sich die Gesamtheit der vom Deutschen Alpenverein erfassten Unfälle so zusammen:
32 % Wandern, 22 % Skifahren, 14 % Klettern, 14 % Hochtouren, 11 % Skitouren, 3 % Mountainbiken
a) Wie hoch muss der Anteil „sonstiger" Unfälle gewesen sein?
b) Stelle die Prozentsätze mit einem Diagramm deiner Wahl grafisch dar.
c) Julia sagt: „Wandern ist am gefährlichsten, denn dabei passierten die meisten Unfälle." Was meinst du dazu? Begründe deine Meinung.
d) Wie müsste eine Stichprobe gewählt werden, wenn die Gefährlichkeit der Aktivitäten repräsentativ ermittelt werden soll?

9. Die Klasse 8a war für eine Woche in Italien. Die Grafik ist ein *eindimensionales Streudiagramm* und zeigt, wie viel Geld die einzelnen Schülerinnen und Schüler ausgegeben haben. Vereinbart war die Mitnahme von 40 € Taschengeld.

> Es zeigt nämlich die Daten „verstreut" längs der Zahlengeraden.

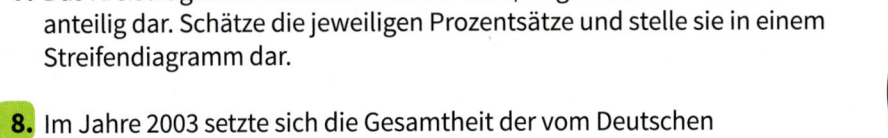

a) Gib die Werte (Mittelwert, Median, Modus, Spannweite) an.
b) Erstelle ein Säulendiagramm. Vergleiche es mit dem Streudiagramm.

1. Handytarife

Die Tabelle zeigt verschiedene Handytarife. Alle Tarife werden sekundengenau abgerechnet.

a) Daniel (Tarif red) telefonierte im letzten Monat drei Stunden. Wie hoch war seine Rechnung?

b) Rebecca telefoniert im Tarif blue. Sie hatte im letzten Monat eine Rechnung von 19,45 €. Wie lange hat sie telefoniert?

	A	B	C	D
1				
2	Gesprächszeit (min)			35
3				
4	Tarif	Grundgebühr	Minutenpreis	Kosten
5	red	20,00 €	0,05 €	
6	blue	10,00 €	0,15 €	
7	green	0,00 €	0,20 €	

c) In der Abbildung sind verschiedene Handytarife grafisch dargestellt, darunter auch die Tarife red, blue und green.

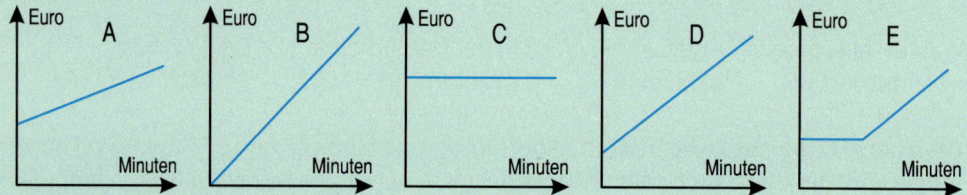

- Welcher Graph gehört zu welchem Tarif? **Begründe.**
- Welche Graphen passen zu keinem der drei Tarife red, blue oder green? „Erfinde" jeweils einen passenden Tarif zu diesen Graphen.

d) Tarife und Terme
- Stelle für die Tarife red, blue und green jeweils einen Term auf, mit dem man die monatlichen Kosten berechnen kann. Dabei steht x für die Anzahl der Minuten.
- Bei welcher monatlichen Gesprächsdauer fallen für die Tarife red und blue die gleichen Kosten an? Berechne diese Kosten.

e) Samantha telefoniert durchschnittlich zwei Stunden **pro Woche**. Welchen Tarif würdest du ihr empfehlen?

f) Die Schüler des Jahrgangs 8 wurden befragt, in welchen Tarifen sie telefonieren. Das Diagramm zeigt die Ergebnisse dieser Umfrage. Oleg behauptet: „Ist ja interessant, mehr als 50 Schüler telefonieren im Tarif green." Hat Oleg Recht? Begründe.

g) Im Jahrgang 9 telefonieren 98 Schüler in einem der drei Tarife red, blue oder green. Im Tarif red telefonieren 13 Schüler weniger als im Tarif blue. Im Tarif green telefonieren 28 Schüler mehr als im Tarif red. Wie viele Schüler telefonieren jeweils in den Tarifen red, blue bzw. green?

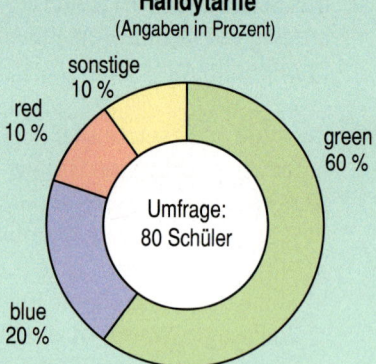

h) Mit Hilfe einer Tabellenkalkulation lassen sich die Kosten verschiedener Handytarife für unterschiedliche Gesprächszeiten miteinander vergleichen. In der Zelle D2 (vgl. Tabelle oben) steht die Gesprächszeit in Minuten.
- Berechne die **Kosten** für die Tarife red, blue und green in den Zellen D5, D6 und D7 für eine Gesprächsdauer von 35 Minuten.
- Notiere die Formeln, mit denen man die Kosten für die Tarife red, blue und green in den Zellen D5, D6 bzw. D7 mit einer Tabellenkalkulation berechnen kann.

2. Zur Kur an die Nordsee

Teresa leidet unter einer Pollenallergie. Zur Erholung soll sie 28 Tage in einer Kurklinik auf Sylt verbringen, denn auf einer Nordseeinsel ist die Luft nahezu pollenfrei und damit ideal für Allergiker.

a) Teresa war noch nie zuvor auf Sylt. In einem Atlas findet sie die unten abgebildete Karte.
- In welchem Maßstab ist die Karte gezeichnet?
- Wie viel km erstreckt sich Sylt ungefähr in Nord-Süd-Richtung?

b) Sylt ist die größte nordfriesische Insel. Im Unterschied zur Fläche von Föhr ist die Fläche von Sylt schwer aus der Karte zu ermitteln. Wie groß aber muss Sylt etwa sein, wenn man weiß, dass die Fläche von Föhr etwa 84 % der Fläche von Sylt beträgt?

c) Der 28-tägige Klinikaufenthalt kostet pro Tag 110,49 €. Die Krankenversicherung übernimmt diese Kosten nur für maximal 21 Tage. Für die Hin- und Rückreise mit der Bahn zahlen Teresas Eltern 245,00 €. Zusätzlich geben sie Teresa 8 € Taschengeld pro Tag.
- Wie viel Prozent der Kosten trägt die Krankenversicherung?
- Wie viel Euro zahlen die Eltern durchschnittlich pro Tag für Teresas Aufenthalt in der Kurklinik?

3. Kalkulation

Anlässlich ihres 100-jährigen Bestehens richtet die Beethoven-Schule ein großes Fest aus. Zu Ehren des Namensgebers der Schule, Ludwig van Beethoven (1770–1827), ist auch ein Konzert in der Stadthalle geplant. Eingeladen werden soll ein 40-köpfiges Jugendorchester. Aufgrund der großen Nachfrage wird das Konzert ausverkauft sein.

Die Schulleitung kalkuliert die Kosten für diese Veranstaltung.
– Das Orchester erhält 2 200 € und 50% der Einnahmen aus dem Kartenverkauf.
– Die Mietkosten für den Konzertsaal betragen 1 050 €.
– Für Werbung, Sicherheitsdienst usw. werden 630 € benötigt.
– Die Karten werden in zwei verschiedenen Preiskategorien (blau, rot) verkauft.

a) Wie groß ist der prozentuale Anteil der roten Sitzplätze?

b) Der Term $0{,}5 \cdot (200 \cdot x + 120 \cdot y)$ beschreibt die Einnahmen der Schule durch den Kartenverkauf. Erläutere, wie man auf diesen Term kommt.

c) Ein erster Vorschlag war, die roten Plätze für 25 € und die blauen Plätze für 15 € zu verkaufen. Ist dieser Vorschlag vernünftig?

d) Für welchen Preis müssen die Karten in den zwei Preiskategorien verkauft werden, damit die Schule weder Verlust noch Gewinn macht und die „roten" Plätze 10 € teurer sind als die „blauen"?

BLEIB FIT!

Die Ergebnisse der Aufgaben ergeben drei Inseln im östlichen Mittelmeer.

1. Rechne aus.
a) $-11 + 3 \cdot (-3)$ b) $5 \cdot (10 - 17)$
c) $-6 \cdot (-4) \cdot (-2)$ d) $-17 + 31$
e) $-\frac{1}{8} (5 \cdot 8)$ f) $30 - 3^2$

2. Berechne das Volumen.

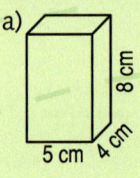
a) $V = \blacksquare \, cm^3$

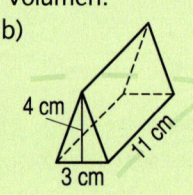
b) $V = \blacksquare \, cm^3$

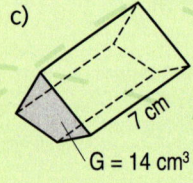
c) $G = 14 \, cm^3$
$V = \blacksquare \, cm^3$

3. Wie viel Millimeter sind A, B und C von der Geraden g entfernt?

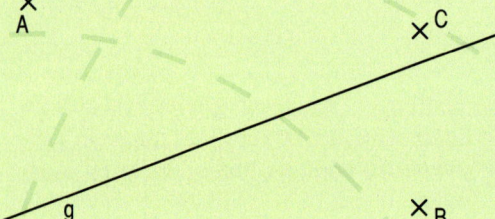

A: $\blacksquare$ mm   B: $\blacksquare$ mm   C: $\blacksquare$ mm

4. Frau Solms verdient 1560 € im Monat. Sie gibt 624 € für Miete (M) und 390 € für Ernährung und Lebensmittel (E) aus.
Welches Diagramm beschreibt dies am besten?

5. Wandle um.
a) $8 \, dm^3 = \blacksquare \, cm^3$ b) $4{,}7 \, l = \blacksquare \, dm^3$
c) $5200 \, ml = \blacksquare \, l$ d) $0{,}8 \, hl = \blacksquare \, l$

6. Wenn ich eine Zahl mit 15 multipliziere und anschließend 5 addiere, erhalte ich die Hälfte von 100. Wie heißt die Zahl?

Wert	Buchstabe
−51	A
−48	P
−39	I
−35	Y
−21	
−20	Z
−12	E
−5	R
−4,8	U
1,25	W
3	S
3,47	Z
4	M
4,7	O
5,18	N
5,2	N
6,1	B
6,85	T
7,925	U
9,8	R
14	E
18	A
19,6	B
21	N
26	T
41	Y
57	U
66	R
80	O
98	E
160	K
800	W
8000	K

Zufall und Wahrscheinlichkeit

LVL 1. Ist das gewählte Zufallsverfahren fair oder sollte man es ändern? Begründe deinen Vorschlag.

> Das Ergebnis eines Zufallsversuchs kann man nicht voraussagen. Wie groß die Chance ist, dass das Ergebnis auftritt, erfährt man dadurch, dass man die **Wahrscheinlichkeit** dafür berechnet.
> Bei jedem Wurf mit einem fairen Spielwürfel ist die Wahrscheinlichkeit für jede Augenzahl gleich groß. Da es für jeden Wurf sechs mögliche Ergebnisse gibt, berechnet sich die **Wahrscheinlichkeit p** für das Ereignis, eine Sechs oder eine Zwei zu würfeln, so:
>
> p (Sechs oder Zwei) = $\frac{\text{Anzahl der günstigen Ergebnisse}}{\text{Anzahl der möglichen Ergebnisse}} = \frac{2}{6} \approx 0{,}33$

2. Beim Roulette rollt eine Kugel in dem runden Kessel, bis sie im Feld einer der Zahlen von 0 bis 36 liegen bleibt. Mit welcher Wahrscheinlichkeit ist das
 a) eine „rote" Zahl, also eine Zahl mit rot unterlegtem Feld,
 b) eine ungerade Zahl,   c) eine „niedrige" Zahl (1 bis 18),
 d) eine Zahl im „ersten Dutzend" (1–12)?

3. Marek meint: „Ich weiß, wie ich gewinne. Ich warte, bis 5-mal hintereinander ‚schwarz' gekommen ist, dann setze ich auf ‚rot' und gewinne fast sicher."
Was meinst du dazu?

4. In einer Urne sind 36 Kugeln, rote, grüne und gelbe.
Eine Kugel wird gezogen. Wie viele Kugeln von jeder Farbe müssen es sein, damit
 a) jede der drei Farben die gleiche Wahrscheinlichkeit hat,
 b) „rot" und „gelb" gleichwahrscheinlich sind, jede halb so wahrscheinlich wie „grün",
 c) „rot" die gleiche Wahrscheinlichkeit hat wie „gelb oder grün"?

LVL 5. In der Klasse 8b wird mit gewöhnlichen Würfeln 1500-mal gewürfelt und jeweils in einem Protokoll festgehalten, welche Zahl oben liegt. Zuvor kann geschätzt werden, wie oft eine 1 oder 6 oben liegen wird. Und das sind Äußerungen aus der Klasse: Achmed „200", Pia „750", Doris „500", Kevin „300" und Sandra „900".
Kann man schon jetzt sagen, wer mit seiner Schätzung dem Ergebnis nach den 1500 Würfen am nächsten sein wird?
Sprecht in der Klasse darüber und probiert es aus, wenn ihr unterschiedlicher Meinung seid.
Bildet dazu mehrere Gruppen, die jeweils 100-mal würfeln, und tragt die Ergebnisse zusammen.

7 Daten und Zufall

Datenauswertung und Wahrscheinlichkeit

1. Mira und Leo würfeln mit zwei Würfeln. Ziel ist es, die Augensumme 7 zu erreichen.

Mira: Na klar, dann beträgt die Wahrscheinlichkeit zu gewinnen $\frac{1}{11}$.

Leo (denkt): Mögliche Augensummen sind 2, 3, 4, ...

Leo: $\frac{1}{11}$ kann irgendwie nicht stimmen!

Dies sind Metallreißzwecken, deren Köpfe mit Plastik überzogen sind. Lässt man sie aus 50 cm Höhe auf einen Tisch fallen, können sie auf der Seite oder auf dem Kopf zu liegen kommen. Bestimme die relative Häufigkeit für „Seite (S)" und für „Kopf (K)".

Mädchen 1: Es gibt die beiden Ergebnisse K und S, also p(K) = $\frac{1}{2}$ und p(S) = $\frac{1}{2}$

Mädchen 2: Unsinn! Wenn man ins Flugzeug steigt, gibt es die beiden Ergebnisse „abstürzen" und „nicht abstürzen". Aber die Wahrscheinlichkeit abzustürzen ist doch nicht $\frac{1}{2}$!

2. Kannst du eine Aussage zu den Wahrscheinlichkeiten für „Kopf" und „Seite" machen? Die Abbildung rechts kann dir ein wenig helfen, eine Versuchsreihe mit Reißwecken in der Klasse noch erheblich mehr.

3. Oma Edelgard und die Prozentrechnung passen nicht so recht zueinander. Erstelle mit Mitschülerinnen und Mitschülern ein Plakat, auf dem deutlich wird, was passieren würde, wenn die Wahrscheinlichkeit genau 99% wäre, dass ein Flugzeug nicht abstürzt, z. B.
– Zahl der täglichen Unglücke allein in Deutschland (dazu brauchst du Daten aus dem Internet)
– Lebenserwartung von Flugkapitänen und Stewardessen, die jeden zweiten Tag fliegen.

Oma: Fliegen ist eine ganz sichere Sache. Wer ein Flugzeug betritt, stürzt mit 99-prozentiger Sicherheit nicht ab.

4. Im Jahr 2004 flogen weltweit rund 1,8 Milliarden Passagiere mit einem Flugzeug. Von ihnen starben 347 durch einen Flugzeugabsturz. Mit welcher Wahrscheinlichkeit starb 2004 ein Flugzeugpassagier nicht durch einen Flugzeugabsturz? Begründe deine Antwort.

① 99,98 % ② 99,998 % ③ 99,9998 % ④ 99,99998 % ⑤ 99,999998 % ⑥ 100 %

Zweistufige Zufallsversuche

LVL 1. Führe die Überlegungen am Baumdiagramm aus und erkläre damit die folgende Produktregel.

> **Produktregel:** Die Wahrscheinlichkeit eines Ereignisses ist das Produkt der Wahrscheinlichkeiten längs des zugehörigen Pfades im Baumdiagramm.

Ziehen von zwei Kugeln ohne Zurücklegen
Ereignis: 2 rote

$$p(\textcircled{r}, \textcircled{r}) = \frac{1}{2} \cdot \frac{2}{5} = \frac{1}{5}$$

Zweimaliges Würfeln
Ereignis: 2 Sechsen

$$p(6, 6) = \frac{1}{6} \cdot \frac{1}{6} = \frac{1}{36}$$

2. a) Die vier Könige eines Skatspiels liegen verdeckt auf dem Tisch. Zwei Karten werden gezogen. Mit welcher Wahrscheinlichkeit sind es zwei rote Könige?
   b) Eine Münze wird zweimal geworfen. Mit welcher Wahrscheinlichkeit erscheint zweimal „Zahl"?

3. In einer Urne liegen 50 Lose, davon sind 5 Gewinne, der Rest Nieten. Claudia zieht zwei Lose. Mit welcher Wahrscheinlichkeit zieht Claudia zwei Nieten?

4. Partnerarbeit: In einer Schule mit 500 Schülerinnen und Schülern sind 350 Mädchen, von den Mädchen interessieren sich 80 % für Ballett; von den Jungen nur 10 %. Eine Freikarte für eine Ballettaufführung wird ausgelost. Mit welcher Wahrscheinlichkeit erhält sie
   a) ein ballettinteressiertes Mädchen,
   b) ein an Ballett uninteressiertes Mädchen,
   c) ein ballettinteressierter Junge,
   d) ein an Ballett uninteressierter Junge?

5. Das Blut eines Menschen hat entweder die Eigenschaft Rhesus-positiv (Rh+) oder Rhesus-negativ (rh–). Etwa 85 % der Menschen sind Rh+, die anderen sind rh–. Wenn in einer Partnerschaft die Frau rh– ist und der Mann Rh+, kann es bei einer Schwangerschaft ohne ärztliche Maßnahmen zu ernsten Komplikationen kommen. Wie wahrscheinlich ist diese Kombination von Bluteigenschaften in einer Partnerschaft?

6. Der „Spielautomat" besteht aus zwei Glücksrädern, die sich beide gleichzeitig drehen. Mit welcher Wahrscheinlichkeit zeigt die gemeinsame Anzeige
a) links 6, rechts 6,   b) links gerade, rechts gerade
c) links 6, rechts keine 6,   d) links 1, 2 oder 3, rechts 5 oder 6?

7. Aus einem gut gemischten Skatspiel mit 32 Karten werden verdeckt zwei Karten gezogen. Mit welcher Wahrscheinlichkeit sind es
a) 2 Kreuz-Karten,   b) 2 schwarze Karten,   c) 2 Asse,   d) 2 Bilder (König, Dame, Bube)?

8. Für ein Ferienhaus erhält Frau Hirt insgesamt 5 nicht gekennzeichnete Schlüssel, 2 davon passen für die Haustür. Sie prüft für jeden Schlüssel, ob er passt, und kennzeichnet ihn. Mit welcher Wahrscheinlichkeit findet sie einen, der die Haustür öffnet
a) im 1. Versuch,   b) im 2. Versuch,   c) im 3. Versuch,   d) im 4. Versuch?

LVL 9. Aus einer Urne mit 4 weißen und 6 roten Kugeln werden zwei Kugeln gezogen. Mit welcher Wahrscheinlichkeit sind sie gleichfarbig?

 Ich kann die Wahrscheinlichkeiten von „weiß-weiß" und von „rot-rot" berechnen. Aber wie geht es dann weiter?

 Wie bei jedem Ereignis „Ergebnis 1 **oder** Ergebnis 2".

a) Überlegt in Partnerarbeit, was Paula meint, und löst die gestellte Aufgabe.
b) Formuliert eine Regel, wie man die Wahrscheinlichkeit eines Ereignisses berechnet, zu dem mehrere Pfade im Baumdiagramm gehören. Präsentiert eure Regel in der Klasse.

10. Bei einem Straßenrennen für Radrennfahrer müssen zwei der zehn Fahrer mit den Plätzen 1 bis 10 zur Dopingkontrolle. Drei von ihnen zittern, denn sie haben zur Leistungssteigerung unerlaubte Mittel eingenommen. Wie groß ist die Wahrscheinlichkeit, dass mindestens zwei der „Sünder" von der Kontrolle verschont bleiben?

11. Anke, Beate, Carmen und Daniela rudern im Vierer. Nach jedem Rennen wird eine von ihnen zur Dopingkontrolle ausgelost. Mit welcher Wahrscheinlichkeit ist es in zwei Rennen
a) erst Beate, dann Anke,   b) zweimal Beate,   c) zweimal dieselbe, aber nicht Beate,
d) zweimal dieselbe,   e) zwei verschiedene, eine davon Anke,   f) zwei verschiedene?

12. Unter den 16 Mädchen und 12 Jungen der Klasse 8a werden zwei Freikarten für ein Popkonzert verlost. Mit welcher Wahrscheinlichkeit sind die beiden Gewinner
a) zwei Mädchen,   b) zwei Jungen,   c) ein Junge und ein Mädchen?

13. Von 7,9 Millionen Schweizern sind etwa 5 Millionen deutschsprachig, von 61 Millionen Italienern etwa 300 000 und von 8,4 Millionen Österreichern etwa 89 %.
a) Bei einer Umfrage wird zunächst eines der drei Länder gelost und dann eine Person, die in diesem Land lebt. Mit welcher Wahrscheinlichkeit ist diese Person deutschsprachig?
b) Wie groß wäre die Wahrscheinlichkeit, wenn man direkt aus allen Einwohnern der drei Länder losen würde?

14. Ein Multiple-Choice-Test besteht aus drei Fragen mit je drei Antwortmöglichkeiten, von denen je eine richtig ist. Mit welcher Wahrscheinlichkeit beantwortet man bei zufälligem Ankreuzen mindestens zwei Fragen richtig?

7 Daten und Zufall

1. Von den 253 Mädchen und 246 Jungen der Daimler-Schule besitzen 334 ein Handy. Die Klasse 8a hat versucht, dieses Ergebnis mit einer Umfrage zu bestätigen. Sie hat jeweils 5 Jungen und 5 Mädchen jeder Klassenstufe von Klasse 5 bis Klasse 10 befragt. Von den Befragten besaßen 40 ein Handy. Begründe, ob diese Befragung repräsentativ war.

2. Bestimme Mittelwert, Median, Modus und Spannweite bei der folgenden Auflistung eines Rauchers über seinen Zigarettenkonsum.
   Montag: 16 Stück Dienstag: 22 Stück
   Mittwoch: 12 Stück Donnerstag: 16 Stück
   Freitag: 28 Stück Samstag: 33 Stück
   Sonntag: 6 Stück

3. Dies ist der tägliche Wasserverbrauch einer Familie im Monat Juni:
   670 l – 590 l – 575 l – 714 l – 685 l – 735 l
   894 l – 814 l – 1 231 l – 1 165 l – 1 315 l – 1 131 l
   764 l – 805 l – 1 265 l – 772 l – 814 l – 1 351 l
   912 l – 803 l – 768 l – 1 316 l – 905 l – 871 l
   1 245 l – 1 198 l – 784 l – 806 l – 751 l – 1 243 l
   a) Berechne den täglichen Durchschnitt.
   b) Teile die Werte in Klassen ein: 500 l – 700 l, 700 l – 900 l, 900 l – 1 100 l, ... und zeichne ein Säulendiagramm. Erstelle anschließend eine andere Klasseneinteilung: 500 l – 800 l, 800 l – 1 000 l, 1 100 l – 1 400 l, stelle wieder grafisch dar und vergleiche.

4. Ein Glücksrad hat 20 gleich große Felder (Sektoren). Davon sind 12 rot, 6 blau und 2 gelb gefärbt. Wie groß ist die Wahrscheinlichkeit
   a) nicht „rot", b) „gelb" zu drehen?

5. Katrin hat 1 240-mal gewürfelt und ihr „Wunschereignis" 612-mal erzielt.
   Welches könnte es gewesen sein?
   ① eine Sechs   ② eine gerade Zahl
   ③ weniger als 3   ④ weniger als 5
   ⑤ zwei oder vier   ⑥ mindestens vier

6. Zwei Münzen werden geworfen. Wie groß ist die Wahrscheinlichkeit für „Zahl-Zahl"?

7. Das Glücksrad aus Aufgabe 4 wird zweimal gedreht. Wie groß ist die Wahrscheinlichkeit
   a) für „zweimal blau",
   b) für „zwei verschiedene Farben"?

repräsentative Stichprobe
Der Teil aus einer Gesamtheit, der befragt oder untersucht wird, heißt **Stichprobe**. Sie ist **repräsentativ**, wenn ihre Ergebnisse auf die Gesamtheit übertragbar sind.

Modus und Spannweite
Neben **Mittelwert** und **Median** ist der **Modus** eine weitere Kenngröße eines Datensatzes. Der **Modus (Modalwert)** ist der am häufigsten vorkommende Datenwert. Es kann mehrere Modi (Modalwerte) geben.

Spannweite
Die **Spannweite** einer Stichprobe ist die Differenz zwischen dem größten und dem kleinsten Ergebnis in einer Stichprobe.

Wahrscheinlichkeit
Bei einem Zufallsversuch mit gleich wahrscheinlichen Ergebnissen berechnet sich die **Wahrscheinlichkeit** p für ein Ereignis E so:

$$p(E) = \frac{\text{Anzahl der günstigen Ergebnisse}}{\text{Anzahl der möglichen Ergebnisse}}$$

Wenn man einen Zufallsversuch sehr oft wiederholt, liegt die **relative Häufigkeit** für das Auftreten eines Ereignisses sehr nahe bei seiner Wahrscheinlichkeit.

zweistufige Zufallsversuche
Produktregel
Die Wahrscheinlichkeit eines **Ergebnisses** ist das Produkt der Wahrscheinlichkeiten längs des zugehörigen Pfades im Baumdiagramm.

Summenregel
Die Wahrscheinlichkeit eines aus mehreren Ergebnissen bestehenden Ereignisses ist die Summe der Wahrscheinlichkeiten der einzelnen Ergebnisse.
Beispiel: 2-mal Ziehen ohne Zurücklegen
$p(\text{2-mal schwarz}) = p(\bullet, \bullet) = \frac{3}{5} \cdot \frac{1}{2} = \frac{3}{10}$
$p(\text{genau 1-mal weiß}) =$
$p(\bullet, \circ) + p(\circ, \bullet) =$
$\frac{3}{5} \cdot \frac{1}{2} + \frac{2}{5} \cdot \frac{3}{4} = \frac{6}{10}$

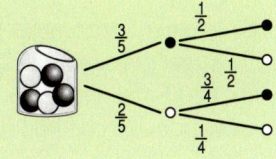

7 Daten und Zufall

Grundaufgaben

1. Berechne Mittelwert und Median der Ball-Weitwurf-Ergebnisse.

2. Gib die Spannweite und den Modus bei den Ball-Weitwurf-Ergebnissen an.

24 m	28 m	19 m	25 m
24 m	31 m	28 m	25 m
25 m	27 m	22 m	29 m

Ball-Weitwurf-Ergebnisse

3. Wie groß ist die Wahrscheinlichkeit, mit einem Würfel eine Zahl größer als 2 zu würfeln?

4. Wie groß ist die Wahrscheinlichkeit, mit einem Würfel zweimal nacheinander eine gerade Zahl zu würfeln?

5. Wie groß ist die Wahrscheinlichkeit, aus einem verdeckt liegenden Skatspiel (32 Karten) nacheinander ohne Zurücklegen zwei Bilder einer Person (Bube, Dame, König) zu ziehen?

Erweiterungsaufgaben

1. Simone hat vier Weitsprünge hinter sich: 3,60 m|3,85 m|3,40 m|4,10 m. Wie weit muss sie im fünften Sprung wenigstens kommen, um einen Mittelwert von 3,77 m nicht zu unterschreiten?

2. Simone hat nach vier Weitsprüngen (siehe die vorige Aufgabe) einen fünften Sprung so abgeschlossen, dass 3,60 m der Median ihrer Weitsprung-Ergebnisse ist. Was kann über das Ergebnis des fünften Sprunges gesagt werden?

3. Beim 100 m-Lauf der Jungen wurden folgende, bereits geordnete, Leistungen erzielt:
12,8 s|12,9 s|13,1 s|13,3 s|13,3 s| |14,9 s|15,0 s|15,0 s|15,7 s|16,3 s|17,1 s|
Die 6. und die 13. Laufzeit sind unleserlich; bekannt ist aber die Spannweite 5,4 s und der Mittelwert 14,77 (gerundet). Bestimme die unleserlichen Laufzeiten.

4. Teile die rechts abgebildeten Befragungsergebnisse in Klassen zu jeweils 10 Minuten ein und erstelle ein Diagramm dazu.

5. Mit welchen statistischen Kennwerten lässt sich das Befragungsergebnis ohne Diagramm beschreiben?

6. Wie groß ist die Wahrscheinlichkeit, bei zufälliger Befragung von zwei Mitgliedern der Klasse 8.2 zweimal zu hören, dass der Schulweg länger als 20 min dauert?

„Wie lange dauert dein Schulweg?"
Befragungsergebnisse Klasse 8.2:
28 min, 11 min, 45 min, 6 min, 52 min,
17 min, 23 min, 48 min, 5 min, 19 min,
 4 min, 55 min, 28 min, 16 min, 32 min,
 8 min, 22 min, 46 min, 15 min, 34 min,
14 min, 52 min, 40 min, 14 min, 9 min,
44 min, 7 min, 24 min, 35 min.

7. In einer Lostrommel sind 25 Kugeln, die sich nur durch die Farbe unterscheiden. 6 von ihnen sind rot, 11 blau, 4 gelb und 4 grün. Wie groß ist die Wahrscheinlichkeit, bei verbundenen Augen mit einem Griff in die Lostrommel
a) keine blaue Kugel zu ziehen,   b) eine Kugel zu ziehen, deren Farbe mit „g" anfängt?

8. In einer Lostrommel sind 10 Kugeln mit den Ziffern von 0 bis 9. Mechanisch wird eine Kugel gezogen, die Ziffer notiert und die Kugel wieder zurückgelegt. Der Vorgang wird 1 200-mal wiederholt. Eine der folgenden Zahlen gibt an, wie oft eine Primzahl gezogen wurde, welche könnte es gewesen sein?   296, 318, 341, 483, 579, 612.

Terme und Gleichungen (2)   8

Der griechische Mathematiker Diophantos von Alexandria (geb. um 250 n. Chr.) schrieb ein Buch über Gleichungen mit dem Titel „Arithmetica".

Über den Mathematiker Diophantos von Alexandria, dem bedeutendsten Algebraiker der Antike, weiß man:
- ein Sechstel seines Lebens war er Knabe;
- nach einem weiteren Zwölftel seines Lebens war er richtig erwachsen;
- noch ein Siebtel seines Lebens verging, bis er heiratete;
- fünf Jahre später wurde sein Sohn geboren;
- der Sohn starb vier Jahre vor ihm und wurde nur halb so alt wie er.

8 Terme und Gleichungen (2)

Gleichungen und Formeln

Text: Eine Mutter ist heute dreimal so alt wie ihre Tochter. In 12 Jahren wird sie nur noch doppelt so alt wie ihre Tochter sein. Wie alt sind Mutter und Tochter heute?

Gleichung aufstellen:

Alter	heute	in 12 J
Tochter	x	x + 12
Mutter	3x	3x + 12

$3x + 12 = 2(x + 12)$

Gleichung lösen:
$3x + 12 = 2(x + 12)$
$3x + 12 = 2x + 24 \quad | -2x$
$x + 12 = 24 \quad | -12$
$x = 12$
$\mathbb{L} = \{12\}$

Antwort: Heute ist die Tochter 12 Jahre alt und die Mutter 36.

Probe am Text:
Heute: Mutter dreimal so alt wie ihre Tochter
$3 \cdot 12 = 36$ ✓
In 12 Jahren: Mutter doppelt so alt wie ihre Tochter
$(36 + 12) = 2 \cdot (12 + 12)$ ✓

LVL 1. Tim ist doppelt so alt wie sein Bruder Tom. Die kleine Schwester Tina ist 6 Jahre jünger als Tom. Zusammen sind sie 42 Jahre alt.
   a) Löst die Textaufgabe in Partnerarbeit wie oben dargestellt. Präsentiert eure Lösung.
   b) Warum wird die Probe am Text und nicht an der Gleichung gemacht?

2. Herr Trage ist 8 Jahre älter als seine Frau. Frau Trage ist viermal so alt wie ihre Tochter Melanie. Zusammen sind sie 98 Jahre alt.

LVL 3. Das ist Leni. Die beiden Fotos sind im Abstand von einem Jahr entstanden. Am Tag des linken Fotos wurden Sandra und Daniel, die Eltern von Leni, nach dem Alter ihrer Tochter befragt, das man bei so jungen Kindern noch in Monaten angibt.
Sandra: „Wenn man Lenis Alter mit 3 multipliziert und 16 addiert, erhält man dieselbe Zahl, wie wenn man …" Daniel ergänzt: „… Lenis Alter bei der Taufe mit 17 multipliziert und vom Ergebnis 32 subtrahiert."
Ergänzt Lenis Geburtsdatum: 30. ▮. ▮▮▮

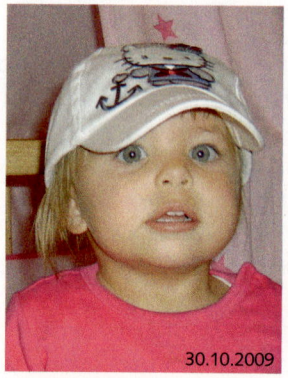
30.10.2009

4. a) Führe die Rechnung des Jungen zu Ende.
   b) Berechne c für:
      ① $O = 149{,}8 \text{ m}^2$; $a = 4{,}8$ m; $b = 3{,}5$ m
      ② $O = 170{,}16 \text{ m}^2$; $a = 5{,}4$ m; $b = 6{,}5$ m
   c) Löse die Oberflächenformel des Quaders nach a auf und berechne a für:
      ① $O = 490{,}66 \text{ dm}^2$; $b = 8{,}5$ dm; $c = 7{,}3$ dm
      ② $O = 577{,}84 \text{ cm}^2$; $b = 12{,}4$ cm; $c = 9{,}3$ cm

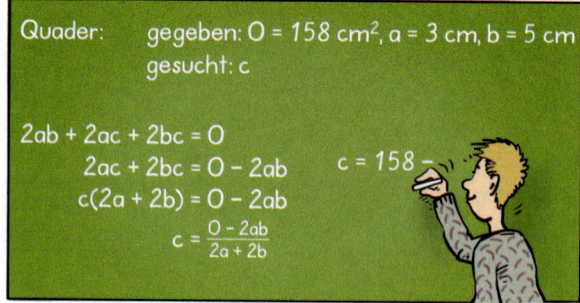

Quader: gegeben: $O = 158 \text{ cm}^2$, $a = 3$ cm, $b = 5$ cm
gesucht: c

$2ab + 2ac + 2bc = O$
$2ac + 2bc = O - 2ab$
$c(2a + 2b) = O - 2ab$
$c = \dfrac{O - 2ab}{2a + 2b}$

$c = 158 -$

5. Berechne die fehlenden Werte mit der Tageszinsformel.

	a)	b)	c)	d)	e)	f)	g)	h)
Kapital K	2 000 €	5 000 €	500 €		10 000 €	8 400 €	2 500 €	
Zinsen Z	50 €		20 €	80 €	120 €		15 €	60 €
Zinssatz p%	4 %	4 %	6 %	3 %	3 %	5 %	4 %	5 %
Zinstage		90		160		120		180

37

8 Terme und Gleichungen (2)

Produkt von Summen

1. Bildet Gruppen mit je vier Schülerinnen und Schülern und bearbeitet in der Gruppe jeweils einen der drei Arbeitsbögen. Sorgt dafür, dass jeder Arbeitsbogen (AB 1, AB 2, AB 3) möglichst gleich oft bearbeitet wird.

> Forme den Produktterm
> $(2x + 5)(3y - 7)$
> durch Auflösen der Klammern
> in einen Summenterm um.

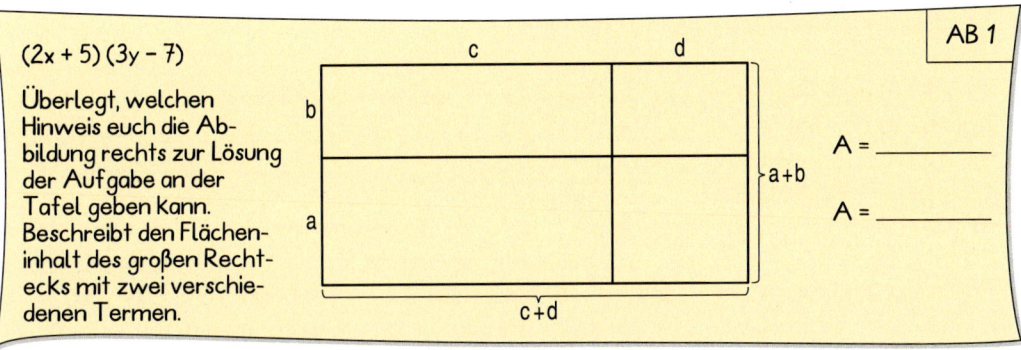

AB 1

$(2x + 5)(3y - 7)$

Überlegt, welchen Hinweis euch die Abbildung rechts zur Lösung der Aufgabe an der Tafel geben kann. Beschreibt den Flächeninhalt des großen Rechtecks mit zwei verschiedenen Termen.

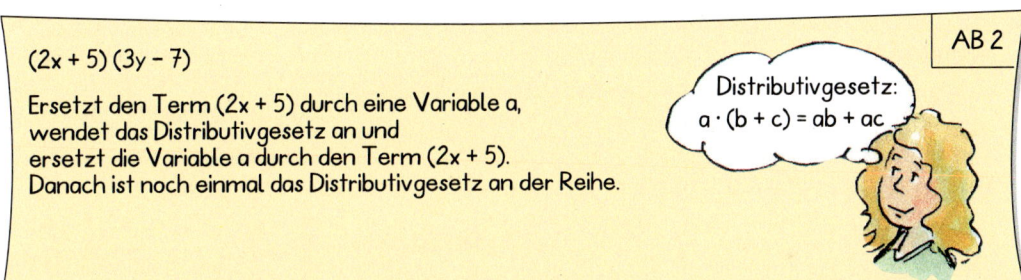

AB 2

$(2x + 5)(3y - 7)$

Ersetzt den Term $(2x + 5)$ durch eine Variable a, wendet das Distributivgesetz an und ersetzt die Variable a durch den Term $(2x + 5)$. Danach ist noch einmal das Distributivgesetz an der Reihe.

> Distributivgesetz:
> $a \cdot (b + c) = ab + ac$

AB 3

Rechts sind verschiedene Umformungen angegeben.

- Überlegt, wie bei diesen Aufgaben vorgegangen wurde.
- Prüft auf geeignete Weise, welche Umformungsvorschläge sicher falsch sind.
- Welche Umformung könnte richtig sein?

① $(2x + 5)(3y - 7) = 6xy - 35$
② $(2x + 5)(3y - 7) = 6xy - 14x + 15y - 35$
③ $(2x + 5)(3y - 7) = 6xy + 15y - 7$
④ $(2x + 5)(3y - 7) = 2x + 15y - 35$

2. Die Gruppen mit demselben Arbeitsbogen setzen sich zusammen und überlegen gemeinsam, wie eine geeignete Präsentation des Ergebnisses vor der Klasse gestaltet werden kann. Dann wird eine Schülerin oder ein Schüler bestimmt, der die Präsentation ausführt.

3. Führt die drei Präsentationen gemäß Aufgabe 2 in der Klasse durch. Mitschülerinnen und Mitschüler sollen die Möglichkeit haben, Fragen zu stellen oder zu ergänzen.

4. Vervollständigt im gemeinsamen Gespräch das rechts begonnene Tafelbild, schreibt die komplette Formel an die Tafel und notiert sie auch jeweils im Heft.

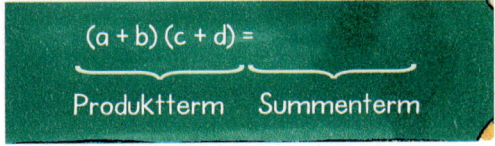

8 Terme und Gleichungen (2)

Produktterm – Summenterm

Umformen in eine Summe →
$a(b + c) = ab + ac$
← Umformen in ein Produkt

$(a + b)(c + d) = ac + ad + bc + bd$

Hinweis: Auch Differenzen lassen sich als Summen schreiben:
$2a - b = 2a + (-b)$

1. Multipliziere aus und fasse dann zusammen.
   a) $5(z - 8)$ b) $x(7 - x)$ c) $2y(y + 7)$ d) $-3a(4 + 2a)$
   e) $(2b - 5)(6 + 3b)$ f) $(2a + 4)(5a - 3)$ g) $(3y - 4)(5 - 3y)$ h) $(2z - 3)(5z - 7)$
   i) $(4a + 3)(7 - 6a)$ j) $(-2y + 3)(4 - 3y)$ k) $(4x + 6)(-7 - 3x)$ l) $(-4y + 3)(-6y + 2)$

2. Forme in ein Produkt um.
   a) $40a - 24ab$ b) $75xy + 50x^2$ c) $21a + 35b - 49c$ d) $4a^2 - 14ab + 6ac$

3. Forme in eine Summe um.
   a) $(5a - 2b)(2ab + 4a)$ b) $(-6xy + 9y)(5xy - 3x)$
   c) $(9x - y)(\frac{1}{2}x - \frac{2}{3}y)$ d) $(2{,}5p - 4q)(6p + 0{,}4q)$

LVL 4. Partnerarbeit: Formt das Produkt in eine Summe um und erklärt euren Mitschülerinnen und Mitschülern, wie ihr vorgeht.
   a) $(3x - 7)(5x + 2y - 9)$ b) $(3a - 2b + 5)(4b - 11ab - 2a)$

Zwischenergebnisse in Klammern setzen, hilft Fehler vermeiden.

5. Rechne wie im Beispiel.
   a) $12a - (3a + 7)(8 - 4a)$ b) $(5x + 3y) - (4x - 3y)(5y - 3x)$
   c) $19 - (2 - 3y)(8y - 4)$ d) $3a - 4b - (2a + 4b)(3b - 4a)$
   e) $3y - (2y + 7)(8 + 3y)$ f) $6x^2 + 2y^2 - (3x + 2y)(3x + 2y)$
   g) $7a^2 - (3a + 4)(4a + 9)$ h) $4ab + 3a^2 - (2a - 4b)(5a - 3b)$

$7x - (8x + 2)(3 - 4x)$
$= 7x - [24x - 32x^2 + 6 - 8x]$
$= 7x - 24x + 32x^2 - 6 + 8x$
$= 32x^2 + 7x - 24x + 8x - 6$
$= 32x^2 - 9x - 6$

LVL 6. Katrin und Daniel meldeten sich für ein „Spiel" und verließen freiwillig die Klasse. Die Bilder zeigen, was während ihrer Abwesenheit an der Tafel geschrieben und welche Aufgabe ihnen gestellt wurde, nachdem sie hereingerufen wurden.
   a) Diskutiere mit Mitschülerinnen und Mitschülern, wie Katrin und Daniel die beiden Zahlen entdeckt haben.
   b) Stellt euch in Partnerarbeit gegenseitig Aufgaben, wie Katrin und Daniel sie lösen sollten.

7. Forme in ein Produkt um.
   a) $x^2 + 7x + 12$ b) $a^2 + 11a + 30$ c) $z^2 - 5z + 4$ d) $x^2 - x - 6$
   e) $b^2 - 7b + 12$ f) $y^2 - 3y - 10$ g) $a^2 + 8a + 15$ h) $x^2 + 2x - 24$

8 Terme und Gleichungen (2)

8. a) $(2a + 3b)(4a - 3b) + (3a - 2b)(4b + 3a) + (5a - 2b)(3a - 4b)$
b) $(4a - 3b)(2a - 4b) + (6a - 4b)(2b - 3a) + (5a - 3b)(5b - 3a)$
c) $(3a + 7)(4a - 3) + (2a - 4)(3a + 6) - (5a - 2)(6a - 5)$
d) $(5 - a)(2 - 3a) - (7a + 4)(5 - 2a) + 6(3a - 8)(a + 2)$

Mögliche Lösungsterme	
$13a^2 - 19ab + 7b^2$	$35a^2 - 5ba - 10b$
$-25a^2 + 36ab - 11b^2$	$35a^2 - 5ba - 81$
$17a^2 - 19ab + 11b^2$	$-12a^2 + 5ba - 55$

9. Löse die Gleichung wie im Beispiel.
Kontrolliere dein Ergebnis mit einer Probe.
a) $(2 + x)(x + 3) = x^2 - 4$
b) $(y + 4)(3 - y) = 6 - y^2$
c) $(b - 9)(b + 4) = b^2 - 11$
d) $(3 - x)(4 - x) = x^2 - 2$
e) $(4 - x)(7 + x) = 4 - x^2$
f) $(a - 5)(a - 8) = a^2 + 1$
g) $(x + 4,5)(7,3 - x) = -x^2 + 55,25$
h) $(3\frac{1}{2} - x)(x + 2,5) = 9,25 - x^2$
i) $(5,2 - 3z) z = 8,84 - 3z^2$
j) $(c + \frac{1}{3})(c - \frac{5}{6}) = c^2 - \frac{11}{18}$

$$\begin{aligned}(x - 4)(x - 5) &= x^2 + 11 \\ x^2 - 5x - 4x + 20 &= x^2 + 11 \\ x^2 - 9x + 20 &= x^2 + 11 \quad |-x^2 \\ -9x + 20 &= +11 \quad |-20 \\ -9x &= -9 \quad |:(-9) \\ x &= 1 \quad \mathbb{L} = \{1\}\end{aligned}$$

10. Bestimme die Lösungsmenge der Gleichung.
a) $(x + 4)(x + 5) = x^2 - 7$
b) $(3a + 2)(6a - 3) = 18a^2 + 9$
c) $(3y - 2)(5 - 8y) = 21 - 24y^2$
d) $(4x + 3)(3x - 2) = 12x^2 - 2$
e) $(7 - x)(x + 3) = 1 - x^2$
f) $(5z + 3)(4z - 2) = 20z^2 - 2$
g) $(5 - 2x)(3 - 5x) = 10x^2 - 78$
h) $(3 - 4x)(5x + 7) = 47 - 20x^2$
i) $(3c - 2,8)(6c + 5,5) = 18c^2 - 16,6$
j) $(6y - \frac{5}{2})(8y + 4) = 48y^2 - 4$

11. a) $(y - 6)(y + 4) = (y - 4)(y + 3)$
b) $(3x + 4)(4x + 3) = (2x + 6)(6x + 2)$
c) $(x - 6)(x + 2) = (x - 3)(x + 8)$
d) $(2a + 3)(4 - 9a) = (6a - 1)(3 - 3a)$
e) $(b + 3)(4 - b) = (5 + b)(7 - b)$
f) $(3x + 2)(8x - 4) = (4x - 2)(6x - 3)$

12. Löse die Gleichung, notiere die Lösungsmenge und führe die Probe durch.
a) $(x + 4)(x - 7) + 14x = (x + 3)(x + 6) - 16$
b) $4x(2x - 9) - 10x = (x - 7)(8x - 4) - 2(3x + 4)$
c) $(y - 3)(4 - y) + 2y = (y + 7)(8 - y) + 4$
d) $(4x - 3)(6x + 5) - 9 = (3x + 4)(8x + 6) - 24x$
e) $(b - 5)(8 - b) - 8 = (4 - b)(6 + b) - 3b$
f) $(3z - 4)(7 - 2z) - 3(5z + 8) = 3z(7 - 2z) - 17$

LVL 13. Wie viele ♥ wiegt ein ♣?

LVL 14. Erkläre, wie Asim die Gleichung löst, und versuche selbst, die Gleichungen entsprechend zu lösen.
① $x^2 + 3x - 40 = 0$
② $y^2 - 4y = 21$
③ $y^2 - 11y + 30 = 0$
④ $x^2 - 18 = 7x$

$x^2 - 4x = 45 \rightarrow x^2 - 4x - 45 = 0$
$(x - 9)(x + 5) = 0$

Die Gleichung hat die beiden Lösungen 9 und −5, das zeigt sofort die Probe.

15. Welche Lösungsmenge gehört zur Gleichung $x(x - 8) = -15$?
$\mathbb{L}_1 = \{3\}$ oder $\mathbb{L}_2 = \{5\}$ oder $\mathbb{L}_3 = \{3; 5\}$

16. Ergänze die Gleichung „$(y - 4)(y + 8) = \ldots$" durch eine Zahl auf der rechten Seite so, dass die Lösungsmenge der Gleichung $\mathbb{L} = \{5; -9\}$ ist.

8 Terme und Gleichungen (2)

Anwendungen

1. Zwei Zahlen unterscheiden sich um 8. Addiert man das Doppelte der kleineren Zahl zum Sechsfachen der größeren, erhält man 216.

LVL 2. Partnerarbeit: Schreibt ein Zahlenrätsel, das zu der Gleichung passt.
   a) $3(72 - x) - 2x = 41$ b) $5x - 2(x + 6) = 33$

3. a) Ein Rechteck mit 102 cm Umfang ist doppelt so lang wie breit. Wie lang sind die Seiten?
   b) In einem Rechteck ist die eine Seite 3 cm länger als die andere. Der Umfang beträgt 70 cm.
   c) In einem Rechteck mit 3 km Umfang unterscheiden sich die beiden Seiten um 300 m.

4. In einem Rechteck ist eine Seite 6 cm länger als die andere. Vergrößert man die kürzere Seite um 5 cm und die längere um 3 cm, so erhält man ein Rechteck, dessen Flächeninhalt um 105 cm² größer ist als der des ursprünglichen Rechtecks.

	kurze Seite	lange Seite	Fläche
1. Rechteck	x	x + 6	x(x + 6)
2. Rechteck	x + 5	x + 9	(x+5)(x+9)

5. In einem Rechteck ist die eine Seite 4 cm kürzer als die andere. Verkürzt man die kürzere Seite um 6 cm und die längere um 8 cm, so erhält man ein Rechteck, dessen Flächeninhalt um 116 cm² kleiner ist als der des ursprünglichen Rechtecks.

6. Verlängert man die Kanten eines Würfels um 3 cm, so nimmt die Oberfläche um 270 cm² zu. Wie lang sind die Kanten des ursprünglichen Würfels?

7. Verkürzt man die Kanten eines Würfels um 3 cm, so verringert sich seine Oberfläche um 126 cm². Wie lang sind die Kanten des ursprünglichen Würfels?

8. Fred und Julia wohnen 60 km voneinander entfernt. Sie fahren sich entgegen und starten zur selben Zeit von zu Hause. Fred fährt mit dem Fahrrad eine durchschnittliche Geschwindigkeit von 20 $\frac{km}{h}$, Julia mit dem Mofa 25 $\frac{km}{h}$.
   a) Nach welcher Zeit treffen sie sich?
   b) Wie weit ist jeder von zu Hause entfernt?

	Fahrweg [km] pro Stunde	gefahrene Zeit [h]	Weg [km]
Rad	20	x	20x
Mofa	25	x	25x

Gleichung: Weg Rad + Weg Mofa = 60 km

9. Um 10 Uhr startet ein Lkw mit durchschnittlich 60 $\frac{km}{h}$ in Richtung Köln. Eine Stunde später fährt ein Pkw (80 $\frac{km}{h}$) hinterher.
   a) Um wie viel Uhr holt der Pkw den Lkw ein?
   b) Wie weit sind dann beide vom Start entfernt?

	Fahrweg [km] pro Stunde	gefahrene Zeit [h]	Weg [km]
Lkw	60	x	60x
Pkw	80	x - 1	80(x - 1)

Gleichung: Weg Lkw = Weg Pkw

10.

A: Mein Alter endet auf 3. Liest man mein Alter rückwärts, erhält man das Quadrat der ersten Ziffer.

B: Jch bin 27 Jahre älter als meine Tochter. Wenn man die Ziffern meines Alters vertauscht, erhält man ihr Alter.

C: Wenn man die Ziffern meines Alters vertauscht, kommt das Doppelte von dem Alter heraus, das ich vor 6 Jahren hatte.

BLEIB FIT!

Die Lösungen ergeben drei Flüsse in Osteuropa.

1. Welche Zahl ist Lösung der Gleichung?
   a) 6x − 17 = 7 − 2x | 4 | 3 | −2 |
   b) 7x − 5 + 3x + 3 = 18 | −1 | 2 | 1 |
   c) 8x + 1 − 3x − 5 = −19 | 5 | 6 | −3 |

2. a) Alter Preis: 120 €   b) Alter Preis: 218 €
   Preiserhöhung: 8 %   Preissenkung: 40 %
   Neuer Preis: ■ €   Neuer Preis: ■ €

3. ABCD ist ein Parallelogramm
   a) Miss den Winkel α: α = ■°
   b) Bestimme den Flächeninhalt: A = ■ cm²

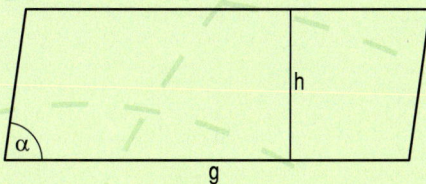

4. Berechne für den abgebildeten Körper
   a) das Volumen, V = ■ cm³,
   b) die Oberfläche, O = ■ cm².

5. Ein Bus fuhr eine Strecke von 160 km in 150 Minuten. Die Durchschnittsgeschwindigkeit betrug ■ $\frac{km}{h}$.

6. a) 2 + 2 · 3 − (4 + 5)   b) 8 · (−3) − 4 · (14 − 3 · 5)
   c) −6 + 13 · (9 − 10)   d) 16 − 10 · (20² − 19 · 21)
   e) 2 · 5² − (2 · 5)² : 4   f) $\frac{35 - 100}{1 + 3 \cdot 4}$

7. Herr Puls verkauft Autopolitur. Letzte Woche verkaufte er so viele Dosen:

MO	DI	MI	DO	FR	SA
103	85	132	97	112	148

Wie viele Dosen Autopolitur hat Herr Puls durchschnittlich an einem Tag verkauft? Runde das Ergebnis auf eine ganze Zahl.

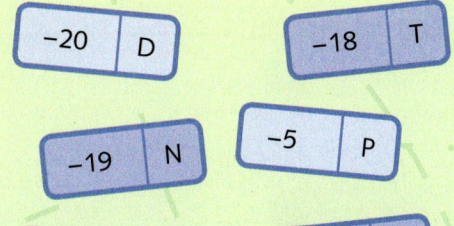

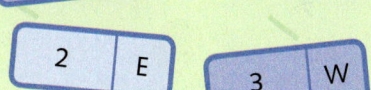

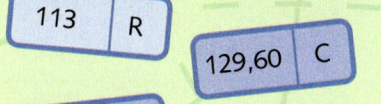
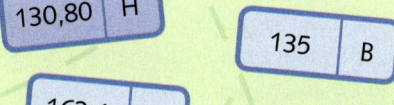

8 Terme und Gleichungen (2)

Herleitung der Binomischen Formeln

Zweigliedrige Summen heißen **Binome** („bi" bedeutet zwei, „nom" steht für Term).
Beispiele für Binome: $2x - 5$; $3ab + 9a^2$; $-7xy + 14x$; $-5^2 - 11a$
$3a - b + 5$, $2x$ und ab sind keine Binome.

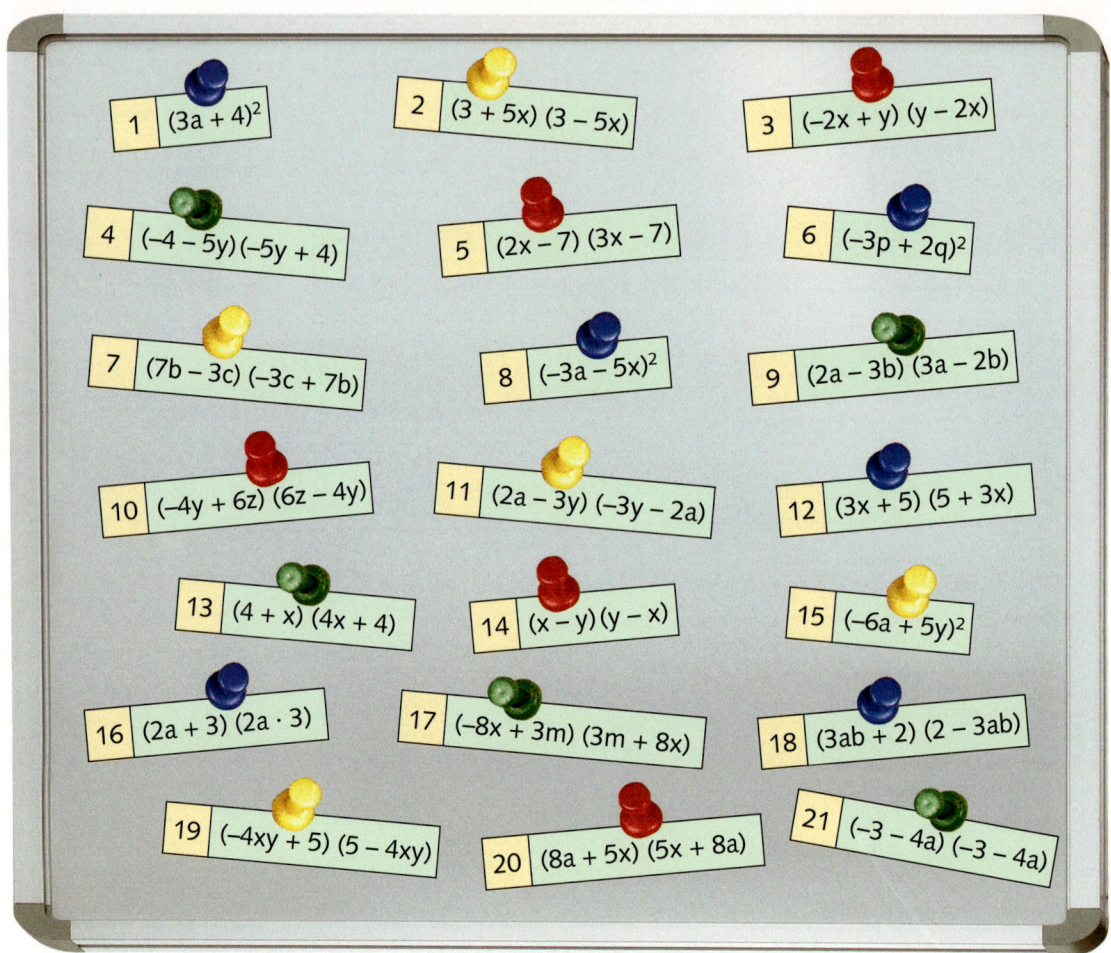

1	$(3a + 4)^2$
2	$(3 + 5x)(3 - 5x)$
3	$(-2x + y)(y - 2x)$
4	$(-4 - 5y)(-5y + 4)$
5	$(2x - 7)(3x - 7)$
6	$(-3p + 2q)^2$
7	$(7b - 3c)(-3c + 7b)$
8	$(-3a - 5x)^2$
9	$(2a - 3b)(3a - 2b)$
10	$(-4y + 6z)(6z - 4y)$
11	$(2a - 3y)(-3y - 2a)$
12	$(3x + 5)(5 + 3x)$
13	$(4 + x)(4x + 4)$
14	$(x - y)(y - x)$
15	$(-6a + 5y)^2$
16	$(2a + 3)(2a \cdot 3)$
17	$(-8x + 3m)(3m + 8x)$
18	$(3ab + 2)(2 - 3ab)$
19	$(-4xy + 5)(5 - 4xy)$
20	$(8a + 5x)(5x + 8a)$
21	$(-3 - 4a)(-3 - 4a)$

1. Trage alle Produkte, in denen ein Binom mit sich selbst multipliziert wird, in eine Tabelle ein. Lege dabei zwei Spalten an: In der linken Spalte stehen alle Produkte, in denen die beiden Summanden des Binoms das gleiche Vorzeichen haben. Die anderen Produkte kommen in die rechte Spalte. Achtung: Schreibe alle Produkte in der Form „(1. Summand + 2. Summand)^2".

2. Bei einigen Produkten werden zwei Binome miteinander multipliziert, die sich „fast" gleichen: Einen Summanden haben die Binome gemeinsam, die beiden anderen Summanden unterscheiden sich nur durch das Vorzeichen. Übertrage diese Produkte in eine weitere Tabelle.

3. Wandle die übrigen Produkte in Summen um. Ordne sie nach der Reihenfolge ihrer Ziffern den rechts angebotenen Termen zu. Du erhältst ein Lösungswort.

E	$4x^2 - 21x + 14$	I	$6a^2 - 13ab + 6b^2$	F	$4a^2 + 9$
B	$6x^2 - 35x + 49$	O	$-x^2 - y^2 + 2xy$	N	$4x^2 + 20x + 16$
M	$12a^2 + 18a$	K	$x^2 + y^2 - 2xy$		

8 Terme und Gleichungen (2)

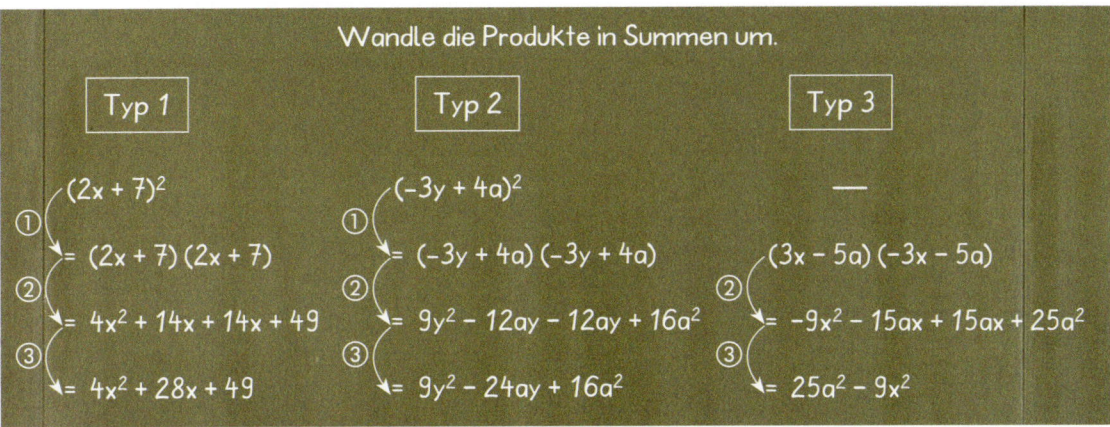

4. Ordne den Zetteln mit Termkärtchen die Typen 1, 2 und 3 zu.

5. Typ 1: Führe von Anfang an die Umformung ① und ② und möglichst bald auch Umformung ③ in einem Schritt durch.

6. Verfahre mit den Termen vom Typ 2 wie mit den Termen vom Typ 1 in Aufgabe 2.

7. Partnerarbeit: Schreibt mit Worten auf, wie man Terme vom Typ 1 oder Typ 2 in einem Schritt in eine Summe umformt.
Lest eure Beschreibungen in der Klasse vor und klärt, welche Beschreibung das Vorgehen am besten erfasst.

8. Partnerarbeit: Formt auch die Terme vom Typ 3 in Summen um. Schreibt auch hier mit Worten auf, wie diese Umformung in einem Schritt erfolgen kann.

Termkärtchen:
$(3a + 4)^2$ $(-3a - 5x)^2$
$(3x + 5)^2$ $(8a + 5x)^2$
$(-3 - 4a)^2$

$(y - 2x)^2$ $(-3p + 2q)^2$ $(7b - 3c)^2$
$(-6a + 5y)^2$
$(-4y + 6z)^2$ $(-4xy + 5)^2$

$(3 + 5x)(3 - 5x)$
$(-4 - 5y)(-5y + 4)$
$(2a - 3y)(-3y - 2a)$
$(-8x + 3m)(3m + 8x)$
$(3ab + 2)(2 - 3ab)$

9. Forme in einem Schritt in eine Summe um.

a) ① $(8a + 5)^2$
② $(-2x - 5y)^2$
③ $(5c + 11d)^2$

b) ① $(2x - 3)^2$
② $(-4m + 9p)^2$
③ $(7y - 6z)^2$

c) ① $(7a - 6)(7a + 6)$
② $(-4x + y)(4x + y)$
③ $(2y - 9)(-9 - 2y)$

10. Partnerarbeit: Es gibt drei binomische Formeln. Ergänzt jeweils die Summe.

| Ein Binom wird mit sich selbst multipliziert. Beide Summanden haben dasselbe Vorzeichen. $(a + b)^2 = $ _____ | Ein Binom wird mit sich selbst multipliziert. Beide Summanden haben verschiedene Vorzeichen. $(a - b)^2 = $ _____ | Zwei Binome werden miteinander multipliziert. Ein Summand in beiden Binomen ist gleich; die beiden anderen Summanden unterscheiden sich nur durch das Vorzeichen. $(a + b)(a - b) = $ _____ |

8 Terme und Gleichungen (2)

Binomische Formeln

> Für Terme a und b gilt:
> ① $(a + b)^2 = a^2 + 2ab + b^2$ ② $(a - b)^2 = a^2 - 2ab + b^2$ ③ $(a + b)(a - b) = a^2 - b^2$
> Summanden mit gleichen Vorzeichen
> Summanden mit unterschiedlichen Vorzeichen

1. Forme in eine Summe um.
a) $(7x - 3)^2$ b) $(4a - 6)^2$ c) $(3x + 5)^2$ d) $(-5z + 5)^2$ e) $(4p + 10)^2$ f) $(-3y - 6)^2$
g) $(-2,5y + 6)^2$ h) $(-\frac{1}{2}z - 3)^2$ i) $(-4,5 + y)^2$ j) $(\frac{2}{5}y - 0,4)^2$ k) $(-2,4y - \frac{1}{5})^2$ l) $(\frac{2}{3}x + \frac{3}{7})^2$

2. a) $(7b + 3c)^2$ b) $(2a - 5b)^2$ c) $(-3a - 4b)^2$ d) $(7x + 8y)^2$ e) $(-2b + 3c)^2$ f) $(5y - 3z)^2$
g) $(0,4a + 3b)^2$ h) $(\frac{3}{4}x - \frac{1}{2}y)^2$ i) $(2a^2 - 5ab)^2$ j) $(-3xy + 0,5y)^2$ k) $(-0,5x - \frac{1}{5}y)^2$ l) $(3ab^2 - 2ab)^2$

3. Rechne im Kopf wie im Beispiel.
a) 31^2 b) 102^2 c) 82^2 d) 201^2 e) 105^2
f) 305^2 g) 203^2 h) 63^2 i) 71^2 j) 303^2

$205^2 = (200 + 5)^2$
$= 40\,000 + 2\,000 + 25$

Mit binomischen Formeln geht das im Kopf: 42 025

4. Rechne im Kopf mit Differenzen.
a) 99^2 b) 198^2 c) 79^2 d) 88^2 e) 299^2

5. Rechne im Kopf mit Summen oder Differenzen.
a) 51^2 b) 98^2 c) 72^2 d) 49^2 e) 101^2 f) 502^2 g) 199^2 h) 78^2 i) $1\,002^2$ j) 999^2

6. Schreibe als Summe.
a) $(y + 3)(y - 3)$ b) $(-x + 4)(-x - 4)$ c) $(-7 + y)(-7 - y)$ d) $(a + 6)(a - 6)$
e) $(5 + \frac{1}{2}p)(5 - \frac{1}{2}p)$ f) $(1,2 + x)(1,2 - x)$ g) $(2b + 4,5)(2b - 4,5)$ h) $(-\frac{3}{4} + 0,7z)(-\frac{3}{4} - 0,7z)$

7. a) $(-0,6 + 3x)(-0,6 - 3x)$ b) $(4a + 2a^2)(4a - 2a^2)$ c) $(2,5a + 0,4b)(-2,5a + 0,4b)$

8. Schreibe als Produkt: a) $x^2 - 36$ b) $4 - a^2$ c) $196 - p^2$ d) $x^2 - 225$ e) $y^2 - 400$ f) $121 - y^2$

9. a) $(x + \blacksquare)(x - \blacksquare) = \blacksquare - 36$ b) $(\blacksquare + b)(\blacksquare - b) = 16a^2 - \blacksquare$
c) $(\blacksquare + \blacksquare)(\blacksquare - \blacksquare) = 36x^2 - 49y^2$ d) $(4y + \blacksquare)(4y - \blacksquare) = \blacksquare - 100z^2$

10. Rechne mit der 3. binomischen Formel im Kopf.
a) $22 \cdot 18$ b) $31 \cdot 29$ c) $38 \cdot 42$ d) $63 \cdot 57$
e) $203 \cdot 197$ f) $201 \cdot 199$ g) $502 \cdot 498$ h) $102 \cdot 98$

$32 \cdot 28$
$= (30 + 2) \cdot (30 - 2)$
$= 900 - 4 = 896$

LVL 11. Rechne aus und erkläre, wie es zu den merkwürdigen Ergebnissen kommt.
a) $6^2 - 5^2$ b) $7^2 - 4^2$ c)
$56^2 - 55^2$ $57^2 - 54^2$
$556^2 - 555^2$ $557^2 - 554^2$
....

Und wann gibt es die Ergebnisse nur mit 5?

12. Löse die Klammern mit den binomischen Formeln auf und vereinfache dann so weit wie möglich.
a) $(x + 4)^2 + (x + 3)^2$ b) $(3a + 4b)^2 + (2a - 3b)^2$ c) $(x + 7)(x - 7) + (2x - 5)^2$
d) $(y - 4)^2 + (y + 5)^2$ e) $(4x + 3y)^2 + (3x - 3y)^2$ f) $(2y + 3)(2y - 3) + (3y - 8)^2$

8 Terme und Gleichungen (2)

13. Achte auf das Minuszeichen vor der zweiten Klammer.
  a) $(a-3)^2 - (2a+6b)^2$
  b) $(x+4)^2 - (2x+3)(2x-3)$
  c) $(x+y)^2 - (x-y)^2$
  d) $(a-7)^2 - (5a-4)(5a+4)$
  e) $(2x-3y)^2 - (3x-2y)^2$
  f) $(3x-4y)^2 - (4x+2)(4x-2)$

Minus beachten!
$(2x+2)^2 - (3x-3)^2$
$= 4x^2 + 8x + 4 - [9x^2 - 18x + 9]$
$= \ldots$

14. Bestimme die Lösungsmenge und mache anschließend die Probe.
  a) $(x+4)^2 = x^2$ b) $(y-3)^2 = y^2$ c) $(8+z)^2 = z^2$ d) $(5-x)^2 = x^2$
  e) $(a-2)^2 = a^2$ f) $(b+1)^2 = b^2$ g) $(1-p)^2 = p^2$ h) $(x-6)^2 = x^2$

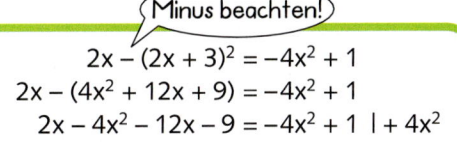

$(x-2)^2 = x^2$
$x^2 - 4x + 4 = x^2 \mid -x^2$
$-4x + 4 = 0$
....

15. Löse die Gleichung. Das Element der Lösungsmenge findest du auf der Giraffe.
  a) $(2x+5)^2 = 4x^2 - 15$
  b) $(2a-2)^2 = 4a^2 - 4$
  c) $(-3y+3)^2 = 9y^2 - 45$
  d) $(2x-5)^2 = 4x^2$
  e) $(3x-1)^2 = 9x^2 + 7$
  f) $(5x+3)^2 = 25x^2 + 39$
  g) $(-2x+1)^2 = 4x^2 - 7$
  h) $(4c-6)^2 = 16c^2$
  i) $(3p+4)^2 = 9p^2 + 28$
  j) $(-b+5)^2 = b^2 - 15$
  k) $(-4x-4)^2 = 16x^2 - 80$
  l) $(-4x+8)^2 = 16x^2 + 32$

16. a) $3x - (5x+2)^2 = 47 - 25x^2$
  b) $(x-4)^2 - (2x+1)^2 = -3x^2 - 9$
  c) $5x - (2x+4)^2 = 17 - 4x^2$
  d) $(x+5)^2 - (x-3)^2 = 12(x+4)$
  e) $18 - (4x-3)^2 = 9 - 16x^2$
  f) $(x-3)^2 - (3x+1)^2 = -2(2x-3)^2 + 2$

Minus beachten!
$2x - (2x+3)^2 = -4x^2 + 1$
$2x - (4x^2 + 12x + 9) = -4x^2 + 1$
$2x - 4x^2 - 12x - 9 = -4x^2 + 1 \mid +4x^2$
....

17.

  a) Ich denke mir eine Zahl, subtrahiere 8 und quadriere die Differenz. Ich erhalte das Quadrat der gedachten Zahl.
  b) Ich denke mir eine Zahl, addiere 3 und quadriere die Summe. Das Ergebnis ist genauso groß, wie wenn ich vom Quadrat der Zahl 27 subtrahiere.
  c) Ich denke mir eine Zahl, addiere 14 und quadriere die Summe. Ich erhalte das Quadrat der gedachten Zahl.

LVL 18. Ein Produkt wurde mit Hilfe einer binomischen Formel in eine Summe verwandelt.
  a) Erkläre, wie man die weggewischten Teilterme wiederfinden kann.
  b) Partnerarbeit: Stellt euch gegenseitig ähnliche Aufgaben.

LVL 19. Thorsten ist in Mathematik ein „Ass", erklären kann er aber leider nicht. So bleiben auch bei der nebenstehenden Aufgabe viele Mitschülerinnen und Mitschüler ratlos, wie Thorsten sie gelöst hat. Partnerarbeit: Sucht gemeinsam die Erklärung, wie Thorsten vorgegangen ist. Dann wandelt selbst die folgenden Summenterme in Produkte um:
  ① $y^2 + 10y - 11$ ② $x^2 - 4x - 12$
  ③ $a^2 + 14a + 40$ ④ $x^2 - 5x + 4$
  ⑤ $b^2 + 4b - 12$ ⑥ $y^2 - 6y - 40$

Schreibe $x^2 - 8x - 9$ als Produkt
$x^2 - 8x - 9$
$= x^2 - 8x + 16 - 16 - 9$
$= (x-4)^2 - 25$
$= (x-4+5)(x-4-5)$
$= (x+1)(x-9)$

8 Terme und Gleichungen (2)

Vermischte Aufgaben

1. Berechne die gesuchte Größe des Prismas.
   a) V = 100,1 cm³; h = 5,5 cm; G = ▩
   b) V = 58,9 m³; G = 9,5 m²; h = ▩
   c) O = 483 m²; M = 370 m²; G = ▩
   d) O = 116,8 cm²; G = 17,2 cm²; M = ▩
   e) O = 24,84 m²; G = 1,98 m²; h = 3,6 m; u = ▩
   f) O = 62 m²; G = 3 m²; u = 7 m; h = ▩

2. Ein Prisma hat eine Raute als Grundfläche (e = 7,5 cm, f = 6 cm) und ein Volumen von 191,25 cm³.
   a) Bestimme die Körperhöhe h.
   b) Das Prisma ist aus Holz, 1 cm³ wiegt 0,8 g. Wie schwer ist das Prisma?

3. Ein Produkt wurde mit Hilfe einer binomischen Formel in die angegebene Summe umgeformt. Wie lautet das Produkt? Es kann zwei Lösungen geben.
   a) $x^2 - 16$
   b) $x^2 + 6x + 9$
   c) $4a^2 - 9b^2$
   d) $x^2 - 10x + 25$
   e) $9x^2 + 12x + 4$
   f) $49z^2 - 144$
   g) $4b^2 - 20b + 25$
   h) $p^2 - 4pq + 4q^2$

4. Bestimme die Lösungsmenge der Gleichung.
   a) $(8 - x)^2 = x^2 + 16$
   b) $(5a - 4)^2 = 25a^2 - 64$
   c) $(3x + 7)^2 = (3x - 5)^2 + 24$
   d) $(3x + 4)^2 = 9x^2 - 8$
   e) $(-2p + 1)^2 = 4p^2 - 19$
   f) $(5x - 2)^2 = (-5x + 3)^2 - 55$

5. Bei einer dreistelligen Zahl ist die Zehnerziffer um 1 größer als die Hunderterziffer und die Einerziffer um 1 größer als die Zehnerziffer. Die Quersumme ist 12.

6. Die Differenz zweier Zahlen ist 6. Vermindert man das Fünffache der kleineren Zahl um das Doppelte der größeren, erhält man 33.

7. Carina startet um 10 Uhr mit ihren Freundinnen zu einer Radtour. Sie fahren mit durchschnittlich 20 $\frac{km}{h}$ Geschwindigkeit. Nach dem Start der Gruppe bemerkt ihre Mutter, dass Carina ihren Schlafsack vergessen hat. Sie fährt 20 Minuten später als die Gruppe mit dem Auto mit durchschnittlich 60 $\frac{km}{h}$ hinterher.
   a) Um wie viel Uhr holt die Mutter die Gruppe ein?
   b) Wie weit sind die Jugendlichen dann geradelt?

8. Verlängert man bei einem Quadrat zwei gegenüberliegende Seiten um jeweils 4,5 cm und verkürzt man die beiden anderen Seiten jeweils um 2,3 cm, so entsteht ein Rechteck, dessen Flächeninhalt um 8,13 cm² größer ist als der des Quadrates. Welchen Umfang hatte das Quadrat?

9. a) Ingo sollte $(a + b + c)^2$ in einen Summenterm verwandeln. Rechts siehst du, wie er damit begonnen hat. Führe seine Umwandlung zu Ende.
   b) Wandle die folgenden Terme in Summenterme um.
   ① $(2a - b + 3c)^2$
   ② $(3x + 4y - 5z)^2$
   ③ $(6a - 4x - 9p)^2$
   ④ $(3a - b + 2c + d)^2$

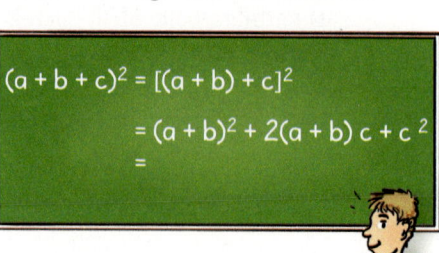

$(a + b + c)^2 = [(a + b) + c]^2$
$= (a + b)^2 + 2(a + b)c + c^2$
$=$

10. Löse die Gleichung: $(5x - 2{,}3)(0{,}4x + 7{,}1) = (x + \frac{1}{2})(2x - \frac{1}{4}) + 146{,}179$

LVL 11. a) Partnerarbeit: Stellt eine Gleichung auf, die folgende Eigenschaften hat:
   ① Die Lösungsmenge enthält als einziges Element eine ganze Zahl eurer Wahl.
   ② Auf jeder Gleichungsseite ist eine Klammer mit einer binomischen Formel so aufzulösen, dass beim anschließenden Umformen ein Quadrat der Variablen „herausfällt".
   b) Lasst eure Gleichung aus a) von den anderen Schülerinnen und Schülern lösen.

8 Terme und Gleichungen (2)   169

LVL 12. Partnerarbeit: Erklärt euch gegenseitig die Beispiele im Merkkasten und stellt eure Erklärung in der Klasse vor.

13. Bestimme die Lösungen zu $G_1 = \mathbb{Z}$ und $G_2 = \mathbb{Q}$.
   a) $(x + 8)^2 = (x - 4)^2 - 24$
   b) $y(y + 7{,}5) = (y - 1{,}5)^2 + 24$

14. Bestimme die Lösungsmenge zur angegebenen Grundmenge.
   a) $(x + 4)^2 + 11 = (5 - x)^2 - 124$, $G = \mathbb{N}$
   b) $(x + 4)^2 + 11 = (5 - x)^2 - 124$, $G = \mathbb{Z}$
   c) $(x + 4)^2 + 11 = (5 - x)^2 - 124$, $G = \mathbb{Q}$

15. Bestimme jeweils die Lösungsmenge zu den angegebenen Grundmengen.
   a) $(a + 6)^2 < a^2 + 4a + 68$; $G_1 = \mathbb{N}$, $G_2 = \mathbb{Z}$, $G_3 = \mathbb{Q}$
   b) $(z - 3)(z + 3) \geq (z - 4)^2 + 39$; $G_1 = \mathbb{N}$, $G_2 = \mathbb{Z}$, $G_3 = \mathbb{Q}$

> Wenn bei Gleichungen oder Ungleichungen nichts zur Grundmenge gesagt ist, gilt grundsätzlich $G = \mathbb{Q}$ (umfassendste Zahlenmenge). Bei anderen Grundmengen können die Lösungsmengen in Abhängigkeit von der Grundmenge eingeschränkt sein.
>
> *Beispiel 1:* $2x + 14 = 4$, $G = \mathbb{N}$
> $\qquad\qquad x = -5$
> aber $\mathbb{L} = \{\ \}$, weil -5 nicht zu G gehört.
>
> *Beispiel 2:* $7x - 4 < 31 \quad G = \mathbb{Z}$
> $\qquad\qquad 7x < 35$
> $\qquad\qquad x < 5$
> $\mathbb{L} = \{\ldots -4, -3, -2, -1, 0, 1, 2, 3, 4\}$
>
> *Beispiel 3:* $7x - 4 < 32 \quad G = \mathbb{Q}^+$
> $\qquad\qquad x < 5$
> $\mathbb{L} = \{x\,|\,0 < x < 5\}$

16.

An der Haltestelle Ⓐ sind im Bus I 8 Fahrgäste mehr als im Bus II. An der Haltestelle Ⓑ vermehrt sich im Bus I die Zahl der Fahrgäste um 3, im Bus II vermehrt sie sich um 2.
Multipliziert man an beiden Haltestellen die Anzahlen der Fahrgäste in beiden Bussen miteinander, erhält man bei der Haltestelle Ⓑ eine um 182 höhere Zahl als an Haltestelle Ⓐ.
   a) Bezeichne mit x die Zahl der Fahrgäste in Bus I an der Haltestelle Ⓐ, stelle eine Gleichung auf und löse sie bezüglich der Grundmenge $G = \mathbb{N}$.
   b) Warum ist es bei a) vernünftig, die Grundmenge auf $\mathbb{N}$ einzuschränken?

17. Verlängert man die eine Seite des Quadrats um 5 cm und die andere Seite um 3 cm, so entsteht ein Rechteck, dessen Flächeninhalt 8 cm² größer ist als der des Quadrates.
Stelle eine Gleichung auf, lege eine sinnvolle Grundmenge fest und löse die Gleichung.

18. Das Rechteck mit den Kantenlängen x und $x + 3$ ist um mehr als 10 cm², aber nicht mehr als 20 cm² größer als das Quadrat mit der Kantenlänge x.
   a) Zwischen welchen Längen muss x liegen? Lege Grundmengen sinnvoll fest. Stelle Ungleichungen auf und löse sie.
   b) Welche Längen kommen für x in Frage, wenn x ganzzahlig ist?

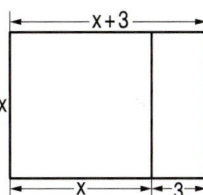

19. Löse die Ungleichung bezüglich der Grundmenge $G = \mathbb{Q}^+$.
   a) $(2x - 3)^2 > (2x - 5)(2x + 5) - 14$
   b) $(c - 2)^2 + 3 \leq c(c + 3)$

8 Terme und Gleichungen (2)

Das Pascal'sche Dreieck

Das abgebildete Dreieck verdankt seinen Namen dem französischen Mathematiker *Blaise Pascal*.

19. 6. 1623–19. 8. 1662

Den Chinesen war dieses Zahlendreieck schon zuvor als Chu Shun Chiehs Dreieck bekannt, aber Pascal hat es als erster systematisch untersucht.

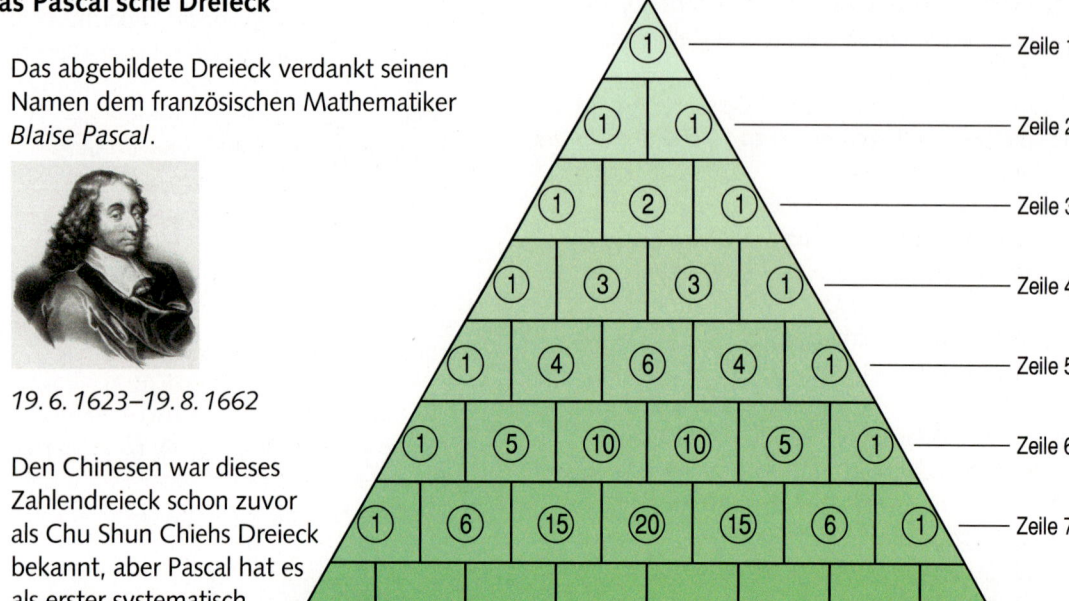

Zeile 1
Zeile 2
Zeile 3
Zeile 4
Zeile 5
Zeile 6
Zeile 7

1. Das Dreieck kann bei Beibehaltung seiner Gesetzmäßigkeit beliebig weit fortgesetzt werden. Übertragt es auf ein DIN-A4-Blatt, ermittelt die Gesetzmäßigkeit und setzt es um die Zeilen 8, 9 und 10 fort.

2. a) Addiert alle Zahlen einer Zeile; ihr erhaltet in den ersten vier Zeilen jeweils die Summen 1, 2, 4 und 8. Verdoppelt sich weiterhin die Summe von Zeile und Zeile?
Wenn ja: Begründet die Verdoppelung.
b) Subtrahiert und addiert im Wechsel die Zahlen einer Zeile (z. B. Zeile 4: 1 − 3 + 3 − 1). Welches Ergebnis erhaltet ihr jedesmal und wie ist es zu erklären?

3. Es gilt ① $(a + b)^1 = a + b$ und   ② $(a + b)^2 = a^2 + 2ab + b^2$
$\qquad\qquad\qquad(= \mathbf{1}a + \mathbf{1}b)$ $\qquad\qquad\qquad(= \mathbf{1}a^2 + \mathbf{2}ab + \mathbf{1}b^2)$

a) Verwandelt die folgenden Produkte von Binomen in Summen um:

A $(a + b)^3 = \ldots$
$\quad(a + b)^5 = \ldots$

B $(a + b)^4 = \ldots$
$\quad(a + b)^6 = \ldots$

Hinweise: $(a + b)^3 = (a + b)^2 (a + b)$
$(a + b)^4 = (a + b)^2 (a + b)^2$
$(a + b)^5 = (a + b)^3 (a + b)^2$
$(a + b)^6 = (a + b)^4 (a + b)^2$

b) Tragt die Ergebnisse systematisch geordnet zusammen:
$(a + b)^1 = a + b$
$(a + b)^2 = a^2 + 2ab + b^2$
$(a + b)^3 =$
…
$(a + b)^6 =$

c) Findet den Zusammenhang zwischen den Ergebnissen bei b) und dem Pascal'schen Dreieck heraus.

d) Wenn ihr c) gelöst habt, könnt ihr $(a + b)^{10}$ als Summenterm umschreiben, ohne zu rechnen. Stellt eure Umformung in der Klasse vor.

8 Terme und Gleichungen (2)

1. In einem Prisma sind V = 156,6 cm³ und h = 5,8 cm. Berechne G.

2. Berechne die Länge eines Quaders, der 8,8 cm breit und 4,4 cm hoch ist und eine Oberfläche von 394,24 cm² hat.

3. Nach welcher Zeit bringt ein Kapital von 7 500 € bei einem Zinssatz von 2 % 30 € Zinsen?

4. a) $(x + 3)(y - 5)$ b) $(a + 7)(4 - b)$
   c) $(0{,}3 + b)(0{,}4 - c)$ d) $(1{,}5x + 4)(y - 6)$

5. a) $(x + 7)(x + 4)$ b) $(3a + 5)(6a - 2)$
   c) $(-2y + 3)(4 - 3y)$ d) $(6 - 2b)(-2b + \frac{1}{2})$

6. a) $(3 + x)(x - 7) = x^2 + 3$
   b) $(2y + 4)(3 - 3y) = -18 - 6y^2$
   c) $(a + 5)(4 + a) = (a - 4)(a - 2)$

7. a) $(7 + x)^2$ b) $(-5 - 8y)^2$ c) $(2a + 4b)^2$
   d) $(\frac{1}{2} + x)^2$ e) $(x + 0{,}2)^2$ f) $(-3x - 2y)^2$

8. a) $(5 - b)^2$ b) $(-7 + 8b)^2$ c) $(\frac{1}{2}x - 2y)^2$
   d) $(p - 3)^2$ e) $(-x + \frac{1}{2})^2$ f) $(0{,}5a - 0{,}2b)^2$

9. a) $(x + 7)^2 = x^2$ b) $(a - 8)^2 = a^2$
   c) $(2y + 4)^2 = 4y^2 + 32$ d) $(3b - 2)^2 = 9b^2 - 44$
   e) $(4 - x)^2 = x^2 + 8$ f) $(3 - 2a)^2 = 4a^2 + 27$

10. a) $(y + 7)(y - 7)$ b) $(0{,}5x + 2)(0{,}5x - 2)$
    c) $(3a + 4)(3a - 4)$ d) $(7p + 3q)(7p - 3q)$

11. a) $(3 + 1{,}2y)(3 - 1{,}2y)$
    b) $(0{,}6a + 0{,}5b)(0{,}6a - 0{,}5b)$

12. Katrins Vater ist 8 Jahre älter als seine Frau. Katrins Mutter ist dreimal so alt wie Katrin. Zusammen sind sie 106 Jahre alt.

13. Faye ist 6 Jahre älter als ihr kleiner Bruder. In 10 Jahren sind sie zusammen 50 Jahre alt.

14. Die Zehnerziffer einer zweistelligen Zahl ist um 4 kleiner als die Einerziffer. Die Quersumme ist 14.

15. Zwei Zahlen unterscheiden sich um 28. Addiert man zum Doppelten der größeren Zahl das Siebenfache der kleineren, so erhält man −7.

16. a) In einem Rechteck ist eine Seite 4 cm kürzer als die andere. Verlängert man die kurze Seite um 8 cm und die längere um 2 cm, so ist der Flächeninhalt des neuen Rechtecks 88 cm² größer als der des ursprünglichen Rechtecks.
    b) Verkürzt man die Kanten eines Würfels um 4 cm, so verringert sich die Oberfläche um 192 cm².

Rechnen mit Formeln
1. Grundformel aufschreiben.
2. Nach der gesuchten Größe auflösen
3. Zahlen einsetzen
4. Ausrechnen
5. Antwort notieren

Multiplikation von Summen
Zwei Summen werden miteinander multipliziert, indem man jeden Summanden der ersten Summe mit jedem Summanden der zweiten Summe multipliziert.
Die einzelnen Produkte werden dann addiert. (Distributivgesetz)

$(a + b)(c + d) = ac + ad + bc + bd$ *Jeder mit jedem!*

Binomische Formeln
Summanden mit gleichen Vorzeichen:
$(a + b)^2 = a^2 + 2ab + b^2$

Summanden mit verschiedenen Vorzeichen:
$(a - b)^2 = a^2 - 2ab + b^2$

Produkt von Summen, die sich nur im Vorzeichen eines Summanden unterscheiden:
$(a + b)(a - b) = a^2 - b^2$

8 Terme und Gleichungen (2)

Grundaufgaben

1. Multipliziere aus und fasse zusammen.   a) $(4a + 6)(5a - 3)$ b) $(-2b + 1)(-7 - b)$

2. Schreibe als Summe.   a) $(-5 + 8y)^2$ b) $(3x + 4y)(3x - 4y)$

3. Löse die Gleichung.   a) $(4y + 2)(5 - 3y) = -12y^2 + 4y$ b) $7 - (3x + 8)^2 = 39 - 9x^2$

4. Welche Rechenausdrücke (Terme) zeigen die Hälfte einer Zahl a? $2a$; $\frac{a}{2}$; $0{,}5a$; $a - 2$; $\frac{1}{2}a$

5. Zwei Zahlen unterscheiden sich um 18. Subtrahiert man vom Vierfachen der größeren Zahl das Sechsfache der kleineren, so erhält man 36.

Erweiterungsaufgaben

1. Löse die Formel $W = G \cdot \frac{p}{100}$ nach G und nach $\frac{p}{100}$ auf und berechne den gesuchten Wert.
a) $W = 96$ €, $p \% = 15 \%$, $G = \blacksquare$ b) $G = 300$ €, $W = 138$ €, $p \% = \blacksquare$

2. Löse die Klammern mit den binomischen Formeln auf, fasse dann so weit wie möglich zusammen.
a) $(x + 5)^2 + (2x - 4)^2$ b) $(4y + 3)(4y - 3) - (3y - 5)^2$

3. a) $x^2 + \blacksquare x + 16 = (x + \blacksquare)^2$ b) $9y^2 - 18y + \blacksquare = (\blacksquare y - \blacksquare)^2$

4. a) $(\blacksquare + 3y)(\blacksquare - 3y) = 121x^2 - \blacksquare$ b) $(8a - \blacksquare)(8a + \blacksquare) = \blacksquare - 144b^2$

5. Löse die Gleichung.   a) $(3y - 6)(y - 8) = 3(y^2 - 4)$ b) $(x + 3)(x + 4) = (x - 1)(x - 2)$
c) $(y + 3)^2 + (y + 2)^2 = 2y^2$ d) $(x - 6)^2 - (2x - 4)^2 = 4 - 3x^2$

6. Die Summe zweier Zahlen ist 12. Addiert man das Vierfache der ersten Zahl und das Doppelte der zweiten Zahl, so erhält man –12.

7. In einem Rechteck ist die eine Seite 9 cm länger als die andere. Verlängert man die kürzere Seite um 5 cm und verkürzt die längere Seite um 6 cm, so erhält man ein Rechteck, dessen Flächeninhalt um 7 cm² größer ist als der des ursprünglichen Rechtecks.

8. Ein Lkw fährt mit einer Durchschnittsgeschwindigkeit von 60 $\frac{km}{h}$ auf die Autobahn. Eine halbe Stunde später fährt ein Pkw (100 $\frac{km}{h}$) hinterher. Nach wie viel Stunden holt der Pkw den Lkw ein?

9. Berechne die fehlenden Seitenlängen der Figuren im Bild.   a)   b)

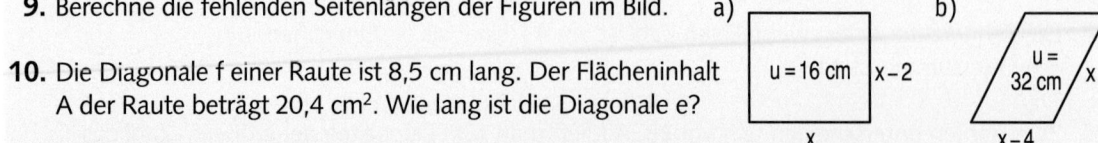

10. Die Diagonale f einer Raute ist 8,5 cm lang. Der Flächeninhalt A der Raute beträgt 20,4 cm². Wie lang ist die Diagonale e?

11. Wie hoch steht 1 l Wasser in einem Prisma, das eine rechteckige Grundfläche mit den Seitenlängen a = 5 cm und b = 8 cm hat?

12. Ein Quader ist 8,5 cm lang, $5\frac{1}{2}$ cm hoch und 2,4 cm breit. Berechne sein Volumen.

13. Forme in einen Summenterm um.   a) $(2a - 3b + 9c)^2$ b) $(2x - y)^3$

Funktionen

9

Ⓐ
PASSHÖHE 1 250 m ÜBER NN
Noch 4 km bis zur Passhöhe.
Wird's noch steiler?
Wie hoch sind wir hier?

Ⓑ $y = 2x + 1$

Ⓒ Ein Rechteck ist 48 cm² groß. Wie lang ist es bei einer Breite von 1 cm (2 cm, 3 cm, 4 cm, 6 cm)?

Ⓓ Park-Tarife:
1. Stunde   1,– €
jede weitere ange-
fangene Stunde   1,25 €
maximal
pro Tag   15,– €

Ⓔ Kabelpreis: 1,95 € pro m

Ⓕ Ich rufe dir in kurzen Abständen die Füllhöhe zu.
Ich notiere die Zeit und die dazugehörige Füllhöhe.

Welcher der gezeichneten Graphen passt wozu?

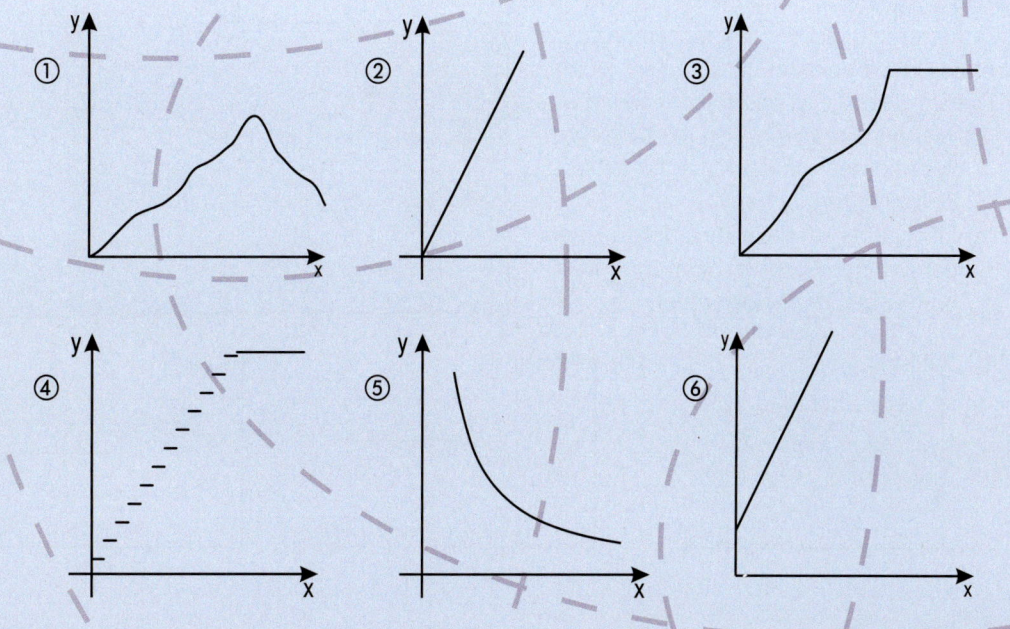

9 Funktionen

Zuordnungen zu Wasser …

1. Ein Ausflugsdampfer legt am Hafen ab und fährt mit annähernd konstanter Geschwindigkeit zu der 60 km entfernt liegenden Insel. Etwas später verlässt ein schnelles Motorboot mit demselben Ziel den Hafen. Die Fahrten der beiden Schiffe sind im Zeit-Entfernung-Diagramm dargestellt.

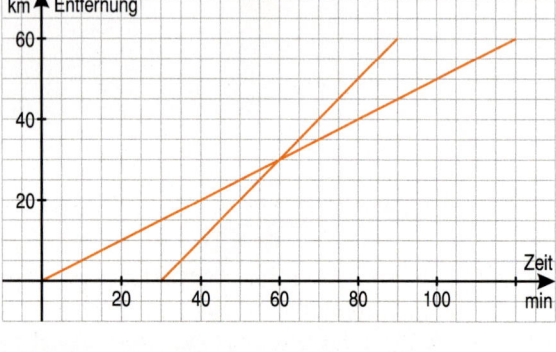

   a) Wie viel Minuten nach dem Ausflugsdampfer verlässt das Motorboot den Hafen?
   b) Wie weit ist der Dampfer noch von der Insel entfernt, wenn das Motorboot sein Ziel erreicht?
   c) Bestimme die durchschnittliche Geschwindigkeit ($\frac{km}{h}$) des Dampfers.
   d) Stellt euch gegenseitig weitere Fragen und beantwortet sie.

2. Bei Hochwasser ist der Schiffsverkehr auf dem Rhein nur eingeschränkt möglich oder muss sogar ganz eingestellt werden. Täglich werden daher die Pegelstände gemessen. In Köln dürfen Schiffe nur noch mit verminderter Geschwindigkeit und im mittleren Stromdrittel fahren, wenn ein Pegelstand von 6,20 m erreicht ist. Steigt der Rhein auf 8,30 m, wird die Schifffahrt eingestellt.

   a) Welche der folgenden Aussagen können stimmen?
      ① Ein Pegelstand von genau 5 m wurde nur einmal gemessen.
      ② Am 27.04.06 erreichte der Pegelstand den monatlichen Tiefpunkt.
      ③ Vom 1. bis zum 13. April fiel der Pegelstand um mehr als 3 m.
      ④ Der Schiffsverkehr war den gesamten Monat uneingeschränkt möglich.
   b) Beschreibe den Verlauf der Pegelstände im April 2006.

3. Partnerarbeit: Bei der Segelscheinprüfung muss ein Dreieckskurs zurückgelegt werden. Die Segelstrecke ist mit Bojen markiert.
   a) Welcher Graph gibt den Abstand des Segelbootes von der Küste für jeden Zeitpunkt an?
   b) Zeichnet einen Segelkurs, der zu einem der anderen Graphen passt, und stellt eure Arbeit den anderen vor.

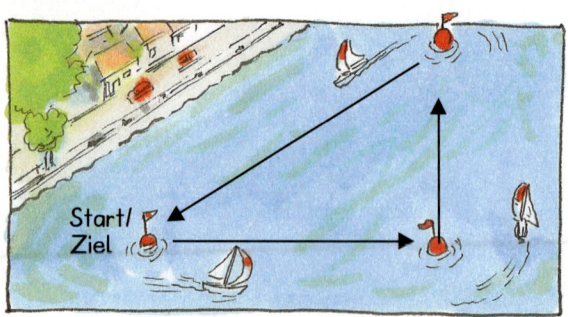

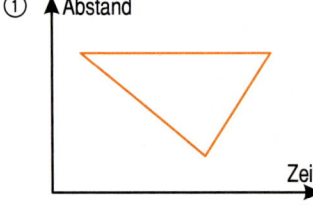
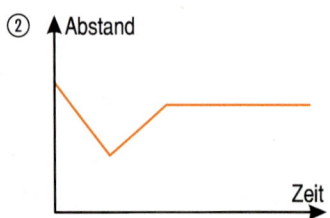
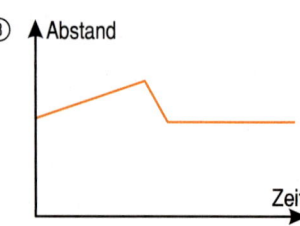

9 Funktionen

... und zu Land

4. Jan berichtet: „Nachdem ich etwa die Hälfte meines Schulweges zurückgelegt hatte, fiel mir ein, dass ich mein Geodreieck vergessen hatte. Ich lief schnell nach Hause zurück. Dort musste ich einige Zeit suchen. Um noch pünktlich zu kommen, fuhr ich mit dem Fahrrad zur Schule."

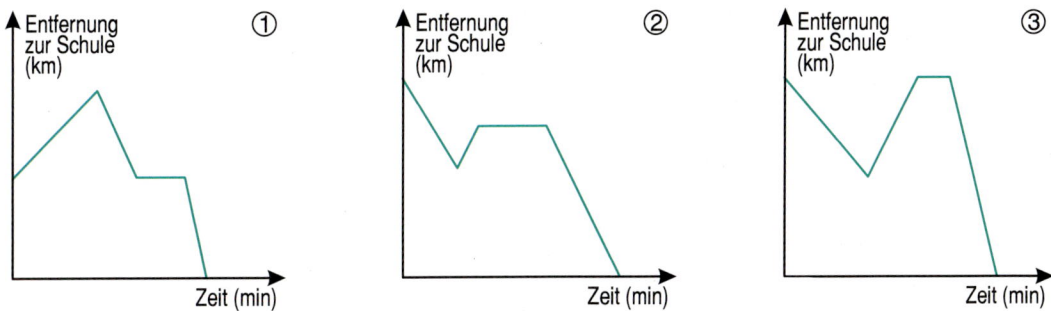

a) Trotz ihrer Ähnlichkeit beschreibt nur einer der drei Graphen zutreffend, wie weit Jan zu jedem Zeitpunkt von der Schule entfernt war. Überlegt gemeinsam, was die Unterschiede für die Schulweggeschichte bedeuten, und begründet so die Wahl des passenden Graphen.
b) Erfindet eine Schulweggeschichte und präsentiert ihre Darstellung im Koordinatensystem.

5. Mira trainiert mit ihrem Mountainbike in den Bergen.
a) Auf welcher Etappe wird Mira bei gleichem Kraftaufwand die höchste (geringste) Geschwindigkeit erreichen? Was bedeutet dies für den zurückgelegten Weg?
b) Die drei Graphen geben den zurückgelegten Weg s zur Zeitdauer t für jede Etappe AB, BC und CD an. Ordnet zu.

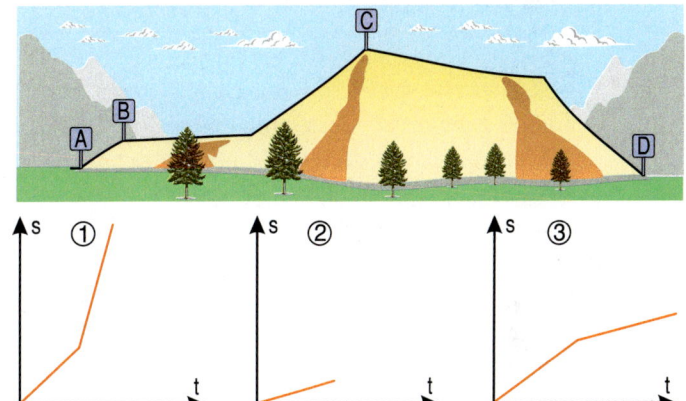

6. Partnerarbeit: Die abgebildeten Gefäße werden gleichmäßig mit Flüssigkeit gefüllt.

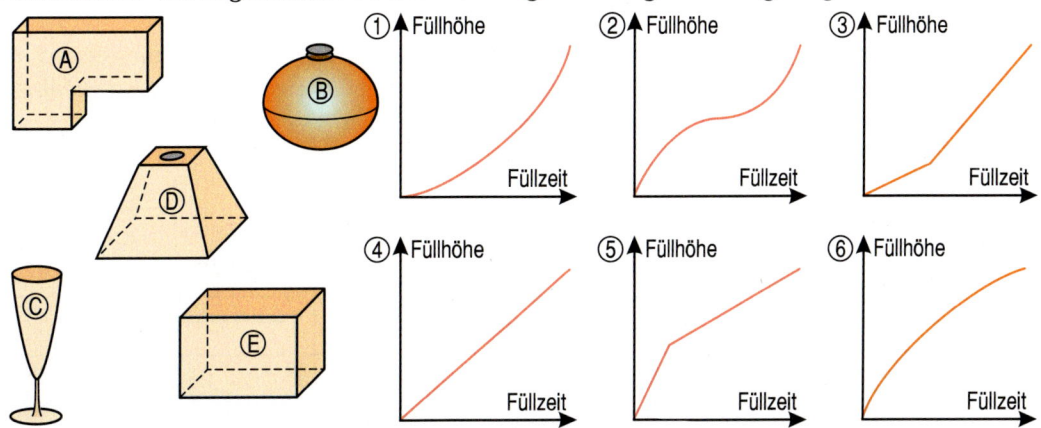

a) Ordnet jedem Gefäß den Graphen zu, der dessen Füllvorgang zutreffend beschreibt. Begründet.
b) Tom meint: „Zu einem eckigen Gefäß gehört immer eine Gerade als Graph." Stimmt das?
c) Denkt euch ein Gefäß aus und zeichnet es. Skizziert die hierzu passende Zuordnung Zeit → Füllhöhe im Koordinatensystem. Tauscht eure Arbeiten untereinander aus.

9 Funktionen

Funktionen als spezielle Zuordnungen

Bearbeitet die Aufgaben der Doppelseite in Gruppen und stellt die Ergebnisse in der Klasse vor.

1. Wählt eine der Zuordnungen A, B, C oder D und zeichnet den Graphen dazu. Er muss so aussehen wie einer der acht skizzierten Graphen. Überprüft, ob bei der gewählten Zuordnung zu jeder Ausgangsgröße *genau eine* (das heißt nicht mehr und auch nicht weniger als eine) zugeordnete Größe gehört.

   A Zu jeder Zahl x von 0 bis 10 gehört mindestens eine Zahl y, die die Zahl x als Betrag hat.

   B Zu jeder Zahl x von –3 bis 3 gehört mindestens eine Zahl y, die durch den Term (x + 1)(x – 1) berechnet wird.

   C Zu jedem Briefgewicht x zwischen 0 g und 1 000 g gehört bei Zustellung innerhalb Deutschlands mindestens ein bestimmtes Porto y. (Briefformat bleibt unberücksichtigt)

   D Zu jeder natürlichen Zahl x von 1 bis 12 gehört mindestens ein Teiler y.

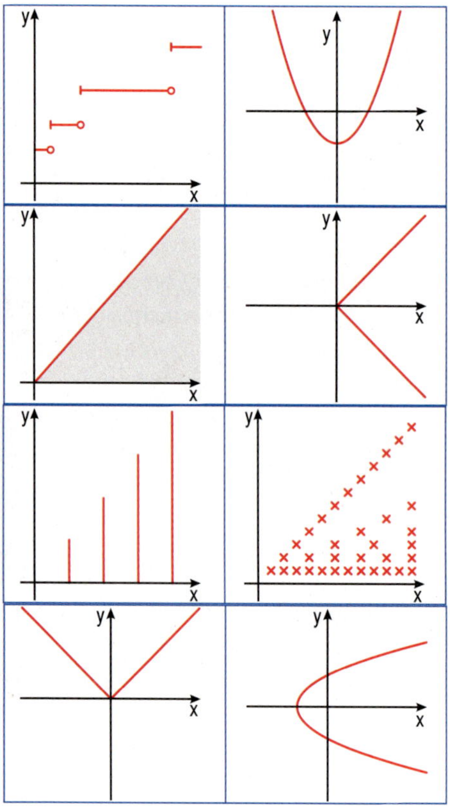

2. Abgebildet sind die Graphen von sechs Zuordnungen. Die jeweilige Zuordnungsvorschrift ist nicht bekannt. Bei welchen Zuordnungen gehört zu jeder Ausgangsgröße *genau eine* zugeordnete Größe? Überlegt euch ein Entscheidungsmerkmal.

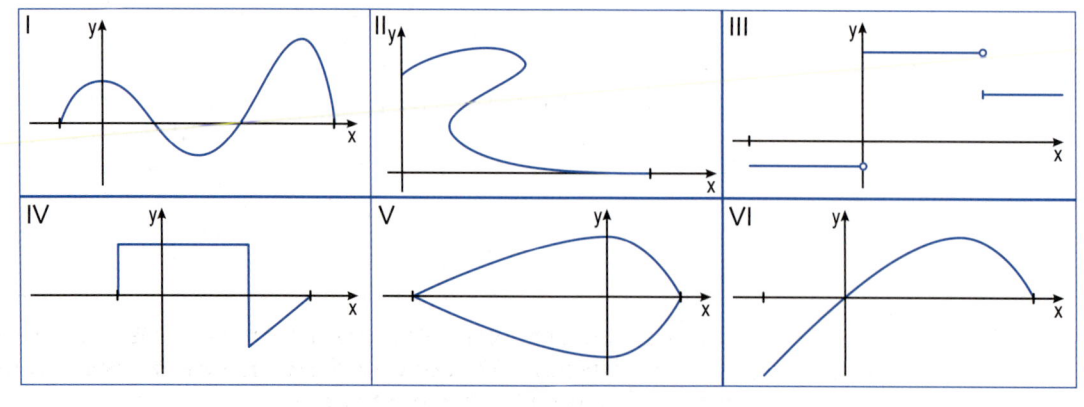

9 Funktionen

3. Sind diese Zuordnungen immer *eindeutig*, gehört also zu jeder Ausgangsgröße genau eine zugeordnete Größe? Begründet.
   a) Klasse → Anzahl der Schüler
   b) Alter eines Menschen → Körpergröße
   c) Hausnummer → Wohnung
   d) Porto → Briefgewicht
   e) Benzinmenge → Rechnungsbetrag
   f) Stromverbrauch → Strompreis
   g) Kantenlänge eines Würfels → Volumen
   h) Quersumme → Zahl

4. 20 Schüler haben einen Kurztest in Mathematik geschrieben. Im Pfeilbild ist erkennbar, wie viele Schüler welche Noten erhalten haben. Übertragt in eine Tabelle und überlegt, ob jeder Zensur eindeutig eine bestimmte Anzahl von Schülern zugeordnet wird. Und ist jeder Schüleranzahl genau eine Zensur zugeordnet?

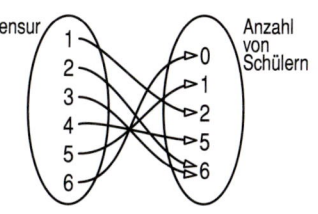

5. Zuordnungen können häufig durch Gleichungen beschrieben werden:
   (I) $y = 2x - 1$ (II) $y = 0{,}5x + 1$ (III) $y = x^2 - 2$
   Stellt die Zuordnungen in einer Tabelle dar, indem ihr für die x-Werte von −3 bis 3 die zugehörigen y-Werte berechnet. Zeichnet anschließend mit Hilfe der Wertepaare die Graphen in ein Koordinatensystem.

6.
   a) Beschreibt die Darstellung und erstellt eine Informationstafel mit den Parkgebühren für die Nutzer des Parkhauses.
   b) Ist die Zuordnung Parkdauer → Parkgebühr eindeutig?
   c) Tragt in ein neues Achsenkreuz die Parkgebühr auf der x-Achse ab, die Parkdauer auf der y-Achse. Ist die Zuordnung Parkgebühr → Parkdauer eindeutig? Welche Werte kommen als Ausgangsgröße in Frage?

7. Bei einem täglichen Verbrauch von 12 *l* reicht der Frischwasservorrat auf dem Segelschiff 20 Tage. Wie lange reicht der Vorrat bei anderem täglichen Verbrauch?

Anke:

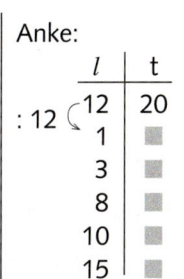

Sebastian:

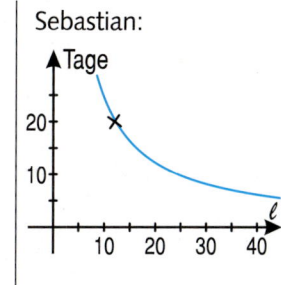

Midya:
x: Liter   y: Tage
Wasservorrat:
$20 \cdot 12\, l\ (= 240\, l)$
$y = \dfrac{12 \cdot 20}{x}$
$y = \dfrac{240}{x}$

   a) Erklärt die Vorgehensweise der drei Schülerinnen und Schüler und bestimmt mit jedem Verfahren die Anzahl der Tage bei einem täglichen Verbrauch von 15 *l*.
   b) Sind die Zuordnungen „Täglicher Verbrauch → Tage" bzw. „Tage → täglicher Verbrauch" eindeutig? Welche Werte kommen jeweils als Ausgangsgröße in Frage?

9 Funktionen

Funktionen

> Eine **Funktion** ordnet jedem Element der **Definitionsmenge** $\mathbb{D}$ genau einen Wert zu, ist also eine eindeutige Zuordnung. Alle vorkommenden Funktionswerte bilden die **Wertemenge** $\mathbb{W}$. Das zugeordnete Element y heißt **Funktionswert** von x und wird auch mit f(x) bezeichnet. Funktionen können mit **Worten**, durch **Wertetabellen**, **Graphen** oder **Gleichungen** dargestellt werden.

Wertetabelle: Temperaturen an einem Sommertag

Uhrzeit	6	10	14	18	22
Temperatur (°C)	12,3	19,1	23	21,3	16,8

Mit Worten: Ein Händler verlangt für einen Mietwagen eine Grundgebühr von 75 € und dazu 0,40 € für jeden zurückgelegten Kilometer.
Gleichung: f(x) = 0,4x + 75 bzw. y = 75 + 0,4x

Graph

$\mathbb{D} = \{x \mid 0 \leq x \leq 6\}$; $\mathbb{W} = \{y \mid 0 \leq y \leq 3\}$

1. a) Lies die gesuchten y-Werte am Graphen ab.

x	5	45	17	32	41	53	9	25
y								

   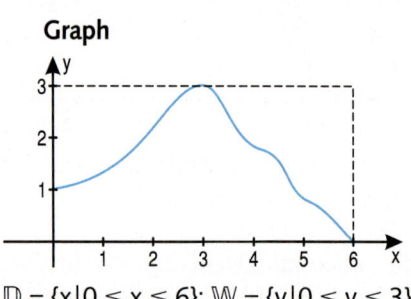

   b) Gehört zu jedem x-Wert von 0 bis 60 genau ein y-Wert?
   c) Gehört zu jedem y-Wert auch genau ein x-Wert? Prüfe für y = 20, y = 0 und y = 32.

2. Handelt es sich um den Graphen einer Funktion, ist also jedem x-Wert genau ein y-Wert zugeordnet? Begründe.

   a) 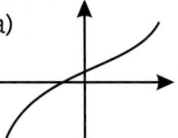 b) 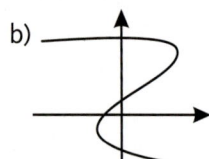 c)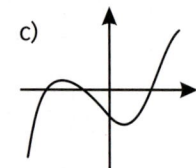

3. Eine Funktion wird durch die Gleichung f(x) = 3x + 1 dargestellt.
   a) Ordne in einer Tabelle jedem Element der Definitionsmenge $\mathbb{D} = \{-3; -2; -1; 0; 1; 2; 3\}$ den entsprechenden Funktionswert zu. Übertrage die Wertepaare in ein Koordinatensystem.
   b) Welche umfangreichste Zahlenmenge kommt als Definitionsmenge in Frage und welches ist die zugehörige Wertemenge?

4. Gegeben sind Quadrate folgender Seitenlänge: 0,5 cm; 1 cm; 1,5 cm; 2 cm; 2,5 cm; 3 cm; x cm.
   a) Bestimme jeweils den Flächeninhalt und stelle die Ergebnisse in einer Wertetabelle dar.
   b) Veranschauliche die Zuordnung Länge x des Quadrats → Flächeninhalt y mit einem Graphen.
   c) Welche Zahlenmenge ist sinnvoll als Definitionsmenge?

5. Auf ein Blatt Papier sollen verschiedene Rechtecke mit A = 24 cm² gezeichnet werden.
   a) Bestimme mögliche Längen und Breiten der Rechtecke und stelle diese in einer Wertetabelle und in einem Schaubild dar.
   b) Welche Längenwerte sind als Elemente der Definitionsmenge sinnvoll, welche nicht?
   c) Bestimme die Gleichung der Funktion Länge x → Breite f(x) des Rechtecks.

9 Funktionen

Funktionen zeichnen und untersuchen

1.

   Partnerarbeit: Zeichnet mit Hilfe eines Computerprogramm (z. B. Geonext) zu jeder Funktionsgleichung den Graphen in zwei verschiedenen Zeichenblättern (Anleitung unten). Auf einem Zeichenblatt sollen alle linearen Funktionen dargestellt sein, auf dem anderen die nicht linearen Funktionen.

Zeichnen von Funktionsgraphen mit Geonext

- Öffne ein neues Zeichenblatt und blende das Gitter und das Koordinatensystem ein.
- Wähle das Menü OBJEKTE und klicke im Untermenü GRAPHEN auf die Option FUNKTIONSGRAPH.
- Trage den Funktionsterm (z. B. –2 * x + 3) in das Eingabefeld ein und bestätige mit „ÜBERNEHMEN". Der Graph erscheint im Koordinatensystem.

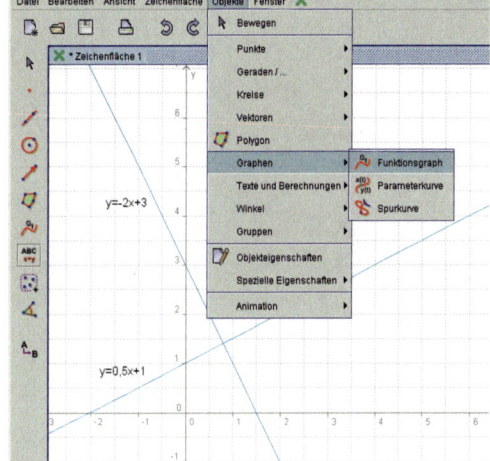

Dezimalbrüche müssen mit Punkt, Produkte immer mit Malpunkt * geschrieben werden.

- Zur Beschriftung des Funktionsgraphen kannst du unter TEXTE UND BERECHNUNGEN – TEXT die Funktionsgleichung eingeben; mit BEWEGEN kann der Textkasten an eine geeignete Stelle des Graphen gezogen werden.

---

2. Im Koordinatensystem sind verschiedene Funktionen dargestellt. Hier sind die Gleichungen dazu:

   $y = x - 1$ $f(x) = -0,5x + 1$ $y = x^2 - 1$ $y = -x + 3$ $f(x) = 2x$

   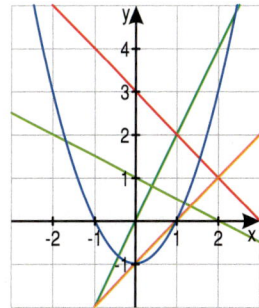

   a) Welcher Graph gehört zu welcher Funktionsgleichung? Überlegt euch ein Überprüfungsverfahren.
   b) Vier Graphen sind Geraden, ein Funktionsgraph ist eine Parabel. Kann man dies bereits an der zugehörigen Funktionsgleichung erkennen? Notiert eure Vermutungen und versucht sie zu begründen.
   c) Stellt eure Arbeitsergebnisse aus a) und b) den anderen vor.

9 Funktionen

Lineare Funktionen

Funktionen, deren Graph eine Gerade ist, heißen **lineare Funktionen**. Ihre Funktionsgleichungen können in der Form **y = mx + b** geschrieben werden.
Zu x = 0 gehört der Funktionswert f(0) = b (m · 0 + b). Der Graph schneidet also die y-Achse im Punkt (0|b).
Lineare Funktionen haben als Definitions- und Wertemenge jeweils die Menge der rationalen Zahlen ℚ, wenn keine Einschränkung vorgenommen wird.

Beispiel: y = 1,5 x + 2
Wertetabelle

x	y
0	2
1	3,5
4	8

1. Vervollständige die Wertetabelle im Heft. Ordne anschließend die passende Wortformel zu.

   a) y = 0,12 x + 24

x	0	100	200	300
y	24	36		

   b) y = 15 x + 24

x	0	5	10	15
y	24			

   c) y = 3 x + 20

x	0	4	8	12
y				

   d) y = 0,2 x + 20

x	0	50	100	150
y				

   (1) x Arbeitsstunden zu 15 € plus 24 € Anfahrtspauschale

   (2) 3 € mal x Internetstunden plus Grundgebühr 20 €

   (3) x Kilometer mal 0,20 € plus 20 € Grundpreis

   (4) x Einheiten mal 0,12 € plus 24 € Grundgebühr

2. Bestimme die Funktionswerte f(−4), f(−2), f(0), f(2), f(4) und f(6), und zeichne den Graphen der Funktion.
   a) f(x) = 2 x   b) f(x) = 0,5 x − 4   c) f(x) = 4 x − 0,5   d) f(x) = 2 − x

   f(x) = 3x − 1
   f(4) = 3 · 4 − 1 = 11

3. Der Graph beschreibt den Tagesmietpreis y (in €) für einen Leihwagen in Abhängigkeit von der gefahrenen Strecke x (in km).
   a) Stellt euch gegenseitig vier Fragen zum Ablesen von Werten aus dem Diagramm.
   b) Welche Gleichung beschreibt die Zuordnung?
      (1) y = 50 + 2,5 x   (2) y = 2,5 x + 25
      (3) y = 0,25 x + 25   (4) y = 25 x + 300

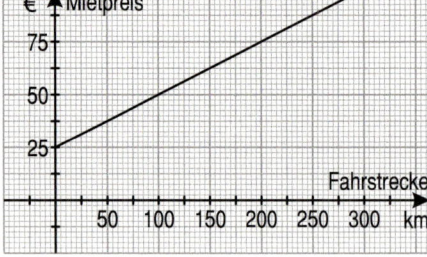

LVL 4. Partnerarbeit: Zeichne ein Koordinatensystem in dein Heft und nimm ein dünnes Holzstäbchen.
   a) Schreibe einige Funktionsgleichungen zu linearen Funktionen auf. Deine Nachbarin bzw. dein Nachbar soll mit dem Holzstäbchen den zugehörigen Graphen legen.
   b) Nun umgekehrt: Du legst das Stäbchen auf das Koordinatensystem und dein Nachbar bzw. deine Nachbarin gibt die Funktionsgleichung dazu an.
   c) Legt das Stäbchen parallel zur x-Achse, dann parallel zur y-Achse. Gibt es zu beiden Fällen passende Gleichungen, wie heißen sie und sind sie Funktionsgleichungen?

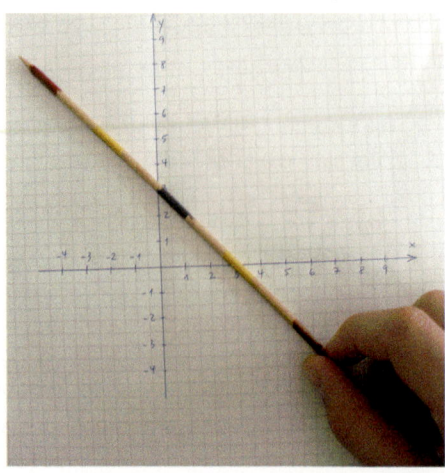

9 Funktionen 181

5. Partnerarbeit:
a) Für 20 € (Euro) bekommt man 26 $ (US-Dollar). Wie viel erhält man für die folgenden Beträge?
15 €, 4 €, 11 €, 24 €, 8 €
Notiert den Rechenweg.

Anke in Düsseldorf:

€	$
:20 (20	26
1	■
15	■
4	■
11	■

Sebastian in Leipzig: (20|26)

Midya in Berlin:
x: Euro   y: US-Dollar
Proportionalitätsfaktor
26/20 (= 1,3)

$y = \frac{26}{20} x$

$y = 1{,}3\, x$

b) Vergleicht die drei Lösungswege. Welcher erscheint euch besonders geeignet? Begründet.
c) Gebt eine möglichst umfassende Definitionsmenge an.
d) Wenn man die Gleichung von Midya ohne den sachlichen Hintergrund betrachtet, könnte man als Definitionsmenge auch $\mathbb{Q}$ angeben. Zeichnet den Graphen der Funktion und nennt die zugehörige Wertemenge.

6. Bereitet man nach dem Rezept rechts mehr oder weniger als 4 Portionen Kressesuppe zu, muss man die Menge der Zutaten entsprechend verändern.
Nenne die Anzahl der Portionen x, die zugehörige Masse Kartoffeln in kg f(x).
a) Stelle eine Funktionsgleichung für f(x) auf.
b) Gib eine sinnvolle Definitionsmenge für f(x) an.
c) Berechne die benötigte Masse Kartoffeln für 12 (15, 7) Portionen Kressesuppe.
d) Die Funktionsgleichung aus a) könnte ohne sachlichen Hintergrund auch bezüglich der Definitionsmenge $\mathbb{D} = \mathbb{Q}$ betrachtet werden. Zeichne den zugehörigen Graphen.

> Kressesuppe mit Sahnehäubchen
> Zutaten für 4 Portionen:
> 0,6 kg mehligkochende Kartoffeln
> 1 Schalotte
> 20 g Butter
> 250 g Sahne
> Salz, Pfeffer, Gartenkresse

7. a) Stelle zu dem Rezept aus Aufgabe 6 eine Funktionsgleichung auf, mit der die benötigte Masse Butter y in Gramm für x = 8 (18, 11) Portionen Kressesuppe berechnet werden kann.
b) Zeichne zur Funktion aus a) den Graphen für die Definitionsmenge $\mathbb{D} = \mathbb{Q}$.

8. An einem Wintertag um 8:00 Uhr beträgt die Temperatur auf Meereshöhe 0 °C. Alle 100 m Höhenunterschied sinkt die Temperatur um 2 °C; das trifft bis zu einer Höhe von 1 200 m zu.
a) Stelle den funktionalen Zusammenhang in einer Tabelle dar.
b) Nenne die Temperatur in der Höhe x (· 100 m) (x = 3 bedeutet 300 m Höhe) f(x) und schreibe die Funktionsgleichung auf.
c) Schreibe die Definitions- und die Wertemenge zu f(x) aus der Teilaufgabe b) auf.
d) Stelle den Graphen der Funktion f(x) aus b) unabhängig vom Sachverhalt für die Definitionsmenge $\mathbb{D} = \mathbb{Q}$ in einem Koordinatensystem dar.

9. Gruppenarbeit: In den Aufgaben 5d), 6d), 7b) und 8d) habt ihr spezielle lineare Funktionen dargestellt.
a) Warum heißen diese speziellen linearen Funktionen *proportionale Funktionen*?
Stellt eure Erklärung in der Klasse vor.
b) Welche Form haben die Gleichungen proportionaler Funktionen und welche Definitionsmengen haben sie?

10. Samuel behauptet: „Bei linearen Funktionen sind Definitions- und Wertemenge immer gleich."
Anja entgegnet: „Das stimmt nicht, es gibt auch lineare Funktionen, bei denen die Wertemenge nur aus einer Zahl besteht." Kannst du Anjas Entgegnung durch ein Beispiel unterstützen, einen entsprechenden Graphen zeichnen und die Funktionsgleichung dazu angeben?

BLEIB FIT!

Die Ergebnisse ergeben die größten Millionen-Städte in Afrika

1. Runde und überschlage mit dem kleinen Einmaleins und 10, 100, 1 000, …
   a) 7,45 · 891   b) 9 800 · 5,23   c) 2,8 Mio. · 3 700
   d) 176 : 6   e) 25 900 : 50   f) 4,2 Mio. : 800

2. Welcher Prozentsatz beschreibt den Anteil am besten?
   a) 28 von 60   b) 110 von 400
   c) 290 von 390   d) 3,8 von 12
   e) 2,1 von 10,2   f) 0,18 von 0,28

Anteil in %	
33	75
25	50
	67
20	

3. a) $\frac{1}{5} \cdot (240\,m + 2{,}76\,km) = \blacksquare\,m$
   b) $8 \cdot (\frac{1}{4}\,t + 250\,kg) = \blacksquare\,t$

4. a) $6 \cdot (5\,mm)^2 = \blacksquare\,cm^2$ b) $8 \cdot 11 \cdot 15\,cm^3 = \blacksquare\,l$
   c) $5{,}5\,km : 4 = \blacksquare\,m$ d) $10\,hl : 8 = \blacksquare\,l$

5. Das Viereck ABCD ist ein Parallelogramm (Einheit 1 cm).

   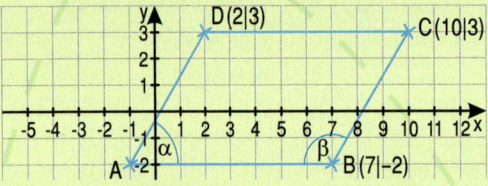

   a) Gib die Koordinaten des Punktes A an. A (■|■)
   b) Miss die Winkel α = ■°, β = ■°
   c) Bestimme den Flächeninhalt des Parallelogramms: ■ cm²

6. Ein Quader ist 6 cm breit, 7,5 cm lang und hat ein Volumen V = 189 cm³. Wie hoch ist er? h = ■ cm

7. Ein Würfel hat die Kantenlänge 8 cm. Berechne
   a) sein Volumen $V = \blacksquare\,cm^3$,
   b) seine Oberfläche $O = \blacksquare\,cm^2$,
   c) die Summe aller Kantenlängen $l = \blacksquare\,cm$.

8. a) $4x + 50 = 200 - 6x$ x = ■
   b) $2 \cdot (x - 197) = 206$ x = ■
   c) $(5 - x)(3 + x) = 15 - x^2$ x = ■
   d) $(1 - 2x)^2 = 4x^2 - 3$ x = ■

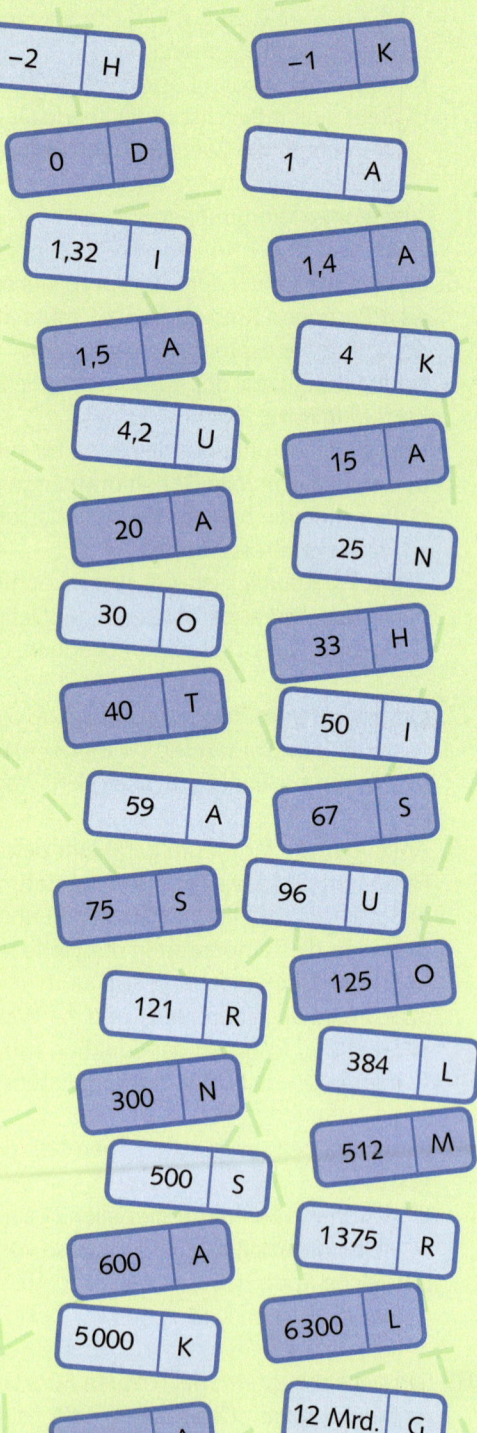

9 Funktionen

Steigung einer Geraden

LVL 1. Partnerarbeit:
a) Findet Argumente, um den Streit der drei Freunde zu schlichten.
b) Stellt euch vor, die drei Freunde würden nicht das steigende, sondern das landende Flugzeug beobachten. Wie könnte ihre Diskussion verlaufen? Entwerft passende Sprechtexte.

Eine Gerade hat überall dieselbe **Steigung**.

$$\text{Steigung} = \frac{\text{Höhendifferenz}}{\text{Seitendifferenz}}$$

Die Steigung bestimmt man als Seitenverhältnis in einem *Steigungsdreieck* der Geraden.

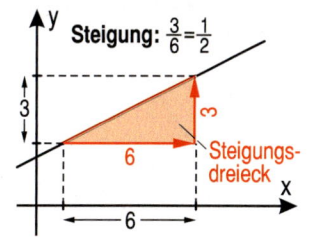
Steigung: $\frac{3}{6} = \frac{1}{2}$

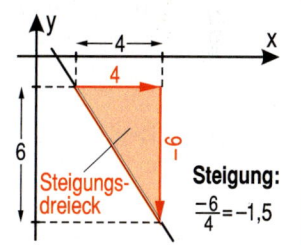
Steigung: $\frac{-6}{4} = -1{,}5$

---

2. Bestimme die Steigung der Geraden mit Hilfe des Steigungsdreiecks.

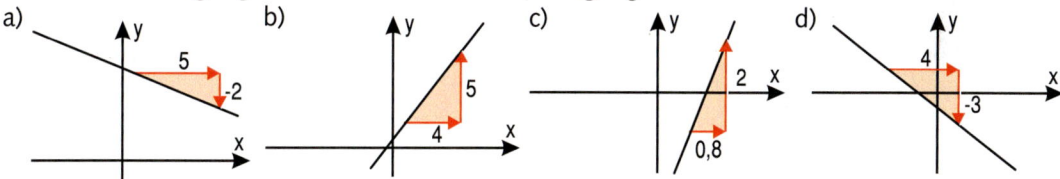

3. Malte behauptet: „An welcher Stelle der Geraden man ein Steigungsdreieck einzeichnet, ist egal." Was meinst du dazu? Betrachte die Abbildung und begründe deine Meinung mit einer Rechnung.

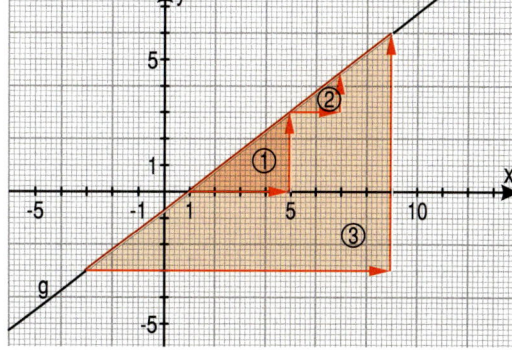

4. Trage die Punkte P und Q in ein Koordinatensystem ein. Verbinde die Punkte zur Geraden PQ. Bestimme die Steigung der Geraden.
a) P(2|1); Q(6|9)   b) P(−1|−2); Q(5|5)
c) P(6|0); Q(3|−3)   d) P(−2|5); Q(8|−7)

LVL 5. Partnerarbeit: Ein Verkehrsschild warnt vor einer Steigung von 12 %.
a) Max erstellt eine Skizze und erklärt: „Wenn ich auf dieser Straße 100 m zurücklege, befinde ich mich 12 m höher." Stimmt das?
b) Kann es Wege mit einer Steigung von 100 % geben?

9 Funktionen

Steigung einer Geraden mit der Gleichung f(x) = mx + b

1. Partnerarbeit: Formuliert gemeinsam eine Vermutung zu dem oben angesprochenen Sachverhalt. Überprüft sie an einigen Beispielen.

Die Gerade mit der Gleichung **f(x) = mx + b** schneidet die y-Achse im Punkt **(0 | b)** und hat die **Steigung m** (Steigungsfaktor).

---

(1) Zeichne die Gerade mit der Gleichung y = 1,5x − 4.
Schnittpunkt mit der y-Achse: (0 | −4)
Steigung: 1,5

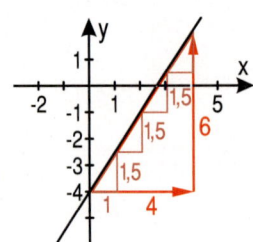

(2) Zeichne die Gerade mit der Gleichung f(x) = −2x + 5.
Schnittpunkt mit der y-Achse: (0 | 5)
Steigung: −2

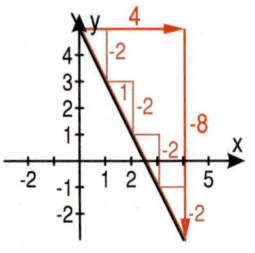

2. Bestimme die Steigung m und den Schnittpunkt mit der y-Achse. Zeichne dann die Gerade.
a) f(x) = 2x + 1   b) y = −0,5x + 7   c) f(x) = −x − 1   d) y = 3x − 8   e) y = −2x + 9
f) y = 5 − 1,5x   g) f(x) = −3 + 1,5x   h) f(x) = −4 + 2,5x   i) y = 2x − 7   j) f(x) = 3,5 − x

3. Bestimme die zugehörige Geradengleichung. Lies benötigte Werte aus der Zeichnung ab.

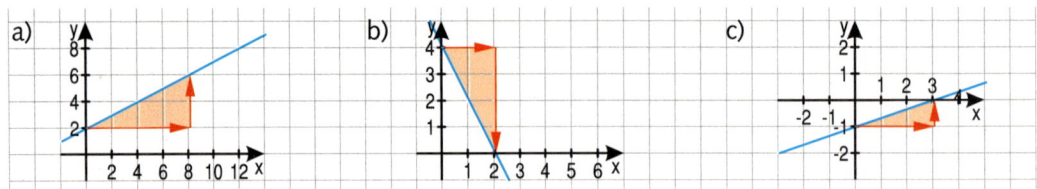

4. Drei Gläser derselben Form und Größe werden gleichmäßig mit Wasser gefüllt. Pro Sekunde fließen 50 ml Wasser. Vor Beginn des Füllvorgangs enthält das blaue Glas bereits 0,1 l Wasser, das rote 0,5 l Wasser. Das grüne Glas ist leer.
a) Der Graph beschreibt die Füllmenge y (in l) für eines der Gläser in Abhängigkeit von der Füllzeit x (in s). Welches Glas ist es?
b) Zeichne die Graphen für alle drei Füllvorgänge in ein Koordinatensystem und stelle die zugehörigen Funktionsgleichungen auf. Was fällt dir auf?

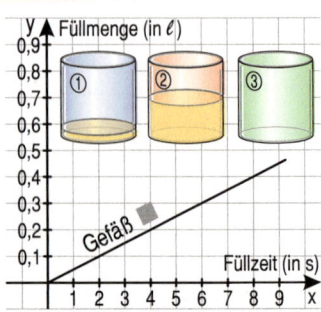

9 Funktionen

Bestimmen von Geradengleichungen

Bearbeitet die Aufgaben auf dieser Seite in Gruppen von jeweils 3 oder 4 Schülerinnen und Schülern. Stellt jeweils gruppenweise die Arbeitsergebnisse in der ganzen Klasse vor und tauscht Argumente bei unterschiedlichen Ansichten oder Lösungswegen aus.

1. Auf den drei Arbeitskarten ist jeweils der Verlauf einer Geraden durch bestimmte Merkmale beschrieben. Zeichnet die Gerade im Koordinatensystem und stellt die zugehörige Funktionsgleichung auf. Diese Funktionsgleichung wird *Geradengleichung* genannt und soll nicht ausschließlich der Zeichnung entnommen werden. Es wird eine zweifelsfreie Begründung für ihre Richtigkeit erwartet.

A Die Gerade g_1 schneidet die y-Achse an der Stelle −1 und verläuft durch den Punkt A (2 | 5).

B Die Gerade g_2 schneidet die y-Achse an der Stelle 5 und die x-Achse an der Stelle 10.

C Die Gerade g_3 hat die Steigung m = 1,5 und verläuft durch den Punkt P (6 | 1).

2. Die Gerade g verläuft durch die beiden Punkte A (−3 | 5) und B (5 | −1).
   a) Hier sind drei Versuche abgebildet, die zugehörige Geradengleichung zu bestimmen. Beurteilt diese Versuche nach Richtigkeit und Verständlichkeit.

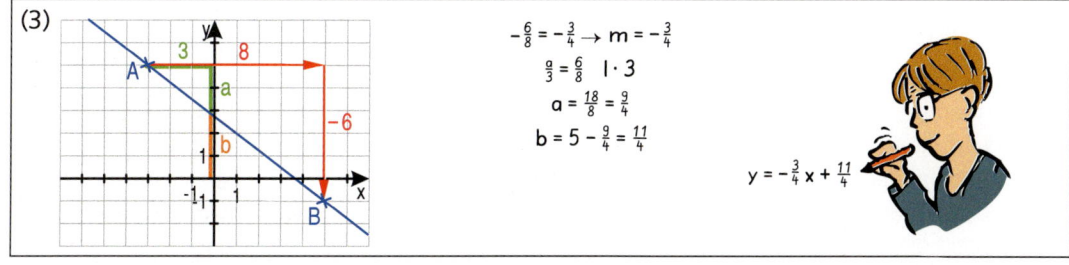

   b) Bestimmt nach einem Verfahren eigener Wahl die Funktionsgleichungen der drei Geraden durch die angegebenen Punkte.
   (I) A(−2 | −3), B(3 | 7)   (II) C(1 | 2), D(3 | 10)   (III) E(−2 | 5), F(4 | −10)

9 Funktionen

Vermischte Aufgaben

1. Zeichne den zur Funktionsgleichung gehörenden Graphen.
   a) $f(x) = 2,5x$ b) $y = 3x$ c) $y = -0,5x$ d) $f(x) = \frac{1}{4}x$ e) $f(x) = x^2$ f) $y = -x^2$

2. 12 Maschinen erledigen bei gleichbleibender Leistung einen Auftrag in 15 Tagen.
   a) Wie viele Maschinen y werden benötigt, damit der Auftrag in x Tagen erledigt ist? Stelle eine Funktionsgleichung auf.
   b) Wie viele Maschinen werden benötigt, damit der Auftrag in 9 (10; 6; 30; 18) Tagen erledigt ist?

3. Verschiedene Autowerkstätten bieten Komplettpreise beim Ölwechsel an.

① Arsol	② Tessal	③ Rapoil	④ Fenoil
Arbeitslohn 6 €	Arbeitslohn 8 €	Arbeitslohn 9 €	Arbeitslohn 5 €
Literpreis 7 €	Literpreis 4,50 €	Literpreis 6 €	Literpreis 9 €

   a) Wie lautet die Funktionsgleichung für den Preis y beim Bedarf von x Liter Öl?
   b) Zwei Werkstätten bieten bei einem Bedarf von 3 l Öl denselben Komplettpreis. Welche sind es?

4. Die Feuerwehr in Niedernhall hat eine Motorpumpe mit einem 20 l Benzintank. Im Einsatz verbraucht die Pumpe 2,5 l Benzin stündlich.
   a) Übertrage die Wertetabelle in dein Heft und ergänze sie.

Zeit x (h)	0	1	2	3	4	5
Benzin y (l)	20				10	

   b) Übertrage das Schaubild in dein Heft.
   c) Zeichne ein Steigungsdreieck und schreibe die Funktionsgleichung auf.

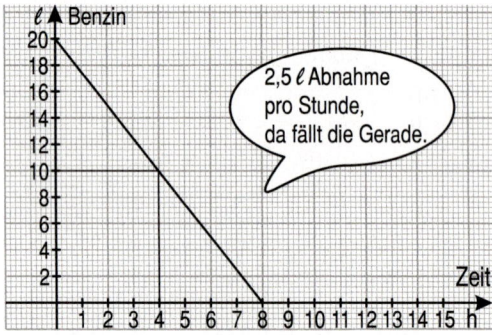

2,5 l Abnahme pro Stunde, da fällt die Gerade.

5. Bestimme die Geradengleichung. Gib, wenn es sich um eine Funktion handelt, auch Definitions- und Wertemenge an.

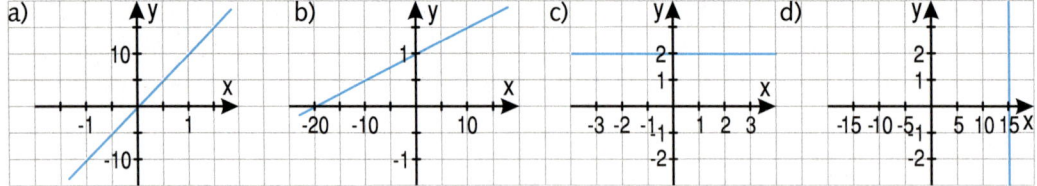

6. Die Gerade g_1 hat eine Steigung von m = 2, die Gerade g_2 eine Steigung von m = –1. Sie schneiden sich im Punkt S(1|1). Zeichne und bestimme die Funktionsgleichungen der Geraden.

LVL 7. Partnerarbeit:
   a) Lest die Aufgabenstellung und überlegt zunächst, welche Bedingungen die Kerze und der Brennvorgang erfüllen müssen, damit diese Frage rechnerisch bearbeitet werden kann.
   b) Stellt die Funktionsgleichung der Zuordnung Zeit → Länge der Kerze auf und zeichnet den Graphen.
   c) Beim Abbrennen wird die Kerze immer kürzer, der zugehörige Graph hat eine negative Steigung. Auf welche Sachsituationen trifft dies auch zu? Notiert mindestens drei passende Beispiele.

> Eine 18 cm lange Kerze wird angezündet. Nach einer Stunde Brenndauer ist die Kerze noch 16 cm lang. Wie lang ist die Kerze, wenn sie $3\frac{1}{2}$ Stunden gebrannt hat?

9 Funktionen

Lineare Gleichungen mit zwei Variablen

1. Für die Gäste ihrer Geburtstagsfeier kauft Anke einige Päckchen Jumbobären und einige Schokoriegel für zusammen 15 €.
   a) Stelle für Ankes Einkauf eine Gleichung auf. Nenne die Anzahl der Päckchen x und die Anzahl der Schokoriegel y.
   b) Wie viele Süßigkeiten von jeder Sorte kann Anke gekauft haben? Finde alle Möglichkeiten und notiere sie als Zahlenpaare (x|y).
   c) Zeichne alle Zahlenpaare aus b) als Punkte in ein Koordinatensystem. Was fällt dir auf und wie kannst du deine Vermutung bestätigen? Hinweis: Löse die Gleichung aus a) nach y auf.

je 1,50 €

je 1,00 €

2. Partnerarbeit: Die folgenden Sätze beschreiben Zusammenhänge, die jeweils mit einer Gleichung mit den beiden Variablen x und y beschrieben werden können.

   (I)   Werden zwei positive Zahlen addiert, so erhält man 5.
   (II) Die Summe zweier ganzer Zahlen beträgt 5.
   (III) Addiert man zwei natürliche Zahlen, ist das Ergebnis 5.
   (IV) Die Summe zweier Zahlen ist 5.

   a) „Alle Gleichungen sind identisch, ihre Lösungsmengen nicht." Erklärt diese Aussage mit Hilfe von Beispielen.
   b) Im Schaubild ist eine Lösungsmenge dargestellt. Zu welchem der vier Sätze passt sie? Stellt auch die Lösungsmengen der drei anderen Sätze jeweils in einem Koordinatensystem dar.
   c) Stellt eure Überlegungen zu folgender Frage in der Klasse vor: Was könnten bei den Zusammenhängen (I) bis (IV) jeweils die zugehörigen Grundmengen sein?

3. Die Gleichung $x \cdot y = 48$ ist auch eine Gleichung mit zwei Variablen. Zeichne einige Lösungspaare als Punkte in ein Koordinatensystem ein. Was ist anders als bei den Gleichungen in Aufgabe 1 und Aufgabe 2? Kann man den Unterschied schon an der Gleichungsform erkennen?

Gleichungen, die in der Form **ax + by = c** dargestellt werden können, heißen lineare **Gleichungen mit zwei Variablen**. Hierbei sind a, b und c rationale Zahlen mit $a \neq 0$ und $b \neq 0$. Die **Lösungsmenge** besteht aus Zahlenpaaren (x|y) der Grundmenge, die beim Einsetzen in die Gleichung eine wahre Aussage ergeben. Die zugehörigen Punkte im Koordinatensystem liegen auf einer Geraden.

---

4. Forme die folgenden Gleichungen um und entscheide, ob es sich nach der Definition im Kasten um lineare Gleichungen mit zwei Variablen handelt.
   a) $40x + 3y - 25 = 19x - 18$
   b) $2{,}5 + 15y = 3{,}8x + 16y - 9{,}4$
   c) $2x(5 - 4y) = 3x + 7$

5. Beschreibe durch eine Gleichung mit zwei Variablen und gib jeweils mehrere Lösungen an.
   a) Ein Rechteck hat einen Umfang von 30 cm.
   b) Ein gleichschenkliges Dreieck hat einen Umfang von 20 cm.
   c) Die Gesamtlänge aller Kanten eines Prismas mit quadratischer Grundfläche beträgt 80 cm.

Lineare Gleichungssysteme und grafische Lösungen

1. **Partnerarbeit:** Nennt die Anzahl der Hasen x und die Anzahl der Hühner y.
   a) Stellt eine Gleichung (I) für die Anzahl der Köpfe und eine Gleichung (II) für die Anzahl der Füße auf.
   b) (I) und (II) müssen *beide* erfüllt werden. Findet ein Zahlenpaar (x|y), das angibt, wie viele Hasen und wie viele Hühner gesehen werden.
   c) Zeichnet zu (I) und (II) die zugehörigen Geraden. Was entdeckt ihr in der Grafik?

Ein **lineares Gleichungssystem** besteht aus zwei linearen Gleichungen mit jeweils zwei Variablen. Seine Lösungsmenge enthält jedes Zahlenpaar (x|y), dessen Zahlen **die erste und gleichzeitig die zweite Gleichung** des Gleichungssystems erfüllen.

(I) $x + y = 4$
(II) $x - y = 2$

(I) $x + y = 4$

x	−2	−1	0	1	2	**3**	4	5
y	6	5	4	3	2	**1**	0	−1

(II) $x - y = 2$

x	−2	−1	0	1	2	**3**	4	5
y	−4	−3	−2	−1	0	**1**	2	3

$\mathbb{L} = \{(3|1)\}$

Das Zahlenpaar (3|1) ist Lösung dieses linearen Gleichungssystems. Im Schaubild ist zu erkennen, dass sich die beiden Geraden in S (3|1) schneiden.

---

2. Bestimme zeichnerisch die Lösung des linearen Gleichungssystems.
   a) (I) $y = -x + 5$ b) (I) $y = -x + 1$ c) (I) $y - 0{,}5x = 4$
      (II) $y = 2x - 1$ (II) $y - 2x = -8$ (II) $2y - 4x = -4$

3. Bestimme, wenn möglich ohne zu zeichnen, die Koordinaten des Schnittpunktes.
   a) (I) $y = x + 5$ b) (I) $y = 9x$ c) (I) $y = 2x - 1$ d) (I) $y = x - 3$
      (II) $y = -x + 5$ (II) $y = -0{,}5x$ (II) $y = 2x + 3$ (II) $y = -x + 3$

4. In Altdorf hat der Wanderzirkus Beli sein Zelt aufgeschlagen. Bei der ersten Vorstellung wurden 210 € eingenommen, bei der zweiten 450 €.
   a) Notiere zwei Gleichungen, passend zu jeweils einer Vorstellung, indem du den Preis für Kinder mit x bezeichnest und den für Erwachsene mit y.
   b) Wie viel kostete der Eintritt für Kinder, wie viel für Erwachsene? Löse die Aufgaben mit den aufgestellten Gleichungen.

LVL 5. **Gruppenarbeit:** Bei linearen Gleichungssystemen sind drei Fälle zu unterscheiden: genau ein Zahlenpaar als Lösung, keine Lösung oder unendlich viele Lösungen. Überlegt gemeinsam, wie in diesen Fällen die Geraden verlaufen müssen. Fertigt ein Lernplakat mit passenden Beispielen an.

Gleichsetzungsverfahren

Lineares Gleichungssystem
(I) $x + y = 10$
(II) $y - x = 5$
Gesucht: Wertepaar (x|y), das beide Gleichungen löst

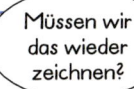

(I) $x + y = 10$
$y = 10 - x$
(II) $y - x = 5$
$y = 5 + x$
jetzt gleichsetzen:
$10 - x = 5 + x$

1. Partnerarbeit: Setzt den Lösungsweg der Schülerin fort, indem ihr den x-Wert berechnet. Anschließend setzt ihr diesen Wert in eine der Ausgangsgleichungen ein und berechnet den y-Wert. Präsentiert euer Vorgehen den anderen.

Lineare Gleichungssysteme können rechnerisch mit dem **Gleichsetzungsverfahren** gelöst werden.

Lösungsschritte
① beide Gleichungen nach derselben Variablen auflösen
② rechte Seiten gleichsetzen und Gleichung lösen
③ andere Variable durch Ersetzen in eine Ausgangsgleichung berechnen
④ Angabe der Lösung und Probe an den Ausgangsgleichungen

Beispiel (I) $y - x = -1$
(II) $2x + y = 155$

(I) $y = x - 1$ (II) $y = -2x + 155$
$x - 1 = -2x + 155$
$3x = 156$
x = 52
(I) $y - 52 = -1$
y = 51
$\mathbb{L} = \{(52|51)\}$
Probe: (I) $51 - 52 = -1$ w (II) $2 \cdot 52 + 51 = 155$ w

---

2. Löse das lineare Gleichungssystem mit dem Gleichsetzungsverfahren. Überprüfe deine Lösung zeichnerisch.
a) (I) $y = x + 5$
(II) $y = 2x + 3$
b) (I) $y = 4x - 6$
(II) $y = 0,5x$
c) (I) $y = -x + 10$
(II) $y = x - 5$
d) (I) $y = 2x + 1$
(II) $y = 5x - 2$

3. Löse mit dem Gleichsetzungsverfahren, indem du die Gleichungen geschickt umformst.
a) (I) $x - y = 5$
(II) $2y + 3 = x$
b) (I) $5x + 5y = 10$
(II) $3x + 5y = 14$
c) (I) $2x - y = 15$
(II) $y + 2x = 15$
d) (I) $12x - y = 15$
(II) $8x + 1 = y$
e) (I) $6a + 21 = 3b$
(II) $12b - 36 = 6a$
f) (I) $26 - p = 4q$
(II) $6q = 2p + 18$

TIPP
Du kannst so umformen:
(I) $2x + y = 5$
$y = -2x + 5$
(II) $y - 5x = -9$
$y = 5x - 9$
aber auch so:
(I) $3x - 2y = 3$
$3x = 3 + 2y$
(II) $3x - y = 5$
$3x = 5 + y$

4. Die Gerade g_1 hat die Steigung $m = 1,5$ und verläuft durch den Punkt $P_1(0|-4)$, die Gerade g_2 verläuft durch die Punkte $P_2(0|5)$ und $P_3(3,5|-2)$. Bestimme die Funktionsgleichungen der beiden Geraden und berechne ihren Schnittpunkt.

5. Gegeben sind drei Gleichungen: (I) $3x = 2y$ (II) $y = \frac{1}{3}x - 4$ (III) $x = 5$
Wie viele Schnittpunkte haben die Geraden mit diesen Gleichungen? Zeige dies in einem Schaubild. Berechne die Schnittpunkte mit dem Gleichsetzungsverfahren.

9 Funktionen

1. Gehört der Graph zu einer Funktion? Begründe.

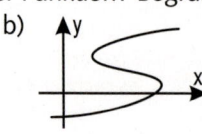

2. Fülle eine Wertetabelle aus für
x = –4; –2; 0; 2; 4.
a) $y = x^2 - 6$ b) $y = 7 - \frac{12}{x}$ c) $y = 0{,}5x - 1$

3. Zeichne den Graphen der linearen Funktion.
a) $f(x) = 2x - 5$
b) $f(x) = -3x + 7$
c) $f(x) = 5 - 0{,}5x$

4. Bestimme die Steigung der Geraden.

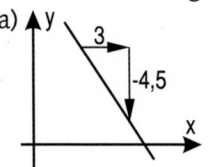 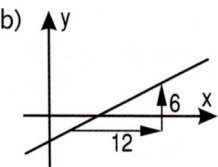

5. Welcher Graph gehört jeweils zur Funktionsgleichung?
① $y = x + \frac{3}{2}$ ② $y = -\frac{1}{4}x$
③ $y = \frac{1}{2}x - 1$ ④ $y = -2x + \frac{1}{2}$

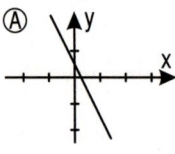 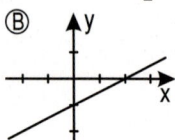
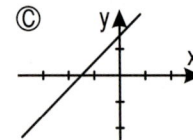 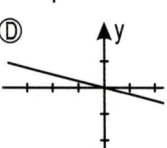

6. Zeichne die Gerade und bestimme die zugehörige Geradengleichung.
a) Die Gerade schneidet die y-Achse an der Stelle 7 und verläuft durch den Punkt P(2 | –1).
b) Die Gerade verläuft durch A(1 | 2) und B(2 | 4).

7. Bestimme zeichnerisch oder rechnerisch die Lösung des Gleichungssystems.
a) (I) $y = -3x - 2$ b) (I) $2x + y = 5$
   (II) $y = x + 6$ (II) $10x + 2y = 22$

8. Gib je 3 Gleichungen verschiedener linearer Funktionen an, deren Graphen
a) parallel zueinander verlaufen,
b) die y-Achse an derselben Stelle schneiden.

Funktionen sind eindeutige Zuordnungen: Jedem Element x der **Definitionsmenge** wird genau ein Funktionswert f(x) zugeordnet. Alle vorkommenden Funktionswerte bilden die **Wertemenge**. Funktionen können auf verschiedene Arten dargestellt werden:

1. Graph: 2. Wertetabelle:

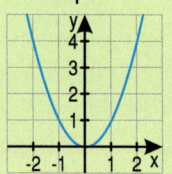

x	–2	–1	0	1	2
y	4	1	0	1	4

3. Funktionsgleichung: $f(x) = x^2$
4. mit Worten: Jeder rationalen Zahl x wird ihr Quadrat zugeordnet.

Funktionen, deren Graph eine Gerade ist, heißen **lineare Funktionen**. Ihre Gleichung kann in der Form $f(x) = mx + b$ geschrieben werden. Die Gerade schneidet die y-Achse im Punkt (0 | b) und hat die **Steigung** $m = \frac{\text{Höhendifferenz}}{\text{Seitendifferenz}}$

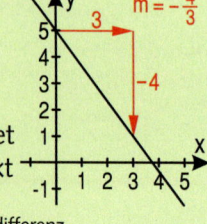

Die **proportionale Funktion** (y = mx) ist ein Sonderfall mit b = 0.

Lineare Gleichungssysteme bestehen aus zwei linearen Gleichungen mit jeweils zwei Variablen. Ihre Lösungsmenge enthält jedes Zahlenpaar (x | y), dessen Zahlen beide Gleichungen erfüllen. Sie kann zeichnerisch oder mit dem Gleichsetzungsverfahren ermittelt werden.

Beispiel   (I) $y = \frac{1}{2}x - 1$
            (II) $y = -x + 4$

Zeichnung

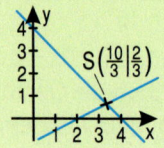

Gleichsetzungsverfahren
$\frac{1}{2}x - 1 = -x + 4$
$\frac{3}{2}x = 5$
$x = \frac{10}{3} \rightarrow y = -\frac{10}{3} + 4$
$y = \frac{2}{3}$

Grundaufgaben

1. Ergänze die Wertetabelle zur Funktion
y = 2x + 3 und zeichne den Graphen.

x	0	–1	–2	3	4
y					

2. a) Zeichne die Gerade durch den Punkt P (0|–3) mit der Steigung 3.
b) Zeichne die Gerade durch den Punkt A (0|3) mit der Steigung $-\frac{1}{2}$.

3. Herr Mai mietet für einen Tag einen Kleintransporter. Der Tagesgrundpreis beträgt 40 €, hinzu kommen noch 0,30 € je gefahrenen Kilometer.
a) Berechne, wie viel € Herr Mai bezahlen muss, wenn er eine Strecke von 285 km zurücklegt.
b) Stelle die Funktionsgleichung der Zuordnung *Fahrstrecke → Gesamtkosten* auf.

4. Bestimme für f(x) = 3x – 5   a) den Funktionswert für x = 10,   b) den x-Wert für f(x) = 0.

5. Bestimme grafisch die Lösung des linearen Gleichungssystems.
a) (I) y = x – 1   (II) $y = \frac{1}{2}x + 2$ b) (I) y = 3   (II) y = 2x –3

Erweiterungsaufgaben

1. Die Touristen wandern in einem flotten Tempo: $6\,\frac{km}{h}$. Doch nach 20 Minuten müssen sie stets eine zehnminütige Rast einlegen. Der Einheimische wandert gleichmäßig mit einer Geschwindigkeit von $4\frac{1}{2}\,\frac{km}{h}$.
a) Zeichne jeweils den Graphen der Funktion *Wanderzeit x (in h) → Wanderweg y (in km)*. Wähle 6 Karos für 1 h und 2 Karos für 1 km.
b) Wie groß ist der Zeitunterschied des Eintreffens an dem 18 km entfernten Gipfel?

2. Welche Funktionsgleichung gehört zu welcher Geraden?
① y = 2x – 4
② y = 6 – x
③ $y = \frac{1}{2}x + 5$
④ y = –3x – 2

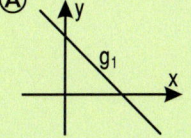
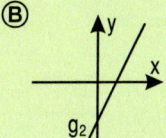
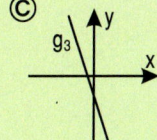
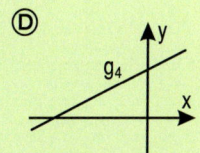

3. Die Gerade g verläuft durch A (–2|2) und hat die Steigung m = 0,5, die Gerade h verläuft durch B(0|5) und C(3|–1). Zeichne beide Geraden, notiere die zugehörigen Funktionsgleichungen und bestimme den Schnittpunkt der Geraden. Überprüfe die Schnittpunktkoordinaten rechnerisch.

4. Frau Baier erhält als Vertreterin ein Grundgehalt von 1 600 € im Monat. 5 % ihres Umsatzes kommen als Provision noch dazu.
a) Im Januar hatte sie einen Umsatz von 12 000 €, im Februar von 16 000 €. Wie viel verdiente sie in diesen beiden Monaten?
b) Zeichne einen Graphen in ein Koordinatensystem, aus dem man den Verdienst von Frau Baier für Umsätze bis 20 000 € ablesen kann. Bestimme auch die zugehörige Funktionsgleichung.

Diagnosearbeit

Grundaufgaben

1. Rechne aus, ordne die Ergebnisse der Größe nach, beginne mit dem kleinsten.
   a) $(4 + 2) : 3 \quad 4 - 2 \cdot 0 \quad (4 + 2 : 1) \cdot 0 \quad 3 + 4 : 2 \quad 4 - 2 \cdot 3 \quad -4 + 2 \cdot 3$
   b) $\frac{1}{2} + \frac{2}{3} \cdot \frac{6}{5} \quad \frac{1}{2} \cdot (7{,}5 - 5) \quad 1{,}2 - 4 \cdot (3 - 1{,}5) \quad (2 - 1\frac{1}{4}) \cdot 4\frac{5}{6} \quad (2 - \frac{1}{2}) \cdot (1 - \frac{1}{4})$

2. a) Welche Zahlen sind Quadratzahlen? 4   49   82   100   1 000   10 000   1 Million
   b) Berechne im Kopf: $0{,}3^2 \quad 0{,}4^2 \quad 1{,}02^2$

3. a) Fünf Flaschen Olivenöl kosten 37,50 €. Wie viel kosten drei Flaschen derselben Sorte?
   b) Wenn sich 30 Personen den Preis für einen Bus teilen, zahlt jede Person 12 €. Wie viel Euro zahlt jede, wenn es nur 24 Personen sind?

4. a) 5 Liter trockenes Erdreich wiegen etwa 8 kg. Zeichne den Graphen der Zuordnung $l \to$ kg für Werte bis 100 l.
   b) Eine Erbschaft wurde gleichmäßig unter 5 Erben verteilt, jeder bekam 12 000 €. Nach einer Klage vor Gericht kommen drei weitere Erben hinzu. Wie viel Euro bekommt jetzt jeder?

5. a) Ein Sportgeschäft senkt zum Sommerende die Preise für Bademoden um 35 %. Berechne den neuen Preis für einen Badeanzug, der vorher 50,00 € gekostet hat.
   b) Uli hat auf seinem USB-Stick mit insgesamt 8 GB Speicherplatz Fotos gespeichert, die 1,2 GB Speicherplatz belegen. Wie viel Prozent des Speichers sind damit belegt?

6. Welche Vierecke sind punkt-, aber nicht achsensymmetrisch? Begründe deine Antwort.

7. a) Das Fünffache einer Zahl vermehrt um 7 ergibt 67. Wie heißt die Zahl?
   b) Bestimme die Lösung der Gleichung $3(x - 1) - 4 = 8$.

8. Ein Rechteck hat die Seitenlängen 5 cm und 6,5 cm.
   a) Zeichne ein solches Rechteck.   b) Berechne den Umfang und den Flächeninhalt.

9. Berechne den Flächeninhalt der gefärbten Figur (Gittereinheit: 1 cm).
   a) 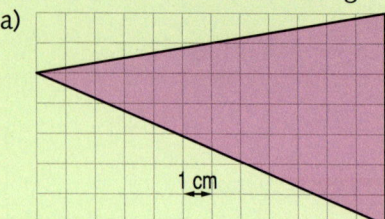   b)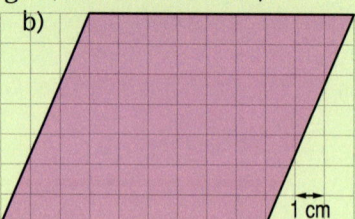

10. a) Berechne die Oberfläche und das Volumen des Prismas.
   b) Ein Quader hat das gleiche Volumen wie dieses Prisma. Seine Grundfläche hat die Maße 1,5 cm und 2 cm. Wie hoch ist der Quader?

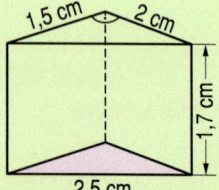

11. In der Figur gibt es nur rechte Winkel.
   a) Wie groß ist der Umfang der Figur für x = 15 cm?
   b) Der Umfang der Figur ist 2,40 m. Wie groß ist dann x?

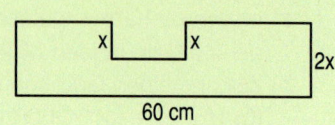

Erweiterungsaufgaben

1. Petra und Paul tragen am Wochenende in einem Vorort Zeitungen aus, Petra den „Heimatanzeiger" und Paul den „Stadtboten". Petra braucht 5 Stunden und bekommt dafür 31 €. Paul braucht 4 Stunden und bekommt dafür 26 €. Wer von beiden hat den höheren Stundenlohn?

2. Berechne die unbekannten Winkel.
   $\alpha = $ ▪, $\beta = $ ▪

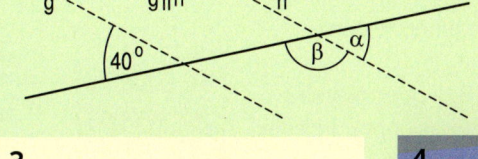

3. Wie groß ist die Entfernung zwischen den Punkten P und Q?

4. Wie weit ist das Schiff von den Punkten A und B entfernt?

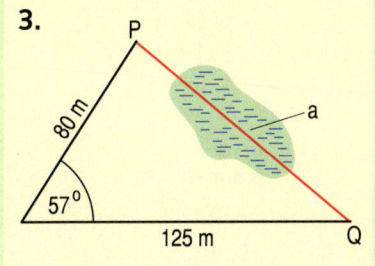

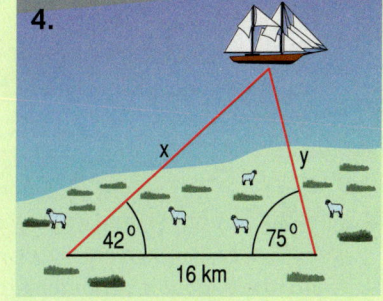

5. Ein Kreis verläuft durch die Punkte A(5|6), B(8|5) und C(12|7). Bestimme seinen Radius.

6. In der Mitte eines rechteckigen Platzes mit 25 m und 30 m als Seitenlängen wird ein quadratisches Blumenbeet mit 15 m Seitenlänge angelegt.
   a) Wie viel Prozent der Fläche des Platzes wird für das Blumenbeet verwendet?
   b) Für das Blumenbeet muss eine 40 cm dicke Schicht Muttererde aufgetragen werden. Wie viel Kubikmeter Muttererde sind dafür notwendig?

7. Die ersten beiden Zahlen auf einem Autoreifen, z. B. **215/55**, bedeuten: der Reifen ist **215** mm breit, und die Höhe des Reifens ist **55** % seiner Breite. Wie hoch ist also ein Reifen (auf mm gerundet) mit:
   a) 215/55   b) 185/65

8. Löse die Gleichung.
   a) $8x + 34 = 98$ b) $3,5x + 3,9 = 0,8x + 3,3$

9. a) Das Zwölffache einer Zahl ist so groß wie die um 11 vergrößerte Zahl.
   b) Addiert man zu einer Zahl 11, so erhält man das Elffache der Zahl.

10. Schreibe ein Zahlenrätsel auf zu der Gleichung und löse es.
    a) $4x - 60 = 140$ b) $x + 1,5 = 2x - 0,5$

11. Die Schülerschaft der Kopernikus-Schule besteht zu 55 % aus Mädchen und zu 45 % aus Jungen. Begründe, ob und wie du die Frage beantworten kannst.
    a) 230 Schüler und Schülerinnen kommen mit den Bus zur Schule. Wie viele ungefähr davon sind Mädchen?
    b) 40 Schülerinnen und Schüler haben sich zur AG „Boxen" angemeldet. Wie viele Mädchen sind ungefähr dabei?

12. Neben einem großen Würfel steht ein kleinerer. Aus beiden ist ein Loch mit quadratischem Querschnitt ausgefräst.
a) Wie viel cm³ wurden aus dem großen Würfel ausgefräst?
b) Beide Würfel sind aus Edelstahl (1 cm³ wiegt 7,9 g). Wie viel kg wiegen beide Körper zusammen? Runde auf zehntel Kilogramm.

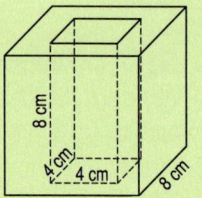
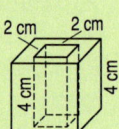

13. Bea und Marek erhalten einen festen Stundenlohn.
a) Wer verdient besser, Bea oder Marek?
b) Welcher Graph zeigt Beas Lohn, welcher den von Marek?
c) Wie viel bekommt Bea mehr oder weniger als Marek, wenn sie beide 5 h bzw. 15 h arbeiten?
d) Wie lange muss Bea für 100 € arbeiten?

Bea: 56 € für 7 Stunden
Marek: 47,50 € für 5 Stunden

14. Ein Quadrat hat einen Umfang u = 400 m. Denke dir um dieses Quadrat ein Seil von 401 m so gelegt, dass es überall gleichen Abstand von dem Quadrat hat. Zeichne zuerst eine grobe Skizze, dann überlege, wie groß der Abstand zwischen Seil und Quadrat ist.

15. Die Punkte A(1|1), B (6|3), C(6|7) und D(1|5) bilden ein Viereck im Koordinatensystem (Einheit 1 cm). Zeichne das Viereck ABCD und bestimme seinen Umfang.
b) Berechne den Flächeninhalt des Vierecks.

16. Wenn man die eine Seite eines Quadrats um einen Betrag verkürzt und die andere Seite um den gleichen Betrag verlängert, dann entsteht ein Rechteck. Begründe, ob die Aussage stimmt: Rechteck und Quadrat haben a) den gleichen Umfang,   b) den gleichen Flächeninhalt.

17. Schreibe möglichst kurz als Summe:
a) $(2x - 5)^2$ b) $(\frac{1}{2} - x)^2$ c) $(0{,}3x - \frac{1}{3})^2$ d) $(4x - 5)(5 + 4x)$

18. Bestimme die Gleichung der Geraden
a) durch den Punkt P(0|−4) und parallel zu der Geraden mit der Gleichung $y = \frac{1}{2}x$,
b) durch die beiden Punkte P(0|10) und Q(12|0).

19. a) Erstelle eine Tabelle zur Grafik. Darin sollen alle Arbeitslosenzahlen je 1 000 Personen stehen, die zu den drei Gruppen in West- und Ostdeutschland gehören.
b) Für welche Gruppen ist der Anteil der Arbeitslosen im Osten mehr als doppelt so hoch wie im Westen Deutschlands?

Mit Bildung gegen Arbeitslosigkeit		
Anteil der Arbeitslosen von allen zivilen Erwerbspersonen nach der beruflichen Qualifikation in Prozent, 2004		
	Westdeutschland und Berlin West	Ostdeutschland und Berlin Ost
ohne Berufsabschluss	21,7	51,2
Lehr-/Fachschulabschluss	7,3	19,4
(Fach-) Hochschulabschluss	3,5	6,0

Lösungen der WAV-Seiten

Lösungen der Seiten Wissen – Anwenden – Vernetzen

Seiten 56/57

1. **Umzug nach Hamburg**
   a) Im Planquadrat D4; Entfernung zu den Eckpunkten: 2,920 km.
   b) • Wohnfläche: 85,5 m² + $\frac{1}{2}$ · 13,5 m² = 92,25 m²
      • Mietpreis pro Quadratmeter: 690 € : 92,25 = 7,48 €; der Vermieter hat nicht recht.
   c) Gesamtpreis bei A: 174 €; bei B: 158 €; Angebot B ist günstiger.
   d) • Abzüge: 544 €, das sind 34 % des Bruttolohns.
      • Frances zahlt selbst 159,20 € für die Rentenversicherung.
      • Gesamtkosten: 948,30 €. Anteil für jeden: 316,10 €; das ist 29,9 % von Frances' Nettolohn, also mehr als ein Viertel.

2. **Riesen in Berlin**
   a) Die kleine Riesin wiegt 800 kg = 0,8 t.   b) ca. 131,8 cm ≈ 1,32 m lang.
   c) durchschnittliche Geschwindigkeit: 1 000 m pro Stunde, also 1 km/h.

3. **Alle Jahre wieder**
   a) Jedes kleine Dreieck hat den Flächeninhalt 100 cm² : 8 = 12,5 cm².
      Höhe auf der längsten Seite im kleinen Dreieck: h_c ~ 3,5 cm
   b) Stern (3)

   c)

   d) Jeder so gebastelte Stern ist achsensymmetrisch mit 4 Symmetrieachsen (beide Mittellinien, beide Diagonalen).
   e) Wenn Maltes Behauptung stimmt, müsste sein Stern höchstens den halben Flächeninhalt des Ausgangsquadrats haben, also höchstens 50 cm². Der Flächeninhalt im gefalteten Dreieck müsste höchstens $\frac{1}{2}$ · 12,5 cm² = 6,25 cm² sein. Flächeninhalt des Musters im Dreieck: 7,75 cm², also mehr als die Hälfte.

Seiten 106/107

1. **Entdeckungen mit Pentominos**
   a) • 2 + 11 + 12 + 13 + 22 = 60; um ein Feld nach rechts verschoben: 3 + 12 + 13 + 14 + 23 = 65; noch um ein Feld nach rechts verschoben: 4 + 13 + 14 + 15 + 24 = 70;
      • (a + 1) + (b + 1) + (c + 1) + (d + 1) + (e + 1)
      • = a + b + c + d + e + 5 = (vorige Summe) + 5; Summe nimmt um 5 zu.
   b) Zahl im Zentrum sei x; Summe: S = (x − 10) + (x − 1) + x + (x + 1) + (x + 10) = 5x
   c) • Ausgangslage: a + b + c + d + e; um ein Feld nach unten verschoben: (a + 10) + (b + 10) + (c + 10) + (d + 10) + (e + 10) = a + b + c + d + e + 50; die Summe wird um 50 größer.
      • Zahl im Zentrum sei i; dann Summe: S = (i − 20) + (i − 10) + i + (i + 10) + (i + 20) = 5i. Die Summe der vom „I" abgedeckten Zahlen ist immer das Fünffache der in der Mitte liegenden Zahl.
   d) Ausgangslage: a + b + c + d + e; Verschieben um ein Feld nach oben: (a − 10) + (b − 10) + (c − 10) + (d − 10) + (e − 10) = a + b + c + d + e − 50. Beim Verschieben eines Pentominos (egal, welches!) um ein Feld nach oben verringert sich die Summe um 50; Pias Ergebnis ist hier falsch.
   e) Für jedes Pentomino gilt:
      Verschiebung um ein Feld nach oben: Summe wird um 50 kleiner
      … nach unten: Summe wird um 50 größer
      … nach links: Summe wird um 5 kleiner
      … nach rechts: Summe wird um 5 größer

   f)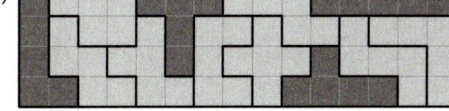

2. **Wanderreise**
   a) Wanderweg ist 23,0 km lang.
   b) 1. Tag: 13,5 km; das sind 58,7 % der Gesamtstrecke.
   c) durchschnittliche Entfernung zwischen den Stationen: ca. 3,29 km.

   d) z. B.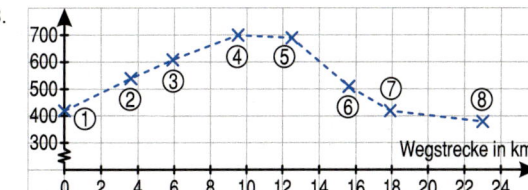

3. **Vielecke auf dem Geobrett**
   a) V_1 = 1 cm²; V_2 = 2 cm²; V_3 = 3 cm²; V_4 = 5 cm² D_1 = 0,5 cm²; D_2 = 1 cm²; D_3 = 1,5 cm²; D_4 = 2 cm²
   b) Lisa wählt die „lotrechte" Seite als Grundseite; g = 1 cm. Die Höhe auf diese Seite ist h = 1 cm; also $D_{grün}$ = 0,5 cm².
   c) Rechteck AFCD mit A = 2 cm²; davon werden die Flächeninhalte der Dreiecke ACD (1 cm²) und BFC (0,5 cm²) subtrahiert.
   d) Dreieck mit Flächeninhalt 3 cm²: z. B. Grundseite 2 Kästchen, Höhe 3 Kästchen; oder Grundseite 3 K., Höhe 2 K.; oder Grundseite 6 K., Höhe 1 K.
      Viereck mit Flächeninhalt 5 cm²: z. B. Rechteck mit a = 1 K., b = 5 K., oder Parallelogramm mit a = 5 K., h = 1 K..; oder wie V_4 in a), …

e) • A = 10,5 cm² (verschiedene Zerlegungen sind möglich)
   • Da immer Zerlegungen in Dreiecke möglich sind, deren Grundseite und zugehörige Höhe ganzzahlige Werte haben (Ecken müssen ja immer auf Gitterpunkt liegen), und die Flächeninhalte solcher Dreiecke Vielfache von $\frac{1}{2}$ sind, sind auch die Flächeninhalte beliebiger Vielecke auf dem Geobrett immer Vielfache von $\frac{1}{2}$.

Seiten 148/149

1. **Handytarife**
   a) 29,00 €   b) Rebecca hat 63 Minuten telefoniert.
   c) • Tarif red: höhere Grundgebühr (höherer Wert für x = 0), flacher Anstieg: Graph A
       Tarif blue: niedrige Grundgebühr, steilerer Anstieg: Graph D
       Tarif green: keine Grundgebühr, steiler Anstieg: Graph B
     • Graph C: Gebühr unabhängig von Gesprächsdauer – „Flatrate"; z.B. monatl. Gebühr 30,00 €, beliebig viele Gespräche
       Graph E: in Grundgebühr sind schon bestimmte Anzahl Gesprächsminuten enthalten, darüber hinaus werden Gespräche nach Zeit abgerechnet. Z.B. Grundgebühr 15 €; 40 Gesprächsminuten frei, ab 41. Minute 10 ct pro Minute
   d) • red: R = 20 + 0,05x ; blue: R = 10 + 0,15x ; green: R = 0,2x
     • Gleichung: 20 + 0,05x = 10 + 0,15x: x = 100. Bei 100 Gesprächsminuten im Monat fallen bei den Tarifen red und blue die gleichen Kosten an.
   e) Im Monat telefoniert Samantha durchschnittlich 8 Stunden = 480 Minuten.
      Kosten bei red: 44,00 €; bei blue: 82,00 €; bei green: 96 €. Red ist am günstigsten.
   f) „green" wählten 60 % von 80 Schülern, also 48 Schüler. Oleg hat nicht recht.
   g) red: 19 Schüler; blue: 32 Schüler; green: 47 Schüler
   h) bei 35 Minuten: red: 21,75 €   allgemein: D5 = B5 + D2 · C5
                         blue: 15,25 €   D6 = B6 + D2 · C6
                         green: 7,00 €   D7 = B7 + D2 · C7

2. **Zur Kur an die Nordsee**
   a) Maßstab 1 : 1 250 000;   Länge in Nord-Süd-Richtung: ca. 37,5 km
   b) Föhr hat ungefähr die Form eines Rechtecks mit den Seiten 10 mm und 5 mm oder 9 mm und 6 mm (je nach Wahl), also Flächeninhalt ungefähr 80 km². 84 % von 80 km² = 67,2 km²; Sylt hat ungefähr eine Fläche von 67,2 km².
   c) Gesamtkosten: 3 562,72 €
      Übernahme durch Krankenkasse: 2320,29 €, das sind 65,1 % der Gesamtkosten.
      Kosten Eltern: 1 242,43 €; pro Tag durchschnittlich 44,37 €.

3. **Kalkulation**
   a) Anzahl der Plätze blau: 120; rot: 200; gesamt: 320. Anteil der roten Plätze: 62,5 %
   b) x ist der Preis für einen Platz „rot", y der Preis für einen Platz „blau", jeweils in €.
      Die Gesamteinnahmen sind 200 · x + 120 · y. Davon erhält die Schule die Hälfte (also · 0,5).
   c) feste Ausgaben der Schule: 3880 €.
      Bei x = 25 € und y = 15 € wäre Einnahme der Schule 0,5 · (200 · 25 + 120 · 15) = 3 400 €, weniger als die festen Kosten.
   d) Bei 18 € für „blaue" Plätze und 28 € für „rote" Plätze sind die Einnahmen der Schule gleich hoch wie die Kosten.

Lösungen der TÜV-Seiten

Seite 19

1. a) 1,62 €   b) 84 €   c) Proportionalitätsfaktor: Stückpreis: 0,18 € (in a)); Stundenlohn 7 € (in b))

2. 608 sfr   3. Im Supermarkt billiger: 1,27 € pro Stück (Fachgeschäft: 1,30 € pro Stück).

4. 1850: $\frac{80}{140} \frac{km}{min} = 0,571 \frac{km}{min}$, durchschnittlich 34,3 $\frac{km}{h}$; 1870: $\frac{100}{120} \frac{km}{min} = 0,833 \frac{km}{min}$, durchschnittlich 50 $\frac{km}{h}$;
   1910: $\frac{120}{80} \frac{km}{min} = 1,5 \frac{km}{min}$, durchschnittlich 90 $\frac{km}{h}$

5. a) 299,6 g   b) 384,6 cm³   6. Breite 17,50 m

7. a) 24 € zahlt jeder.   b) 10 Tage   c) Gesamtgröße: 1 080 € (a)); 180 „Futtertage (b))"   8. 30 Stück

Seite 47

1. a) γ = 67°   b) γ = 75°

2. a) 60°   b) 144°

3. Hier ohne Zeichnung; Werte zur Kontrolle:
   a) α = 96°; β = 51°; γ = 33°
   b) α = 7,1 cm; β = 72°; γ = 34°

4.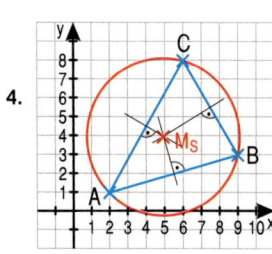
   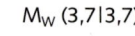
   M_S (5|4)

5.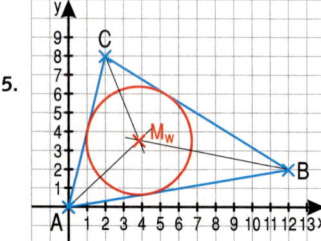
   M_W (3,7|3,7)

Lösungen der TÜV-Seiten

6. 145° (2-mal); 35° (2-mal)

7. a) 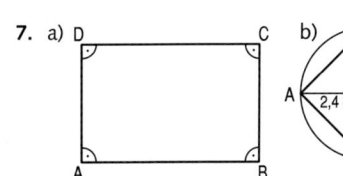   b) 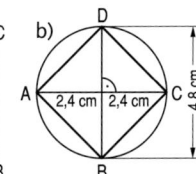   c) 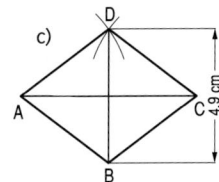   d)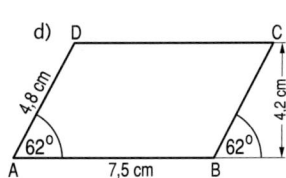

Zur Kontrolle: a) $\overline{AC}$ = 7,96 cm   b) a = 3,4 cm   c) $\overline{BD}$ = 4,9 cm   d) $\overline{BD}$ = 6,7 cm; h = 4,2 cm; $\overline{AC}$ = 10,6 cm

8. 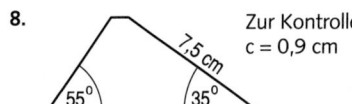   Zur Kontrolle: c = 0,9 cm

9. Die Punkte liegen auf dem Halbkreis über der 90 m langen Strecke (Thaleskreis).

10. (Skizze: Halbkreis mit h_c = 4 cm, AB = 11 cm)

11. a) Zeichne in B die Senkrechte auf den Radius.   b) P mit M verbinden, Kreis um Mittelpunkt dieser Strecke durch P und M zeichnen, schneidet ursprünglichen Kreis in Q_1 und Q_2; PQ_1 und PQ_2 sind die beiden möglichen Tangenten.

Seite 67

1. a) –2x + 10   b) 14a + 8   c) –6y + 31   **2.** a) $6x^2 + 15x$ b) 63ab – 28a   c) $-8xy + 10x^2$

3. a) 5(5a + 8)   b) 7x(3y – 4)   c) 12a(–2a + 3b)   **4.** a) x = 6   b) x = 11

5. a) $\mathbb{L}$ = {8}   b) $\mathbb{L}$ = {10}   c) $\mathbb{L}$ = {5}   d) $\mathbb{L}$ = {–10}

6. a) x = –7   b) y = 4   **7.** a) (3 – x) · 5 = –5; x = 4   b) (2x + 6) · 3 = 12 + 3x; x = –2

8. a) $\mathbb{L}$ = {a|a < –5}   b) $\mathbb{L}$ = {y|y ≤ 7}   c) $\mathbb{L}$ = {x|x ≤ 1,5}   d) $\mathbb{L}$ = {b|b < –2}

9. a) rechnerisch: x > –3; mit $\mathbb{Q} = \mathbb{N}$: $\mathbb{L} = \mathbb{N}$ b) rechnerisch: x ≤ 3; mit $\mathbb{G} = \mathbb{Z}$: $\mathbb{L}$ = {3; 2; 1; 0; –1; –2; ...}

10. a) 2x + 8 < 3x + 1; x > 7   b) 4x – 7 ≥ 2x; x ≥ 3,5   **11.** a) $\mathbb{D} = \mathbb{Q} \setminus \{0\}$ b) $\mathbb{D} = \mathbb{Q} \setminus \{-3\}$ c) $\mathbb{D} = \mathbb{Q} \setminus \{2; -2\}$

12. a) $\frac{2}{3}y^2$ b) $\frac{a^2 b}{4}$ c) $\frac{12a}{5b^4}$ **13.** a) $\frac{37}{12x}$ b) $\frac{24 - 5x}{30x}$

Seite 89

1. a) A = 20,35 m²   b) A = 28,7 m²   c) b = 3,8 m   d) a = 8,4 m   **2.** A = 1200 m² = 12 a
u = 18,4 m   u = 23,4 m   u = 21,6 m   u = 21,8 m

3. hier ohne Zeichnung; Kontrollwerte sind angegeben.
a) A = 9,96 cm²; u = 14,4 cm   (α = β = γ = 60°; h_c = 4,15 cm)
b) A = 5,3 cm²; u = 11,9 cm   (a = 3,4 cm; b = 3,2 cm; γ = 106°; h_c = 2,0 cm)

4. h = 24,9 cm   **5.** a) A = 12,6 cm²; u = 14,6 cm   b) A = 4,55 cm²; u = 10 cm   **6.** g = 5,2 cm   **7.** a = 27,8 cm

8. a) u = 12,65 cm; A = 7,5 cm² (gemessen: a = 4,5 cm; b = 3,05 cm; c = 0,5 cm; d = 4,6 cm; h = 3 cm)
b) u = 10,9 cm; A = 6,75 cm² (gemessen: a = d = 2,1 cm; b = c = 3,35 cm; e = 3,0 cm; f = 4,5 cm)

9. a) u = 40,84 m; A = 132,73 m²   b) u = 44,6 cm; A = 158,37 cm²   **10.** r = 2,5 m   **11.** A = 9,62 m²; ca. 2 405 000 Knoten

Seite 115

1. W = a) 31,20 €   b) 570,40 €   **2.** mit dem Bus: 287 Besucher,   **3.** a) 5 %   b) 12,5 %
c) 113,4 m   d) 76 m   zu Fuß: 137 Besucher   c) 38,89 %   d) 7,84 %
(hier jeweils ganzzahlig runden!)

4. 69,33 % ≈ 69 %   **5.** G = a) 900 €   b) 900 €   c) 300 kg   d) 32 m   **6.** 476 Zuschauer

7. a) Preiserhöhung 10,56 €   b) Preissenkung 11,20 €   c) Preiserhöhung 4,08 €   d) Preissenkung 0,72 €
neuer Preis 274,56 €   neuer Preis 128,80 €   neuer Preis 38,08 €   neuer Preis 15,28 €

8. a) 79,90 €   b) 43,05 €   c) 117,03 €   d) 12,13 €   **9.** a) Z = 48 €   b) Z = 106,25 €   **10.** Z = 275 €

11. a) Z = 215,33 €   b) 1 211,33 €   **12.** a) 1,95 €   b) Z = 5,10 €   c) Zeit: 11 Monate; Zinsen Z = 19,39 €

Lösungen der TÜV-Seiten

Seite 135

1. a) O = 294 cm²; V = 343 cm³
   b) O = 77,76 cm²; V = 46,656 cm³

2. a) O = 208 cm²; V = 192 cm³
   b) O = 11 100 cm²; V = 75 600 cm³

3. V = 1 000 cm³, G = 25 cm²; **h = 40 cm**

4. a) O = 340,2 cm²
   b) O = 330 cm²

5. a) V = 455 cm³
   b) V = 960 cm³

6. a) O = 66 cm²; V = 27 cm³
   b) O = 827,2 cm²; V = 1 286,4 cm³

7. a) V = 62,83 cm³   b) V = 338,05 cm³

8. –

9. a) M = 622 cm²; O = 1 382,3 cm²   b) M = 48,8 cm²; O = 76,5 cm²

10. a) V = 1 005,31 cm³; O = 653,45 cm²   b) V = 3 279,82 mm³; O = 1 319,47 mm²

11. a) h = 2,6 cm   b) h = 1 cm

Seite 155

1. Daimler-Schule 499 Befragte; ca. 67 % besitzen ein Handy.
   Umfrage der 8a: 60 Befragte; ca. 67 % besitzen ein Handy.
   Die Umfrage ist repräsentativ, denn die Auswahl ist hinreichend groß und sie berücksichtigt die richtige Gewichtung der Kriterien Klassenstufe und Geschlecht, vorausgesetzt, es sind in jeder Klassenstufe jeweils ungefähr gleich viele Schülerinnen und Schüler.

2. Mittelwert: 19 Stück; Median: 16 Stück; Modus: 16 Stück; Spannweite 27 Stück

3. a) ca. 929,7 l   b)

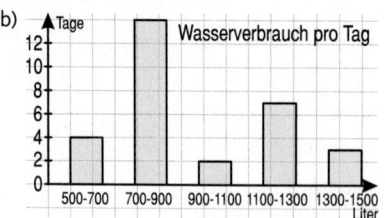
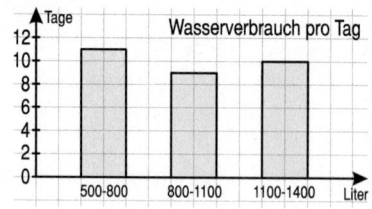

4. a) p(nicht rot) = $\frac{8}{20}$ = $\frac{2}{5}$
   b) p(gelb) = $\frac{2}{20}$ = $\frac{1}{10}$

5. absolute Häufigkeit: 0,494 ≈ $\frac{1}{2}$;
   es könnten Ereignis ② oder ⑥ gewesen sein.

6. p(Zahl-Zahl) = $\frac{1}{2} \cdot \frac{1}{2}$ = $\frac{1}{4}$

7. a) p(blau-blau) = $\frac{3}{10} \cdot \frac{3}{10}$ = $\frac{9}{100}$
   b) p(zwei versch.) = $\frac{6}{10} \cdot \frac{4}{10} + \frac{3}{10} \cdot \frac{7}{10} + \frac{1}{10} \cdot \frac{9}{10}$ = $\frac{54}{100}$

Seite 171

1. G = 27 cm²   2. Länge: 12 cm   3. nach 72 Tagen

4. a) xy − 5x + 3y − 15   b) −ab + 4a − 7b + 28   c) −bc + 0,4b − 0,3c + 0,12   d) 1,5xy − 9x + 4y − 24

5. a) x^2 + 11x + 28   b) $18a^2$ + 24a − 10   c) $6y^2$ − 17y + 12   d) $4b^2$ − 13b + 3

6. a) x^2 − 4x − 21 = x^2 + 3; x = −6   b) $-6y^2$ − 6y + 12 = −18 − $6y^2$; y = 5   c) a^2 + 9a + 20 = a^2 − 6a + 8; a = $-\frac{4}{5}$

7. a) x^2 + 14x + 49   b) $64y^2$ + 80y + 25
   c) $4a^2$ + 16ab + $16b^2$ d) x^2 + x + $\frac{1}{4}$
   e) x^2 + 0,4x + 0,04   f) $9x^2$ + 12xy + $4y^2$

8. a) b^2 − 10b + 25   b) $64b^2$ − 112b + 49
   c) $\frac{1}{4}x^2$ − 2xy + $4y^2$ d) p^2 − 6p + 9
   e) x^2 − x + $\frac{1}{4}$ f) $0,25a^2$ − 0,2ab + $0,04b^2$

9. a) x^2 + 14x + 49 = x^2; x = $-\frac{7}{2}$ = $-3\frac{1}{2}$ b) a^2 − 16a + 64 = a^2; a = 4   c) $4y^2$ + 16y + 16 = $4y^2$ + 32; y = 1
   d) $9b^2$ − 12b + 4 = $9b^2$ − 44; b = 4   e) x^2 − 8x + 16 = x^2 + 8; x = 1   f) $4a^2$ − 12a + 9 = $4a^2$ + 27; a = $-\frac{3}{2}$ = $-1\frac{1}{2}$

10. a) y^2 − 49   b) $0,25x^2$ − 4   c) $9a^2$ − 16   d) $49p^2$ − $9q^2$

11. a) 9 − $1,44y^2$ b) $0,36a^2$ − $0,25b^2$

12. Mutter: 42 Jahre; Vater: 50 Jahre; Katrin: 14 Jahre

13. Bruder: 12 Jahre; Faye: 18 Jahre   14. Die Zahl heißt 59.   15. x = 21; y = −7

16. a) Gleichung: x · (x − 4) + 88 = (x + 2) · (x − 4 + 8); a = 4 cm; b = 8 cm (großes Rechteck: a = 12 cm; b = 10 cm)
    b) Gleichung: 6 · (a − 4)² = 6 · a² − 192; a = 6 cm (kleiner Würfel: a = 2 cm)

Lösungen der TÜV-Seiten/Lösungen der Diagnosetests

Seite 190

1. a) ja b) nein, zu manchen x-Werten gehören 3 y-Werte.

2. a) angegebene Menge als Definitionsmenge geeignet;

x	−4	−2	0	2	4
y	10	−2	−6	−2	10

b) angegebene Menge als Definitionsmenge nicht geeignet; $\frac{12}{x}$ für x = 0 nicht erlaubt.

x	−4	−2	2	4
y	10	13	1	4

c) angegebene Menge als Definitionsmenge geeignet;

x	−4	−2	0	2	4
y	−3	−2	−1	0	1

3. a) 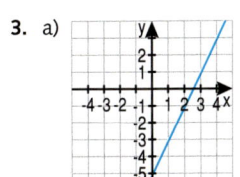 b) 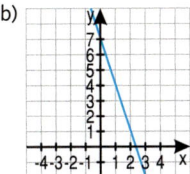 c)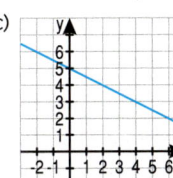

4. a) m = −1,5 b) m = $\frac{1}{2}$

5. a) 1 − C; 2 − D; 3 − B; 4 − A

6. Hier ohne Zeichnung. a) y = 7 − 4x b) y = 2x

7. a) x = −2; y = 4
b) x = 2; y = 1

8. a) Es muss jeweils die Steigung m gleich sein, z. B. y = 2x, y = 2x − 4; y = 2x + 6.
b) Es muss jeweils der Achsenabschnitt b gleich sein, z. B. y = 2x + 7, y = −$\frac{1}{2}$ x + 7; y = x + 7.

Lösungen der Diagnosetests

Seite 20

Grundaufgaben

1. a) 520 € b) 40-mal

2.

Ware (m²)	1	24	17	25,5	30
Preis (€)	8	192	136	204	240

3. Die Batterien reichen für 30 Tage. Gesamtgröße (15 Stunden) bedeutet hier die Lebensdauer der Batterien.

4. 0,15 € pro Abzug
8 Stück – 1,20 €
15 Stück – 2,25 €

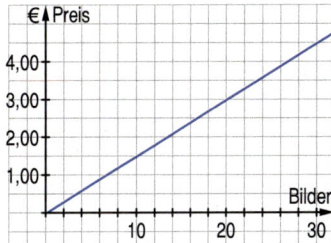

5. 1$\frac{1}{4}$ h = 1 h 15 min

Erweiterungsaufgaben

1. 90 Autos **2.** ca. 33,33 € **3.** a) ϱ = 7,1 $\frac{g}{cm^3}$; zu V = 80 cm³ gehört m = 568 g b) V = 1000 cm³; a = 10 cm

4. a)

Weg (km)	9	18	27	36	31,5
Zeit (h)	$\frac{1}{2}$	1	1$\frac{1}{2}$	2	1$\frac{3}{4}$

b) v = 5 $\frac{m}{s}$

5. 2 800 Flaschen (Gesamtgröße: 560 l)

6. a) 1 875 dm³ = 1,875 m³ b) 1 200 kg   **7.** 25 Tage

Seite 48

Grundaufgaben

1. a) γ = 85° b) γ = 110°

2.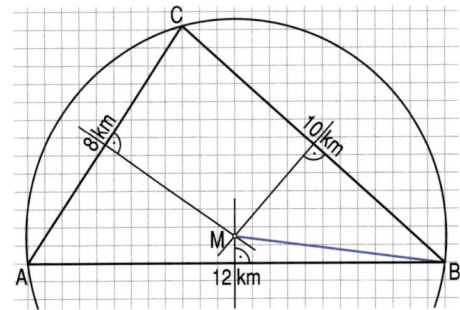

Entfernung: $\overline{MA} = \overline{MB} = \overline{MC}$ ca. 6 km

3.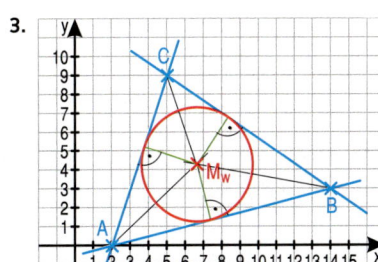

Konstruiere den **Inkreis** des Dreiecks ABC (M_W ist Schnittpunkt der Winkelhalbierenden)

4. $\overline{CD}$ = 2,3 cm; h = 4,1 cm

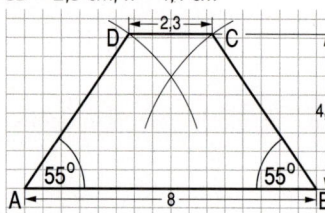

5. a) Quadrat, Raute, Drachen
b) Quadrat, Rechteck, Parallelogramm, Raute

Erweiterungsaufgaben

1. Zeichnung siehe rechts.

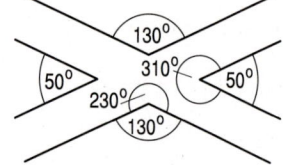

2. Winkelsumme 1080°; kleinster Winkel: 65° (übrige Winkel: 85°, 105°, 125°, 145°, 165°, 185°, 205°)

3. Quadrat, Rechteck, Raute, Parallelogramm, gleichschenkliges Trapez

4. Die Leiter reicht 5,6 m hoch. Abstand zur Wand (am Boden): 2,1 m

5.

6.

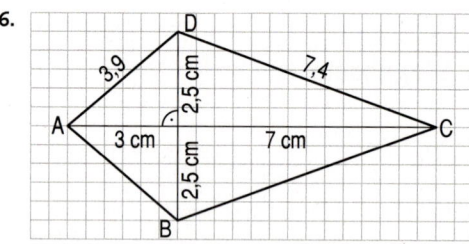

Zur Kontrolle: Länge der Diagonalen: 2,4 cm und 7,6 cm

Seitenlängen: 7,4 cm und 3,9 cm

7. a) Neigungswinkel: ca. 25°, Dachbalkenlänge: 8,30 m
b) Breite: 4,30 m

8. In rechtwinkligen Dreiecken liegt der Mittelpunkt des Umkreises auf der Hypotenuse (Satz des Thales).

9.

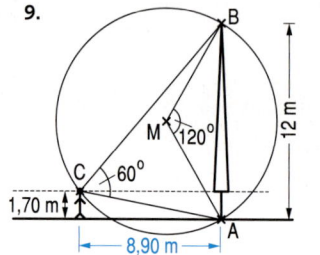

Entfernung zum Baum: 8,90 m

Seite 68

Grundaufgaben

1. a) 18   b) 11   2. a) x + x – 3   b) x + y + 2   3. a) 2a + b + 18   b) u = 39 cm   4. a) $\mathbb{L}$ = {8}   b) $\mathbb{L}$ = {–6}

5. Gleichung: 3x + 5,99 = 10,34.   Eine Briefmarke kostet 1,45 €.

Erweiterungsaufgaben

1. a) $\mathbb{L}$ = {7};   b) $\mathbb{L}$ = {x | x < 3}   2. a) 4x + 26 ≥ 6x; $\mathbb{L}$ = {x | x ≤ 13}
b) (2x + 15) · 2 < 44 – 3x; $\mathbb{L}$ = {x | x < 2}

3. Gleichung: 6x + 250 = 7750; $\overline{SA}$ = x = 1250 m   4. Gleichung: x + 3x + x + 6 + x + 11 = 131 → 6x + 17 = 131.
Jüngste: 19; Skipperin: 57; Dame 1: 25; Dame 2: 30 Jahre alt

5. Füllhöhe 1,20 m   6. h = 3,2 cm   7. $\mathbb{D}$ = $\mathbb{Q}$ \ {0}; x = 7

Seite 90

Grundaufgaben

1. A = 9,8 cm²   2. h_a ≈ 3,05 cm; A ≈ 15,25 cm²

3. A_a = 35,475 cm²; u = 27,1 cm   4. a) g = 12,8 cm   b) g = 6,4 m   5. u ≈ 52,8 cm; A = 221,67 cm²

Lösungen der Diagnosetests

Erweiterungsaufgaben

1. h = 4 dm = 40 cm
2. a = 1,6 m
3. A = 2 275 m²; benötigt werden dafür 45,5 kg Rasensaat. 45 kg sind zu wenig. u = 220 m; 250 m Signalband sind ausreichend.
4. Höhe Dreieck: h = 11 cm
5. Trapez: A ≈ 37,8 cm² ($\overline{CD}$ ≈ 14,4 cm; $\overline{AB}$ ≈ 7,2 cm h ≈ 3,5 cm)
6. A = 333 m²
7. A = 17,88 m²
8. a) 3,68 m² b) 10,05 m (2 volle Umdrehungen)
9. r = 3,5 cm; A = 38,48 cm²
10. Der Flächeninhalt vergrößert sich *um* 125 % bzw. *auf* 225 %.

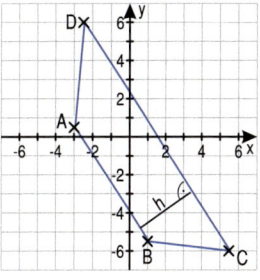

Seite 116

Grundaufgaben

1. 40 % von 5 000 kg sind 2 000 kg. Es bleiben 2 000 kg Abfall.
2. 10 Mio. von 80 Mio. sind 12,5 %.
3. 12 % sind 60 kg. 100 % sind 500 kg. Man kann 500 kg Vollmilchschokolade aus 60 kg Kakaomasse produzieren.
4. 3 % von 450 €; Z = 13,50 €
5. Z = 48,75 €

Erweiterungsaufgaben

1. a) $\frac{2257}{0,67}$ € ≈ 3 368,66 €
2. Insgesamt 250 Bücher.
   Anteile: Sachbücher 52,8 %
   Jugendromane 22,4 %
   Kriminalromane 12,8 %
   Klassische Werke 12 %

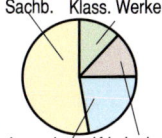

3. ungefähr 664 706 Geburten (ganzzahlig gerundet) im Jahr 2009; 0,83 % der Bevölkerung waren Neugeborene.
4. höchstens $\frac{150}{0,9}$ m² = 166,67 m²; mindestens $\frac{150}{1,1}$ m² = 136,36 m²
5. G = $\frac{60\,000}{0,05}$ € = 1 200 000 € = 1,2 Mio. €
6. Nach 1 Jahr: Kredit A: 8 000 € · 1,13 + 400 € = 9 440 €
   Kredit B: 10 000 € · 1,14 + 5 000 € · 1,16 = 17 200 €
   Kredit C: 20 000 € · 1,13 + 10 000 € · 1,15 + 450 € = 34 550 €
7. Z = 1 500 € · 0,14 · $\frac{15}{360}$ = 8,75 €

Seite 136

Grundaufgaben

1. V = 7 500 cm³; m = 59 250 g = 59,25 kg.
2. O = 312 cm²
3. V = 264 cm³
4. V = 44,33 cm³
5. M = 42,22 cm²; O = 69,93 cm²

Erweiterungsaufgaben

1. a) 17,55 m² Teppichboden   b) 54,55 m² Tapete
2. a) Glasfläche: 33,6 m²   b) V = 18 m³
3. a = 2 cm; b = 4 cm; c = 6 cm
4. a) Oberfläche wird 4-mal so groß.
   b) Volumen wird 27-mal so groß.
5. a) O = 319,44 cm²   b) V = 438,32 cm³
6. V = 29 059,7 mm³ ≈ 29,06 cm³
7. O = 6 597,34 mm² ≈ 65,97 cm²
8. h = 26 cm
9. V = 26,55 cm³; m = 236,26 g
10. h = 4,12 cm; O = 140,7 cm²
11. h = 5,5 cm; V = 688,65 cm³

Seite 156

Grundaufgaben

1. Mittelwert: ca. 25,58 m; Median: 25 m
2. Spannweite: 12 m, Modus: 25 m
3. p(3, 4, 5, 6) = $\frac{2}{3}$
4. p = $\frac{1}{2} \cdot \frac{1}{2} = \frac{1}{4}$
5. p = $\frac{12}{32} \cdot \frac{11}{31}$ ≈ 0,133

Lösungen der Diagnosetests

Erweiterungsaufgaben

1. mindestens 3,90 m weit

2. Der Sprung muss 3,60 m oder weniger weit gewesen sein.

3. 13. Laufzeit: 18,2 s;   6. Laufzeit: 14,4 s

5. Mittelwert: 25,97 min; Median: 23 min; Spannweite: 51 min;
   Modalwerte: 14 min, 28 min, 52 min

6. $p = \frac{16}{29} \cdot \frac{15}{28} = 0{,}296$

7. a) $p = \frac{14}{25} = 0{,}56$ b) $p = \frac{8}{25} = 0{,}32$

4. Anzahl / Für den Schulweg benötigte Zeiten (Minuten)

8. 483 (Die Wahrscheinlichkeit für das Ziehen einer Primzahl (2, 3, 5 oder 7) ist 0,4; zu erwarten wären also 480 Ziehungen einer Primzahl).

Seite 172

Grundaufgaben

1. a) $20a^2 + 18a - 18$ b) $2b^2 + 13b - 7$ 2. a) $64y^2 - 80y + 25$ b) $9x^2 - 16y^2$

3. a) $-12y^2 + 14y + 10 = -12y^2 + 4y$; $y = -1$ b) $7 - 9x^2 - 48x - 64 = 39 - 9x^2$; $x = -2$

4. Die Hälfte von a: $\frac{a}{2}$; $0{,}5a$; $\frac{1}{2}a$ 5. Zahlen a; b = a − 18; Gleichung: $4a - 6(a - 18) = 36$; a = 36; b = 18

Erweiterungsaufgaben

1. a) $G = W \cdot \frac{100}{p}$; G = 640 €   b) $\frac{p}{100} = \frac{W}{G}$; p % = 46 %

2. a) $5x^2 - 6x + 41$ b) $7y^2 + 30y - 34$ 3. a) $x^2 + 8x + 16 = (x + 4)^2$ b) $9y^2 - 18y + 9 = (3y - 3)^2$

4. a) $(11x + 3y)(11x - 3y) = 121x^2 - 9y^2$ b) $(8a - 12b)(8a + 12b) = 64a^2 - 144b^2$

5. a) $3y^2 - 30y + 48 = 3y^2 - 12$; y = 2   b) $x^2 + 7x + 12 = x^2 - 3x + 2$; x = −1
   c) $2y^2 + 10y + 13 = 2y^2$; y = −1,3   d) $-3x^2 + 4x + 20 = 4 - 3x^2$; x = −4

6. erste Zahl: −18; zweite Zahl: 30

7. Seiten a; b = a + 9; Gleichung: $(a + 5)(a + 9 - 6) = a(a + 9) + 7$; a = 8 cm; b = 17 cm

8. Weg nach x Stunden: Lkw $60 \cdot x$; Pkw $100(x - \frac{1}{2})$; Gleichung: $60x = 100(x - \frac{1}{2})$
   Lösung: $x = \frac{5}{4}$. Nach $\frac{5}{4}$ h = $1\frac{1}{4}$ h (Fahrzeit Lkw) holt der Pkw den Lkw ein; Fahrzeit Pkw bis dahin $\frac{3}{4}$ h.

9. a) x = 5 cm   b) x = 10 cm   10. e = 4,8 cm   11. Das Wasser steht 25 cm hoch.

12. V = 112,2 cm³   13. a) $4a^2 + 9b^2 + 81c^2 - 12ab + 36ac - 54bc$ b) $8x^3 - 12x^2y + 6xy^2 - y^3$

Seite 191

Grundaufgaben

1. | x | 0 | −1 | −2 | 3 | 4 |
   |---|---|----|----|---|---|
   | y | 3 | 1 | −1 | 9 | 11|

3. a) 125,50 €   b) y = 0,3x + 40

4. a) y = 25   b) $x = \frac{5}{3}$

5. a) x = 6; y = 5   b) x = 3; y = 3

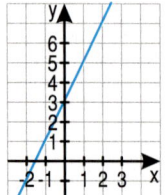
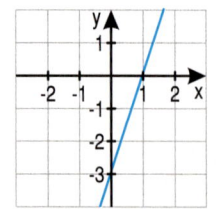
2. a)
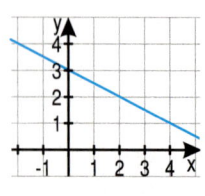
b)

Lösungen der Diagnosetests/Lösungen der Diagnosearbeit

Erweiterungsaufgaben

1. a)

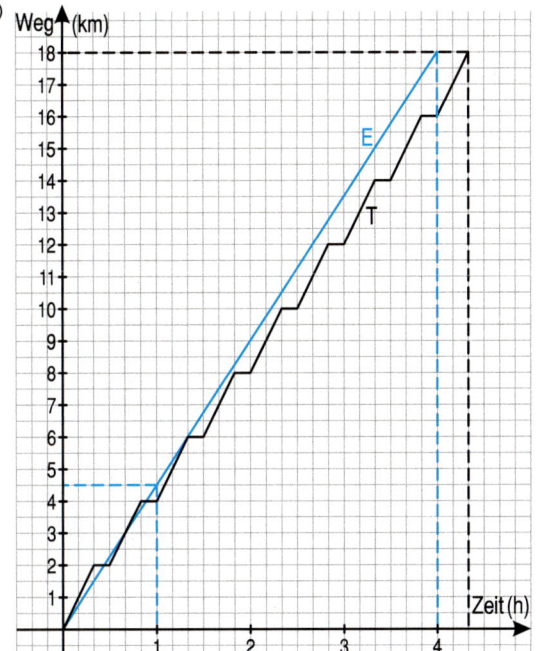

2. 1 – B; 2 – A; 3 – D; 4 – C

3.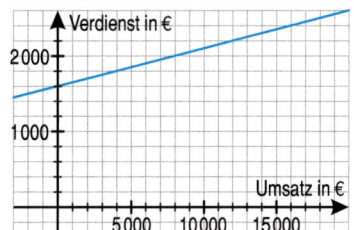

g: y = 0,5x + 3
h: y = –2x + 5
Schnittpunktkoordinaten:
S(0,8|3,4)

4. a) Januar: 2 200 €; Februar: 2 400 €
   b) Umsatz (in €) → Verdienst (in €): V = 1 600 + 0,05 · U

b) 20 Minuten (Einheimischer: 4 h; Touristen: 4 h 20 min.)

Lösungen der Diagnosearbeit

Seite 192

Grundaufgaben

1. a) $4 - 2 \cdot 3 = -2$; $(4 + 2 : 1) \cdot 0 = 0$; $(4 + 2) : 3 = 2$; $-4 + 2 \cdot 3 = 2$; $4 - 2 \cdot 0 = 4$, $3 + 4 : 2 = 5$;
   b) $1{,}2 - 4 \cdot (3 - 1{,}5) = -4{,}8$; $(2 - \frac{1}{2}) \cdot (1 - \frac{1}{4}) = 1\frac{1}{8}$; $\frac{1}{2}(7{,}5 - 5) = 1{,}25$; $\frac{1}{2} + \frac{2}{3} \cdot \frac{6}{5} = 1\frac{3}{10}$; $(2 - 1\frac{1}{4}) \cdot 4\frac{5}{6} = 3\frac{5}{8}$

2. a) 4; 49; 100; 10 000; 1 Million
   b) 0,09; 0,16; 1,0404

3. a) 22,50 €
   b) 15 €

4. a) hier ohne Zeichnung; Gerade durch die Punkte (0|0) und (100|160)
   b) 7 500 €

5. a) 32,50 € b) 15 %

6. Parallelogramme, die keine Rechtecke sind.

7. a) 5x + 7 = 67; x = 12
   b) x = 5

8. a) –
   b) u = 23 cm; A = 32,5 cm²

9. a) A = 42 cm²
   b) A = 63 cm²

10. a) O = 13,2 cm²; V = 2,55 cm³   b) h = 0,85 cm

11. a) u = 120 + 6x; u = 2,10 m   b) 6x + 1,20 = 2,40; x = 20 cm

Erweiterungsaufgaben

Seite 193 und 194

1. Petra: 6,20 €; **Paul: 6,50 €** Stundenlohn

2. α = 40°; β = 140°   3. $\overline{PQ}$ = 106 m

4. x ≈ 17,3 km; y ≈ 12 km

5. Der Schnittpunkt der Mittelsenkrechten von $\overline{AB}$ und $\overline{BC}$ ist der Umkreismittelpunkt des Dreiecks ABC. Ablesen: M(8|10), r = 5.

6. a) 30% b) 90 m³ Muttererde   7. a) 118 mm b) 120 mm

8. a) x = 8   b) x = $-\frac{2}{9}$ 9. a) 12x = x + 11; x = 1
   b) x + 11 = 11x; x = 1,1

zu 5.

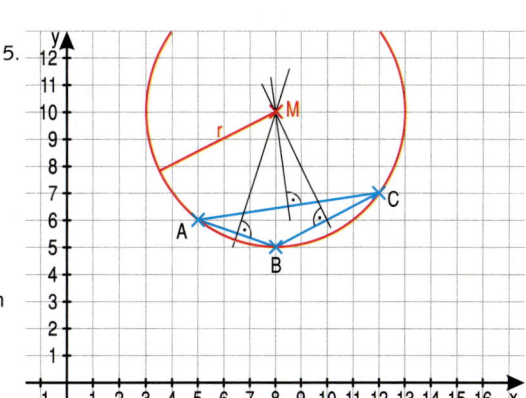

Lösungen der Diagnosearbeit

10. a) z. B. Wenn man vom Vierfachen einer Zahl 60 subtrahiert, erhält man 140. Lösung: x = 50
b) z. B. Eine um 1,5 vermehrte Zahl ist so groß wie ihr um 0,5 vermindertes Doppeltes. Lösung: x = 2

11. a) Bei der großen Anzahl der Busfahrer wird der Anteil der Mädchen ungefähr so goß sein, wie der an der Gesamtzahl, also ca. 55 % von 230 ≈ 127 busfahrende Mädchen.
b) Die Frage kann nicht beantwortet werden, da bei den Box-AG-Teilnehmern vermutlich nur wenige Mädchen dabei sind.

12. a) 128 cm³   b) V = 384 cm³ + 48 cm³ = 432 cm³;
m = 3 413 g ≈ 3,4 kg

13. a) Bea 8 €, **Marek 9,50 €** Stundenlohn
b) Bea untere Gerade, Marek obere Gerade
c) 5 h → 7,50 € weniger, 15 h → 22,50 € weniger für Bea
d) 12,5 Stunden

14. Abstand 0,125 m = 12,5 cm

15. a) u = 18,8 cm   b) A = 4 cm · 5 cm = 20 cm²

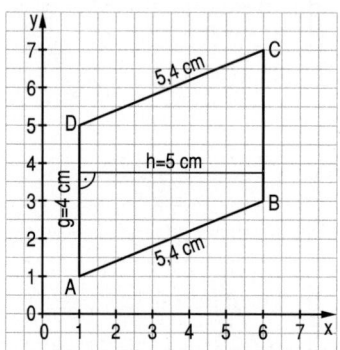

16. Quadrat: Seiten a; Rechteck: Seiten a – x, a + x.
a) Umfang bleibt unverändert: 2(a – x) + 2(a + x) = 4a
b) Flächeninhalte sind nicht gleich: (a – x) (a + x) = a² – x² ≠ a²

17. a) $4x^2 - 20x + 25$ b) $\frac{1}{4} - x + x^2$ b) $0,09x^2 - 0,2x + \frac{1}{9}$ d) $16x^2 - 25$

18. a) $y = \frac{1}{2}x - 4$ b) $y = -\frac{5}{6}x + 10$

19.

	Westdeutschland	Ostdeutschland
Ohne Berufsabschluss	217	512
Lehr-/Fachschulabschluss	73	194
(Fach-)Hochschullehre	35	60

b) für die ersten beiden Gruppen

Formeln

Algebra

Klammern auflösen:
$a + (b - c) = a + b - c$
$a - (b - c) = a - b + c$
Multiplikation von Summen:
$(a + b) \cdot (c + d) = ac + ad + bc + bd$

Binomische Formeln:
$(a + b)^2 = a^2 + 2ab + b^2$
$(a - b)^2 = a^2 - 2ab + b^2$
$(a + b)(a - b) = a^2 - b^2$

Prozentrechnung: $W = G \cdot \frac{p}{100}$

Zinsrechnung: $Z = K \cdot \frac{p}{100} \cdot \frac{t}{360}$

Geometrie

In jedem Dreieck ist die Winkelsumme 180°. In jedem Viereck ist die Winkelsumme 360°.

Im Dreieck schneiden sich:

die **Mittelsenkrechten** im Mittelpunkt des **Umkreises**.

die **Winkelhalbierenden** im Mittelpunkt des **Inkreises**.

die **Höhen** in einem Punkt.

die **Seitenhalbierenden** im **Schwerpunkt**.

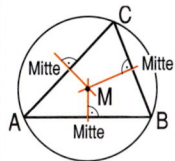
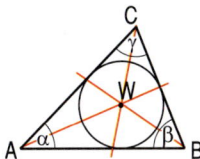
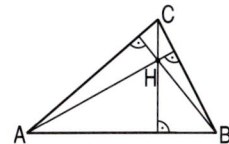
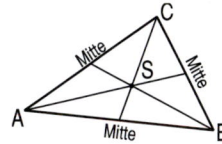

Satz des Thales
Liegt C auf einem Kreis mit dem Durchmesser $\overline{AB}$, dann ist das Dreieck ABC bei C rechtwinklig.
Und umgekehrt: Wenn ein Dreieck ABC bei C rechtwinklig ist, dann liegt C auf dem Kreis mit $\overline{AB}$ als Durchmesser (*Thaleskreis*).

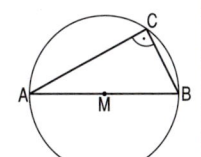

Rechteck		Flächeninhalt: $A = a \cdot b$ Umfang: $u = 2a + 2b$
Dreieck		Flächeninhalt: $A = \frac{g \cdot h}{2}$
Parallelogramm		Flächeninhalt: $A = g \cdot h$
Trapez		Flächeninhalt: $A = \frac{a + c}{2} \cdot h = m \cdot h$
Kreis		Flächeninhalt: $A = \pi \cdot r^2 = \pi \cdot \frac{d^2}{4}$ Umfang: $u = \pi \cdot d = 2\pi \cdot r$

Formeln

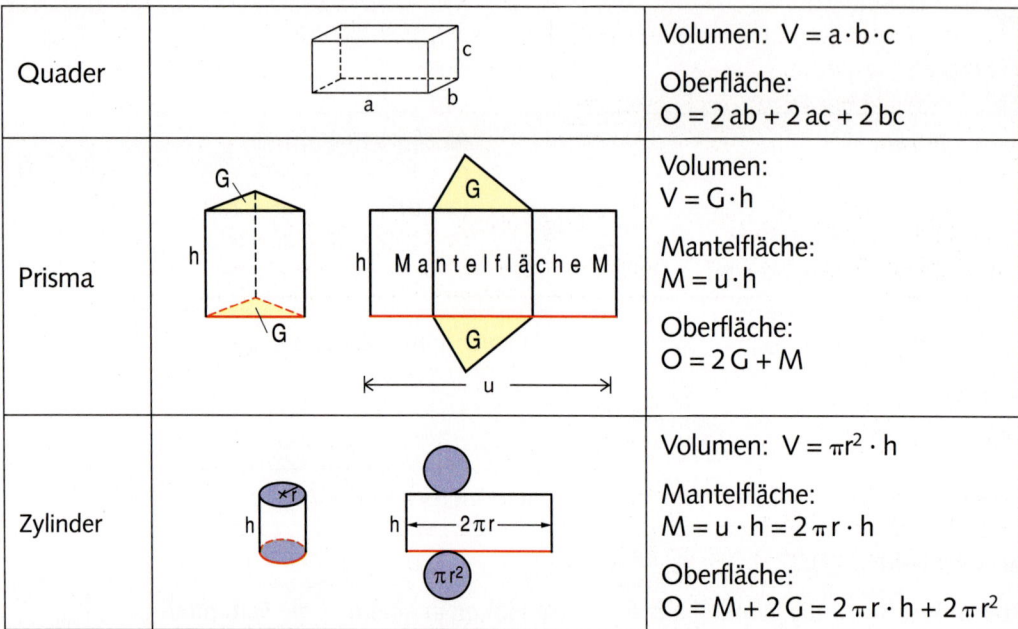

Quader		Volumen: $V = a \cdot b \cdot c$ Oberfläche: $O = 2\,ab + 2\,ac + 2\,bc$
Prisma		Volumen: $V = G \cdot h$ Mantelfläche: $M = u \cdot h$ Oberfläche: $O = 2\,G + M$
Zylinder		Volumen: $V = \pi r^2 \cdot h$ Mantelfläche: $M = u \cdot h = 2\pi r \cdot h$ Oberfläche: $O = M + 2G = 2\pi r \cdot h + 2\pi r^2$

Stochastik

Urliste	Die ungeordnete Darstellung der Daten bezeichnet man als Urliste.	Daten: 14 € 17 € 19 € 17 € 16 €
Mittelwert (arithmetisches Mittel)	Man addiert alle Werte und dividiert anschließend durch die Anzahl der Werte.	14 € + 17 € + 19 € + 17 € + 16 € = 83 € Mittelwert: 83 € : 5 = 16,60 €
Median (Zentralwert)	Die Daten werden nach aufsteigender Größe geordnet. Der Median (Zentralwert) ist der Wert in der Mitte der Reihe. Bei einer geraden Anzahl von Werten ist der Median der Mittelwert der beiden Werte in der Mitte der Reihe. In der Rangliste stehen rechts und links vom Median gleich viele Daten.	Rangliste: 14 € 16 € 17 € 17 € 19 € Median: 17 € 19 g 19 g 21 g 22 g 24 g 26 g Median: $\frac{21\,g + 22\,g}{2} = 21{,}5\,g$

Boxplot

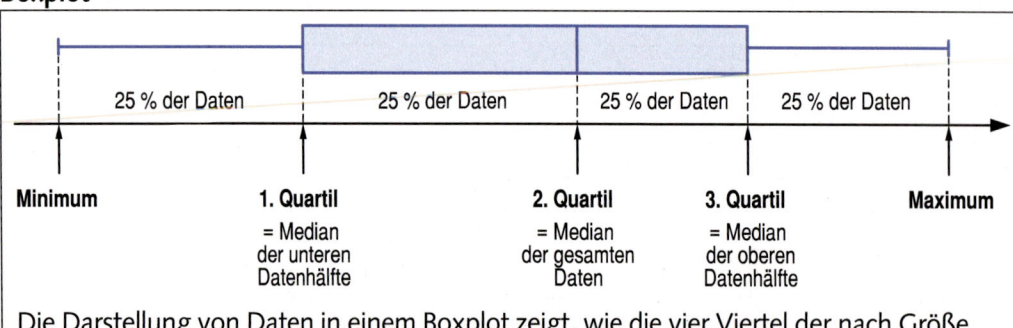

Die Darstellung von Daten in einem Boxplot zeigt, wie die vier Viertel der nach Größe geordneten Daten zwischen Minimum und Maximum verteilt sind.
Die beiden mittleren Datenviertel sind durch eine Box hervorgehoben.

Formeln, Maßeinheiten

Bei einem Zufallsversuch mit gleichwahrscheinlichen Ergebnissen gilt für die **Wahrscheinlichkeit p** eines Ereignisses

$$p(\text{Ereignis}) = \frac{\text{Anzahl der günstigen Ergebnisse}}{\text{Anzahl aller möglichen Ergebnisse}}$$

Beispiel:
Mögliche Ergebnisse beim fairen 6er-Würfel: Augenzahlen 1; 2; 3; 4; 5; 6
Wahrscheinlichkeit für das Ereignis „1 oder 6": $p(1 \text{ oder } 6) = \frac{2}{6} = \frac{1}{3} \approx 33\%$

Maßeinheiten

Längen
1 km = 1 000 m
1 m = 10 dm = 100 cm = 1 000 mm
1 dm = 10 cm = 100 mm
1 cm = 10 mm

Flächen
1 km² = 100 ha = 10 000 a
1 ha = 100 a = 10 000 m²
1 a = 100 m²

1 m² = 100 dm² = 10 000 cm²
1 dm² = 100 cm² = 10 000 mm²
1 cm² = 100 mm²

Volumen
1 m³ = 1 000 dm³
1 dm³ = 1 000 cm³
1 cm³ = 1 000 mm³

$\boxed{1 \text{ dm}^3 = 1\ l}$

1 hl = 100 l
1 l = 100 cl = 1 000 ml
1 cl = 10 ml

Massen
1 t = 1 000 kg
1 kg = 1 000 g
1 g = 1 000 mg

Zeit
1 d = 24 h
1 h = 60 min
1 min = 60 s

Geschwindigkeit $= \frac{\text{Weg (in km)}}{\text{Zeit (in h)}}$, $\quad v = \frac{s}{t}$

Dichte $= \frac{\text{Masse (in g)}}{\text{Volumen (in cm}^3\text{)}}$, $\quad \varrho = \frac{m}{V}$

Dichtetabelle

So viel Gramm wiegt 1 cm³ von diesem Material:

Aluminium	2,7	Granit	2,6	Silber	10,5
Beton	2,4	Holz (Buche)	0,7	Spiritus	0,83
Blei	11,3	Kork	0,5	Stahl	7,9
Eis (bei 0 °C)	0,92	Kupfer	8,9	Styropor	0,02
Eisen	7,9	Marmor	2,6	Titan	4,5
Glas	2,5	Platin	21,4	Wasser	1
Gold	19,3	Sand	1,7	Zinn	7,3

Stichwortverzeichnis

Achsenspiegelung 22
äquivalent 52, 67
Äquivalenzumformung 54, 67
antiproportional 15, 19
ausgehöhlte Körper 134
ausklammern 62, 67
ausmultiplizieren 62, 67

Baumdiagramm 153
Berührradius 45
Berührungspunkt 47
Binome 164
binomische Formeln 166, 171
Boxplot 144, 145
Bruchgleichung 66
Bruchterm 65, 67
brutto 100

Celsius 9

Datenauswertung 152
Deckfläche 121
Definitionsmenge 65, 67, 178, 190
Diagramme 8, 103, 143
Dichte 13, 19
Drachen 35
– Flächeninhalt 79, 89
Drehung 22
Dreieck 31
– Flächeninhalt 71, 89
– Höhen 33
– konstruieren 28
– Schwerelinien 33
– Umfang 71
Dreisatz 18, 19
Durchmesser 84
Durchschnitt 139
dynamische Geometriesoftware 30, 40

Fahrenheit 9
Faltsterne 57
Flächeninhalt
– Drachen 79, 89
– Dreieck 71, 89
– Kreis 86, 89
– Parallelogramm 74, 89
– Quadrat 89
– Raute 79, 89
– Rechteck 70, 89
– Trapez 78, 89
Formeln 60, 158, 171
Funktion 176, 178, 190
– Graphen 178, 190
– lineare 180, 190
– zeichnen 179
Funktionsgleichung 178, 190
Funktionswert 180

Geometrie-Software 30, 40
Gerade 180
– Gleichung 184, 185, 190
– Steigung 183, 190
Gesamtgröße 15, 49

Geschwindigkeit 14, 19
Gesichtsfeld 42
Gleichsetzungsverfahren 189
Gleichungen 54, 67, 158, 178
– äquivalente 54
– aufstellen 158
– umformen 54, 67
Graph 178, 190
Grundfläche 121
Grundmenge 55, 67
Grundwert 92, 96, 115
– vermehrter 97, 115
– verminderter 97, 115

Haus der Vierecke 35
Höhe 33

Inkreis 32, 47

Kapital 109, 110, 115
Klammern 61
– auflösen 61, 62, 67
– ausmultiplizieren 62, 67
Klasseneinteilung 141, 142
Körperhöhe 121
Kongruenzabbildung 22
Kongruenzsatz 28, 47
– SSS 28, 47
– SsW 28, 47
– SWS 28, 47
– WSW 28, 47
Kredit 114
Kreis 45, 47, 82
– Flächeninhalt 86, 89
– Tangente 45, 47
– Umfang 84, 89
Kreisdiagramm 101

Lineare Funktion 180, 190
Lineares Gleichungssystem 188, 190
Lösungsmenge 54, 55, 67

Mantelfläche 121, 123, 132
Masse 13
Maximum 144
Median 139, 159
Meilen 8, 9
Minimum 144
Mittelpunktswinkel 46
Mittelsenkrechte 32, 47
Mittelwert 139, 142, 159
Modalwert 139, 155
Modus 139, 155
Monatszinsen 111, 115

Nebenwinkel 25
netto 100

Oberfläche
– Prisma 123, 135
– Quader 135
– Würfel 135
– Zylinder 130, 135
Ordnen von Termen 52

Parallelogramm 35
– Flächeninhalt 74, 89
Parkette 26, 27
Pascal'sches Dreieck 170
Pentomino 106
Pi 84, 89
Prisma 121
– Netz 121
– Oberfläche 123, 135
– Schrägbild 121, 122
– Volumen 124, 135
produktgleich 15, 19
Produktregel 153, 155
Promille 92
proportional 12, 19
Proportionalitätsfaktor 12, 19
Prozentfaktor 97
Prozentsatz 92, 93, 95, 115
Prozentwert 92, 94, 115

Quader 120
– Oberfläche 135
– Schrägbild 120
– Volumen 135
Quadrat 35
– Flächeninhalt 89
– Umfang 89
Quartil 144
quotientengleich 12, 19

Radius 86
Raute 35
– Flächeninhalt 79, 89
Rechteck 35
– Flächeninhalt 70, 89
– Umfang 70, 89
relative Häufigkeit 155
repräsentativ 138, 155

Satz des Thales 44, 47
Scheitelwinkel 25
Schrägbild
– Prisma 121, 122
– Quader 120
– Würfel 120
– Zylinder 129
Schwerelinie 33
Schwerpunkt 33
Sehwinkel 42
Spannweite 140, 155
Spiegelung 22
Steigung einer Geraden 183, 184, 190
Steigungsdreieck 183, 184
Stichprobe 138, 155
Streifendiagramm 101
Stufenwinkel 25
Summenregel 155

Tabellenkalkulation 99, 103, 113
– Diagramme erstellen 106
Tageszinsen 111, 115
Tangente 45, 47
Tangram 69
Terme 52, 67
– aufstellen 52
– mit Klammern 61, 62

– Produktterm 159, 160
– Summenterm 159, 160
Thales 46, 47
Trapez 35
– Flächeninhalt 78, 89

Umfang
– Dreieck 71
– Kreis 84, 89
– Quadrat 89
– Rechteck 89
Umfangswinkel 46
Umkreis 36, 47
Ungleichungen 55, 67
– lösen, 55, 67
– umformen 55, 67

Variable 52, 67
vermehrter Grundwert 97, 115
verminderter Grundwert 97, 115
Verschiebung 22
Viereck, allgemein 35, 47
– Eigenschaften 35
– konstruieren 37, 47
– konstruieren mit dem Computer 40
– Symmetrien 35
Volumen 13
– Prisma 124, 135
– Quader 135
– Würfel 135
– Zylinder 131, 135

Wahrscheinlichkeit 151, 152, 155
Wechselwinkel 25
Wertemenge 178, 190
Wertetabelle 178
Winkel an Parallelen 25
Winkelhalbierende 32, 47
Winkelsumme 24, 25, 47
Würfel 120
– Oberfläche 135
– Schrägbild 120
– Volumen 135
Wucher 111

Zentralwert 139
Zinsen 109, 115
Zinssatz 109, 110, 115
Zufall 151
Zufallsversuch, zweistufiger 153, 155
Zuordnungen 174
– antiproportionale 15, 19
– grafische Darstellung 174
– proportionale 12, 19
zusammengesetzte Figuren 76, 88
zusammengesetzte Körper 134
Zylinder
– Modell 128
– Netz 128
– Oberfläche 130, 135
– Schrägbild 129
– Volumen 131, 139